数控机床结构 原理与应用
（第 3 版）

主编　陈子银

北京理工大学出版社
BEIJING INSTITUTE OF TECHNOLOGY PRESS

图书在版编目（CIP）数据

数控机床结构　原理与应用／陈子银主编. --3 版

. -- 北京：北京理工大学出版社，2017. 8（2024. 2 重印）

ISBN 978-7-5682-4806-8

Ⅰ. ①数… Ⅱ. ①陈… Ⅲ. ①数控机床-结构-高等

学校-教材　Ⅳ. ①TG659

中国版本图书馆 CIP 数据核字（2017）第 218942 号

责任编辑：孟雯雯	**文案编辑**：多海鹏	
责任校对：周瑞红	**责任印制**：李志强	

出版发行 / 北京理工大学出版社有限责任公司

社　　址 / 北京市丰台区四合庄路 6 号

邮　　编 / 100070

电　　话 / （010）68914026（教材售后服务热线）

　　　　　　（010）68944437（课件资源服务热线）

网　　址 / http://www.bitpress.com.cn

版 印 次 / 2024 年 2 月第 3 版第 8 次印刷

印　　刷 / 三河市华骏印务包装有限公司

开　　本 / 787 mm×1092 mm　1/16

印　　张 / 15

字　　数 / 353 千字

定　　价 / 46. 00 元

图书出现印装质量问题，请拨打售后服务热线，负责调换

前　言

　　制造业是实体经济的主体，是国民经济的脊梁，是国家安全和人民幸福安康的物质基础，是我国经济实现创新驱动、转型升级的主战场。因此，实现从制造大国向制造强国的转变，是新时期我国制造业应着力实现的重大战略目标。

　　为进一步适应"中国制造"，国务院于2015年5月8日正式发布了《中国制造2025》，明确了建设制造强国的战略任务和重点。其中，高档数控机床和机器人是十大重点领域之一。

　　为适应现代制造类企业对数控技术专业培养高素质技术技能人才的要求，结合第1版、第2版教材教学使用情况，并进一步跟踪企业发展的实际，主要突出更新教材的内容，仍然力求体现数控机床的基本知识、核心内容与新知识，并兼顾到理论与实际的联系。取材和叙述上力求简洁、层次分明，图文并茂，以便于教与学。

　　本书共有七章，以数控机床的主要组成部分为主线，全面细致地介绍了各组成部分的基本知识，知识的介绍以了解、指导、熟悉、掌握为度，便于教学中有目的地开展学习。

　　本书由江苏安全技术职业学院陈子银主编，并负责全书的统稿工作。邹上元、黄美英担任副主编，王东斌、李聪、张继光、屈海军、韩方恒参编。在本书的修订过程中参阅了有关院校、企业和科研院所的一些资料和文献，并得到了许多同行的支持和帮助，在此一并表示感谢。

　　限于编者的水平和经验，书中不妥和错误之处在所难免，敬请读者批评指正。

编　者

目　　录

第 1 章　数控机床概论

教学提示:

本章着重讨论数控机床的产生和发展、数控机床的基本组成及工作过程、数控机床的分类、数控机床加工的特点及应用。

教学要求:

通过本章的学习,了解数控机床的产生过程及发展趋势。了解数控机床的组成(由程序输入装置、数控装置、伺服系统、强电控制装置、检测装置和主机等六部分组成)。了解数控机床的基本工作过程。掌握数控机床按加工方式分类的方法。掌握数控机床的加工特点及其应用。

本章知识导读:

数控机床最早诞生于美国。1948 年,美国帕森斯公司在研制加工直升机叶片轮廓检查用样板的机床时,提出了数控机床的设想,后受美国空军委托与麻省理工学院合作,于1952 年试制了世界上第一台三坐标数控立式铣床,其数控系统采用电子管。

1960 年开始,德国、日本、中国等都陆续地开发、生产及使用数控机床,中国于1968 年由北京第一机床厂研制出第一台数控机床。

1974 年,微处理器直接用于数控机床,进一步促进了数控机床的普及应用和飞速发展。

1.1　数控机床的产生和发展

随着科技领域日新月异的发展,特别是在航天航空、尖端军事、精密仪器等方面,对机械产品制造精度和复杂程度的要求越来越高,传统的加工技术已很难适应现代制造业的需求。譬如,用普通车床加工圆弧、普通铣床加工空间曲面,以及加工精度对产品质量的影响、加工效率对制造成本的影响等,这些都是一直困扰人们的难题。还有,当机械产品转型时,机床和工艺装备需要做大的调整,周期较长,成本高,也就是说传统的加工技术已很难满足市场对产品高精度、高效率的要求,因此,数控机床作为一种革新技术设备应运而生。

数控技术是现代工业实现自动化、柔性化、集成化生产的基础,是知识密集、资金密集的现代制造技术,也是国家重点发展的前沿技术。特别是在市场竞争日趋激烈的今天,市场需求不断变化，为满足加速开发研制新产品，改变单一大批量的生产格局，以数控加工技术为代表的现代制造技术展现出其强大的生命力。近几年在我国已呈现出以数控加工技术逐步取代传统的机械制造技术的趋势。

1.1.1 数控机床的诞生

1948 年，美国飞机制造商帕森斯公司（Parsons）为了解决加工飞机螺旋桨叶片轮廓样板曲线的难题，提出了采用计算机来控制加工过程的设想，立即得到了美国空军的支持及麻省理工学院的响应，经过几年的努力，于 1952 年 3 月研制成功世界上第一台有信息存储和处理功能的新型机床。它是一台采用脉冲乘法器原理的插补三坐标连续控制立式铣床，这台数控铣床的数控装置体积比机床本体还要大，电路采用的是电子管元件。它的产生标志着数控技术以及数控机床的诞生，该数控铣床的研制成功使得传统的机械制造技术发生了质的飞跃，是机械制造业的一次标志性技术革命。从此数控技术随着计算机技术和微电子技术的发展而迅速发展起来，数控机床也在迅速地发展和不断地更新换代。

1.1.2 数控机床的发展过程

数控机床以微电子技术发展为推动力，先后经历了第一代电子管数控系统（1952）、第二代晶体管数控系统（1959）、第三代集成电路数控系统（1965）、第四代小型计算机数控系统（1970）、第五代微型机数控系统（1974）和第六代基于 PC 的通用型 CNC 数控系统（20 世纪 90 年代以后）等六个发展阶段。前三代数控系统是 20 世纪 70 年代以前的早期数控系统，它们都是采用电子电路实现的硬接线数控系统，因此称为硬件式数控系统，也称为NC 数控系统；后三代系统是 20 世纪 70 年代中期开始发展起来的软件式数控系统，称为计算机数字控制（Computer Numerical Control）或简称为 CNC 系统。

软件式数控系统是采用微处理器及大规模或超大规模集成电路组成的数控系统，它具有很强的程序存储能力和控制功能，这些控制功能是由一系列控制程序（驻留系统内）来实现的。软件式数控系统的通用性很强，几乎只需要改变软件，就可以适应不同类型机床的控制要求，具有很大的柔性，因而数控系统的性能大大提高，而价格却有了大幅度的下降。同时，可靠性和自动化程度有了大幅度的提高，数控机床也得到了飞速发展。目前，CNC 数控系统几乎完全取代了以往的 NC 数控系统。

近年来，随着微电子和计算机技术的飞速发展及数控机床的广泛应用，加工技术跨入一个新的里程，并建立起一种全新的生产模式，在日本、美国、德国、意大利等发达国家已出现了以数控机床为基础的自动化生产系统。如计算机直接数控系统 DNC（Direct Numerical Control）、柔性制造单元 FMC（Flexible Manufacturing Cell）、柔性制造系统 FMS（Flexible Manufacturing System）和计算机集成制造系统 CIMS（Computer Integrated Manufacturing System）。

1.1.3 我国数控机床的发展简介

我国于 1958 年研制出了首台数控机床（见图 1 – 1），但是，由于相关工业基础较差，尤其是数控系统的支撑工业——电子工业薄弱，致使其发展速度一直缓慢。直到 20 世纪 70 年代初期，我国才掀起研制数控机床的热潮。但由于当时的控制系统主要是采用分立电子元器件，性能不稳定，可靠性差，且机、液、气配套基础元器件不过关，因此多数机床在生产中并没有发挥出明显的作用。20世纪80年代以来，在消化吸收国外先进技术的基础上，我国的数控技术有了新的发展，数控机床才真正进入小批量生产的商品化时代。例如，从1980年开始，北京机床研究所从日本FANUC公司引进FANUC数控系统，在引进、消化、吸收国外先进技术的基础上，北京机床研究所又开发出了BS03经济型数控系统和BS04全功能数控系统。

图1-1 原中捷友谊厂生产的中国第一台数控车床

目前，我国已能批量生产和供应各类数控系统，并掌握了多轴（五轴以上）联动、螺距误差补偿、图形显示和高精度伺服系统等多项关键技术，基本上能够满足国内各机床生产厂家的需要。我国已研制出了具有自主版权的数控技术平台和数控系统，但绝大多数全功能数控机床还是采用国外的CNC系统。

我国的数控技术与国际先进水平相比，还存在一定的差距，其主要表现在以下两个方面。

（1）数控系统和数控机床的稳定性差，两者与国外产品的比较见表1-1。

表1-1 国内外数控系统和数控机床平均无故障时间

国内		国外	
数控系统	数控机床平均无故障时间	数控系统	数控机床平均无故障时间
1万~2万	300	7万~10万	500

（2）我国数控系统成套性差，数控装置、驱动、电动机不配套，伺服驱动、主轴驱动的性能和可靠性比国外产品的性能和可靠性低，高精度、高速度及重型设备数控系统的性能、功能比国外产品的性能和功能差。

1.1.4 数控机床的发展趋势

数控机床综合了当今世界上许多领域最新的技术成果，主要包括精密机械、计算机及信息处理、自动控制及伺服驱动、精密检测及传感、网络通信等技术。随着科学技术的发展，特别是微电子技术、计算机控制技术、通信技术的不断发展，世界先进制造技术的兴起和不断成熟，数控设备性能日趋完善，应用领域不断扩大，成为新一代设备发展的主流。随着社会的多样化需求及其相关技术的不断进步，数控机床也向着更广的领域和更深的层次发展。当前，数控机床的发展主要呈现出以下趋势。

1. 高速度与高精度化

速度和精度是数控机床的两个重要指标，它直接关系到加工效率和产品质量。高速数控加工起源于 20 世纪 90 年代初，以电主轴和直线电动机的应用为特征，电主轴的发展实现了主轴的高速转动；直线电动机的发展实现了坐标轴的高速移动。高速数控加工的应用领域首先是汽车和其他大批量生产的工业，目的是用单主轴的高转速和高速直线进给运动的加工中心，来替代虽为多主轴但难以实现高转速和高速进给的组合机床。

在超高速切削和超精密加工技术中，对机床各坐标轴的位移速度和定位精度提出了更高的要求，但是速度和精度这两项技术指标是相互制约的，当位移速度要求越高时，定位精度就越难提高。现代数控机床配备的高性能数控系统及伺服系统，其位移分辨率与进给速度的对应关系是：一般的分辨率为 1 μm，进给速度可以达到 $100 \sim 240$ m/min；分辨率为 0.1 μm，进给速度可以达到 24 m/min；分辨率为 0.01 μm，进给速度可以达到 $400 \sim 800$ mm/min。提高主轴转速是提高切削速度最直接、最有效的方法。近二十年来主轴转速已经翻了几番，20 世纪 80 年代中期，中等规格的加工中心主轴最高转速普遍为 $4\ 000 \sim 6\ 000$ r/min，到了 20 世纪 80 年代后期达到 $8\ 000 \sim 12\ 000$ r/min，20 世纪 90 年代初期相继出现了 15 000 r/min、20 000 r/min、30 000 r/min、50 000 r/min，目前国外用于加工中心的电主轴转速已达到 75 000 r/min。切削速度和进给速度之所以能大幅度提高，是由于数控系统、伺服驱动系统、位置检测装置、计算机数控系统的补偿功能，刀具、轴承等相关技术的突破及数控机床本身基础技术的进步。

高精度化一直都是数控机床加工所追求的指标。它包括数控机床制造的几何精度和机床使用的几何精度两个方面。普通中等规格加工中心的定位精度已从 20 世纪 80 年代初期的 ±12 μm/300 mm，提高到 20 世纪 90 年代初期的 ± $(2 \sim 5)$ μm/全程。如日本 KITAMU - RA 公司的 SONICMILL - 2 型立式加工中心，主轴转速为 20 000 r/min，快进速度为 24 m/min，其定位精度为 ±3 μm/全程。美国 BOSTON DIGITAL 公司的 VECTOR 系列立式加工中心，主轴转速为 10 000 r/min，双向定位精度为 2 μm。

提高数控机床的加工精度，一般是通过减少数控系统误差、提高数控机床基础大件结构特性和热稳定性及采用补偿技术和辅助措施来达到的。在减小 CNC 系统误差方面，通常采取提高数控系统分辨率，使 CNC 控制单元精细化，提高位置检测精度以及在位置伺服系统中为改善伺服系统的响应特性，采用前馈与非线性控制等方法。在采用补偿技术方面，采用齿隙补偿、丝杆螺母误差补偿及热变形误差补偿技术等。通过上述措施，近年来数控机床的加工精度也有很大提高。普通级数控机床的加工精度已由原来的 ±10 μm 提高到 ±5 μm，精密级从 ±5 μm 提高到 ±1.5 μm。预计将来普通加工和精密加工的精度还将提高几倍，而超精度加工已进入纳米时代。

2. 高柔性化

柔性是指机床适应加工对象变化的能力，即当加工对象变化时，只需要通过修改而无须更换或只做极少量快速调整即可满足加工要求的能力。数控机床对满足加工对象的变换有很强的适应能力。提高数控机床柔性化正朝着两个方向努力：一是提高数控机床的单机柔化，另一方面是向单元柔性化和系统柔性化发展。例如，在数控机床软硬件的基础上，增加不同容量的刀库和自动换刀机械手（见图1-2），增加第二主轴，增加交换工作台装置，或配以工业机器人和自动运输小车（见图1-3），以组成柔性加工单元或柔性制造系统。

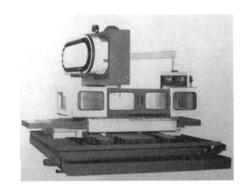

图1-2 带有刀库和自动换刀装置的数控加工中心

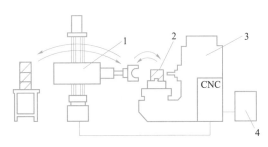

图1-3 带有机器人的柔性制造单元
1—工业机器人；2—工件；
3—CNC机床；4—自动运输小车

采用柔性自动化设备或系统，能够提高加工效率、缩短生产和供货周期，并能对市场需求的变化做出快速反应以提高企业的竞争能力。

3. 复合化

复合化包含工序复合化和功能复合化。数控机床复合化发展的趋势是尽可能将零件加工过程中所有工序集中在一台机床上，实现全部加工之后，该零件入库或直接送到装配工段，而不需要再转到其他机床上进行加工。这不仅省去了运输和等待时间，使零件的加工周期最短，而且在加工过程中不需要多次定位与装夹，有利于提高零件的精度。

加工中心就是把车、铣、镗、钻等类的工序集中到一台机床来完成，打破了传统的工序界限和分开加工的工艺规程。加工中心的快速增长就是工序复合化受市场欢迎的最好证明。一台具有自动换刀装置、回转工作台及托盘交换装置的五面体镗铣加工中心，工件一次安装可以完成镗、铣、钻、铰、攻螺纹等工序，对于箱体件可以完成五个面粗、精加工的全部工序。国内的江宁机床集团公司、北京机床研究所、江苏多棱数控机床公司、自贡长征机床公司等制造商均生产五面体立式或卧式加工中心。

近年来，又相继出现了许多跨度更大、功能更集中的复合化数控机床，如集冲孔、成型与激光切割复合加工中心等。

4. 多功能化

现代数控系统由于采用了多CPU结构和分级中断控制方式，因此在一台数控机床上可以同时进行零件加工和程序编制，即操作者在机床进入自动循环加工的同时可以利用键盘和使用阴极射线管的显示器CRT（Cathode Ray Tube）进行零件加工程序的编制，并可利用CRT进行动态图形模拟功能，显示所编程序的加工轨迹，或是编辑和修改加工程序，故也称该工作方式为"前台加工，后台编辑"。由此缩短了数控机床更换不同种类加工零件的待机时间，以充分提高机床的利用率。为了适应FMC、FMS以及进一步联网组成CIMS的要求，一般的数控系统都具有 R - 232C 和 R - 422 高速远距离串行接口，通过网卡连成局域网，可以实现几台数控机床之间的数据通信，也可以直接对几台数控机床进行控制，如图 1 - 4 所示。

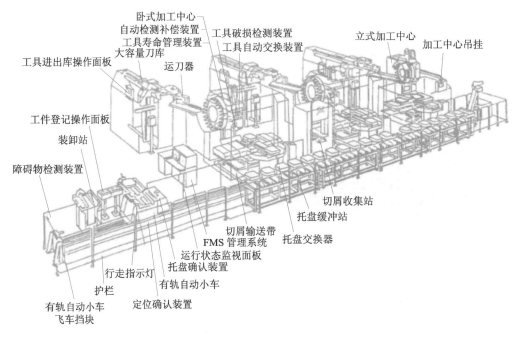

图 1 - 4　柔性制造系统（CIMS）

5．智能化

智能加工是一种基于知识处理理论和技术的加工方式，以满足人们所要求的高效率、低成本及操作简便为基本特征。发展智能加工的目的是解决加工过程中众多不确定的、要求人工干预才能解决的问题。它的最终目标是要由计算机取代或延伸加工过程中人的部分脑力劳动，实现加工过程中监测、决策与控制的自动化。

6．造型宜人化

造型宜人化是一种新的设计思想和观点，是将功能设计、人机工程学与工业美学有机地结合起来，是技术与经济、文化、艺术的协调统一，其核心是使产品变为更具魅力、更适销对路，引导人们进入一种新的工作环境。该设计理念在工业发达国家早已广泛用于各种产品的设计中，是其经济腾飞、提高市场竞争能力的重要手段。日本由于重视这项技术，故很快摆脱了机床产品"仿制"阶段，并创出了自己工业产品的"轻巧精美"独特风格。

近年来，随着我国的经济快速发展与社会进步，人们对生活质量逐步重视，同时对劳动条件和工作环境也提出了更高的要求。用户不只是满足于加工设备的基本性能和内在质量，还要求设计结构紧凑流畅、造型美观协调、操作舒适安全、色泽明快宜人，使人处在舒适优美的环境中工作，从而激发操作者的工作情绪，达到提高工作效率的目的。因此，国内数控机床生产厂家也将造型宜人化的设计理念引入自己的产品设计中，使国产数控机床在外形结构、颜色、外观质量等方面较过去有了明显的改进和提高。

思考与练习

一、名词解释

1. 数字控制
2. 计算机数控系统
3. 数控机床
4. 柔性制造系统
5. 计算机集成制造系统

二、选择题

1. FMS 是指（　　）。

A. 自动化工厂　　　B. 计算机数控系统　　　C. 柔性制造系统　　　D. 加工中心

2. 利用计算机辅助设计与制造技术，进行产品的设计和制造，可以提高产品质量，缩短产品研制周期。它又称为（　　）。

A. CD/CM　　　　B. CAD/COM　　　C. CAD/CAM　　　D. CAD/CM

3. 下列关于数控机床组成的描述不正确的是（　　）。

A. 数控机床通常由控制装置、数控系统和机床本体组成

B. 数控机床通常由控制装置、数控装置、伺服系统、测量反馈装置、辅助控制装置和机床组成

C. 数控机床通常由控制装置、数控系统、伺服系统和机床组成

D. 数控机床通常由键盘、数控装置、伺服系统、测量反馈装置和机床组成

4. 目前第四代计算机采用元件为（　　）。

A. 电子管　　　　　　　　　　　　B. 晶体管

C. 小型计算机集成电路　　　　　　D. 集成电路

5. CIMS 是指（　　）。

A. 自动化工厂　　　　　　　　　　B. 计算机集成制造系统

C. 柔性制造系统　　　　　　　　　D. 柔性制造单元

6. 我国从（　　）年开始研究数控机械加工技术，并于当年研制成功我国第一台电子管数控系统样机。

A. 1952　　　　　B. 1958　　　　　C. 1954　　　　　D. 1959

三、判断题

（　　）1. 世界上第一台数控机床是 1958 年试制成功的。

（　　）2. DNC 是柔性控制数控系统。

（　　）3. 计算机辅助制造（CAM）就是指 NC 程序的自动编程。

（　　）4. 数控机床正在向高速度、高精度和高成本方向发展。

四、填空题

1. NC 机床的含义是＿＿＿＿＿＿，CNC 机床的含义是＿＿＿＿＿＿，FMS 的含义是＿＿＿＿＿＿，＿＿＿＿＿＿的含义是计算机集成制造系统。

2. NC 指的是＿＿＿＿＿＿。

3. 数控系统主要经历了两个阶段：它们分别是＿＿＿＿＿＿和＿＿＿＿＿。

4. ＿＿＿＿＿＿是指用代码对机床运动及其加工过程进行自动控制的一种方法。

五、问答题

1. 数控机床的发展经历了哪几个阶段？
2. 数控机床的发展趋势主要有哪几个方向？

1.2 数控机床的基本组成及工作过程

数控机床又称 CNC 机床，是由电子计算机或专用电子计算装置对数字化的信息进行处理而实现自动控制的机床。

国际信息处理联盟（IFIP）第五技术委员会对数控机床定义如下：数控机床是一个装有程序控制系统的机床，该系统能够逻辑地处理具有使用号码或其他符号编码指令规定的程序，定义中所说的程序控制系统即数控系统。也可以这么说：把数字化了的刀具移动轨迹的信息输入数控装置，经过译码、运算，从而实现控制刀具与工件的相对运动，加工出所需要零件的一种机床即为数控机床。

1.2.1 数控机床的组成

数控机床一般由程序输入装置、数控装置、伺服系统、强电控制装置、检测装置和主机六部分组成，如图 1 – 5 所示。

图 1 – 5　数控机床的组成

1. 程序输入装置

程序输入装置的作用是将程序载体（包括穿孔纸带、磁带、磁盘）上的数控代码信息转换成相应的电脉冲信号传送至数控装置。

现在对于微机控制的数控机床可用操作面板上的键盘直接把加工程序输入数控装置。

2. 数控装置（CNC 装置）

数控装置是数控机床的控制核心，其功能是接受程序输入装置输入的加工信息，经译码、处理与计算，发出相应的脉冲送给伺服系统，通过伺服系统使机床按预定的轨迹运动。一般一台机床专用计算机包括印制电路板、各种电器元件、屏幕显示器和键盘等部分。

数控装置的基本工作过程如下。

（1）译码。将程序段中的各种信息，按一定语法规则翻译成数控装置能识别的语言，并以一定的格式存放在指定的内存专用区间。

（2）刀具补偿。刀具补偿包括刀具长度补偿和刀具半径补偿。

（3）进给速度处理。编程所给定的刀具移动速度是加工轨迹切线方向的速度，速度处理就是将其分解成各运动坐标方向的分速度。

（4）插补。一般数控装置能对直线、圆弧进行插补运算。一些专用或较高档的 CNC 装置还可以完成椭圆、抛物线、正弦曲线和一些专用曲线的插补运算。

（5）位置控制。在闭环 CNC 装置中，位置控制的作用是在每个采样周期内，把插补计算得到的理论位置与实际反馈位置相比较，用其差值去控制进给电动机。

3. 伺服系统

机床伺服系统是数控系统的执行部分，是以机床移动部件（工作台）的位置和速度作为控制量的自动控制系统。它由速度控制装置、位置控制装置、驱动伺服电动机和相应的机械传动装置组成。其功能是接收数控装置输出的脉冲信号指令，使机床上的移动部件做相应的移动。每一个脉冲信号指令使机床移动部件产生的位移量称为脉冲当量，常用的脉冲当量为 0.01 mm/脉冲或 0.001 mm/脉冲。

伺服系统应满足的要求是，进给速度范围要大（如 0.1 mm/min 低速趋近，24 m/min 快速移动）、位移精度要高、工作速度响应要快以及工作稳定性要好。

伺服系统由驱动装置和执行机构组成。驱动装置是执行机构（工作台、主轴）的驱动部件，它由伺服驱动器与伺服电动机组成。

数控机床的伺服系统按其控制方式，可分为开环伺服系统、半闭环伺服系统和闭环伺服系统三大类。

4. 强电控制装置

强电控制装置的主要功能是接收数控装置控制的内置式可编程控制器（PLC）输出的主轴变速、换向、启动或停止，刀具的选择和更换，分度工作台的转位和锁紧，工件的夹紧或松开，切削液的开启或关闭等辅助操作的信号，经功率放大直接驱动相应的执行元件，诸如接触器、电磁阀等，从而实现数控机床在加工过程中的全部自动操作。

5. 检测装置

在半闭环和闭环伺服控制装置中，使用位置检测装置间接或直接测量执行部件的实际进给位移，并与指令位移进行比较，将其误差转换放大后控制执行部件的进给运动。常用的位移检测元件有脉冲编码器、旋转变压器、感应同步器、光栅及磁栅等。图 1-6 所示为编码器的应用。

6. 主机

主机是数控机床的机械部分，包括床身、主轴箱、工作台、进给机构和辅助装置（如刀库液压气动装置、冷却系统和排屑装置等）。数控机床是高精度、高生产率的自动化加工机床。与传统的普通机床相比，数控机床在整体布局、外部造型、主传动系统、进给传动系统、刀具系统、支承系统和排屑系统等方面有很大的差异。这些差异能更好地满足数控技术的要求，并充分适应数控加工的特点。通常对数控机床的精度、静刚度、动刚度和热刚度等均提出了更高的要求，而传动链则要求尽可能的简单。

数控机床主体结构有以下特点。

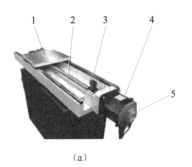

（a）

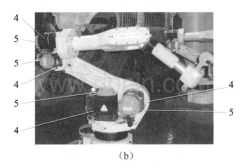

（b）

图1-6 编码器的应用

（a）编码器检测工作台角位移；（b）编码器在机器人控制中的应用

1—工作台；2—丝杠；3—导轨；4—伺服电动机；5—编码器

（1）由于采用了高性能的主轴及伺服传动系统，数控机床的机械传动结构大为简化，传动链较短。

（2）为适应连续地自动化加工，数控机床机械结构一般要求：具有较高的动态刚度和阻尼，具有较高的耐磨性，而且热变形要小。

（3）为了减少摩擦，提高传动精度，数控机床更多地采用了高效传动部件，如滚珠丝杠副和直线滚动导轨等。

1.2.2 数控机床的基本工作过程

数控机床的基本工作过程如图1-7所示。首先要由编程人员或操作者通过对零件图样的深入分析，特别是工艺分析，确定合适的数控加工工艺，其中包括零件的定位与装夹方法的确定，工序的划分，各工步走刀路线的规划，各工步加工刀具及其切削用量的选择，主轴转速、转向及冷却等要求，以规定的数控代码形式编制程序单。

图1-7 数控机床工作过程

然后，把数控程序输入到数控系统，当被调入执行程序缓冲区以后，一旦操作者按下启动按钮，程序就将被逐条逐段地自动执行。数控程序的执行实际上是不断地向伺服系统发出运动指令。数控系统在执行数控程序的同时，还要实时地进行各种运算，来决定机床运动机构的运动规律和速度。伺服系统在接收到数控系统发来的运动指令后，经过信号放大和位置、速度比较，控制机床运动机构的驱动元件（如主轴回转电动机和进给伺服电动机）运动。机床运动机构（如主轴和丝杠螺母机构）的运动结果是刀具与工件产生相对运动，实现切削加工，最终加工出所需要的零件。

思考与练习

一、名词解释

1. 伺服系统
2. 开环进给伺服系统
3. 闭环进给伺服系统
4. 插补

二、选择题

1. （   ）是数控系统和机床本体之间的电传动联系环节。

A. 控制介质　　　　B. 数控装置　　　　C. 输出装置　　　　D. 伺服系统

2. 数控机床的核心是（   ）。

A. 伺服系统　　　　B. 数控系统　　　　C. 反馈系统　　　　D. 传动系统

3. 数控机床检测反馈装置的作用是：将其准确测得的（   ）数据迅速反馈给数控装置，以便与加工程序给定的指令值进行比较和处理。

A. 直线位移　　　　　　　　　　　　B. 角位移或直线位移

C. 角位移　　　　　　　　　　　　　D. 直线位移和角位移

4. 数控机床的数控装置包括（   ）。

A. 伺服电动机和驱动系统

B. 控制介质和光电阅读机

C. 信息处理、输入和输出装置

D. 位移、速度检测装置和反馈系统

5. 程序编制中首件试切的作用是（   ）。

A. 检验零图样的正确性

B. 检验零件工艺方案的正确性

C. 仅检验数控穿孔带的正确性

D. 检验程序单或控制介质的正确性，并检验是否满足加工精度的要求

三、判断题

（   ）1. 伺服系统包括驱动装置和执行机构两大部分。

（   ）2. 数控机床的常用控制介质就是穿孔纸带。

（   ）3. 常用的位移执行机构有步进电动机、直流伺服电动机和交流伺服电动机。

（   ）4. 数控机床是在普通机床的基础上将普通电气装置更换成 CNC 控制装置。

（   ）5. 数控机床是通过程序来控制的。

（   ）6. 数控机床只用于金属切削类加工。

（   ）7. 数控系统是机床实现自动加工的核心，是整个数控机床的灵魂所在。

（　　）8. 机床本体是数控机床的机械结构实体，是用于完成各种切割加工的机械部分。

（　　）9. CNC 系统的核心是 CNC 装置，其性能决定了数控系统的性能。

（　　）10. 对控制介质上的程序进行译码的装置是伺服系统。

四、填空题

1. 控制介质有＿＿＿＿＿、＿＿＿＿＿、＿＿＿＿＿等。

2. 数控机床一般由控制介质、＿＿＿＿＿、＿＿＿＿＿、机床本体、＿＿＿＿＿和各种辅助装置组成。

3. 数控机床是采用＿＿＿＿＿技术对机床的加工过程进行自动控制的一类机床。

4. 在数控机床中，程序载体的作用是＿＿＿＿＿。

5. 数控机床是用数字化代码来控制＿＿＿＿＿的相对运动，从而完成零件的加工。

五、问答题

1. 数控机床由哪几部分组成？各有什么作用？

2. 简述数控机床的工作过程。

1.3　数控机床的分类

1.3.1　按加工方式分类

1. 普通数控机床

按加工方式分类，它与普通数控机床的分类方法相似，可分为数控车床（见图 1-8）、数控铣床（见图 1-9）、数控钻床（见图 1-10）、数控镗床、数控齿轮加工机床和数控磨床等。普通数控机床的工艺性能和普通机床相似，但生产率和自动化程度比普通机床高，两者都适合加工单件小批量多品种和复杂形状的工件。

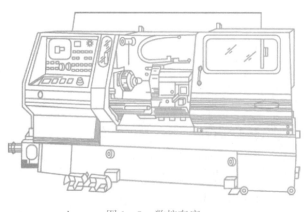

图 1-8　数控车床

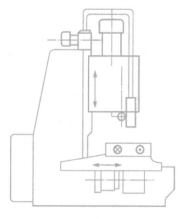

图 1-9　数控铣床

2. 加工中心

加工中心是带有刀库和自动换刀装置的数控机床。常见的有数控车削中心、数控镗铣加工中心（见图 1-11）。在一次装夹后，可以对工件的大部分表面进行加工，而且具有两种或两种以上的切削功能。

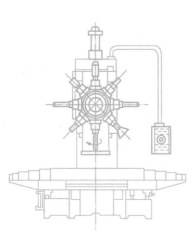

图1-10 数控钻床

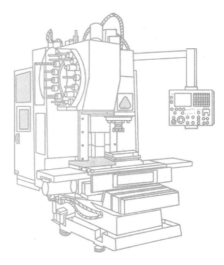

图1-11 数控镗铣加工中心

3．数控特种加工机床

此类数控机床有：数控电火花成型加工机床（见图1-12）、数控电火花线切割机床（见图1-13）、数控激光切割机床等。

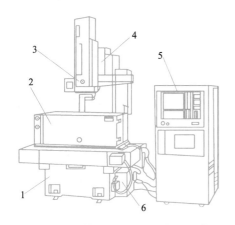

图1-12 数控电火花成型加工机床

1—床身；2—工作液槽；3—主轴头；4—立柱；
5—电源箱；6—液压油箱

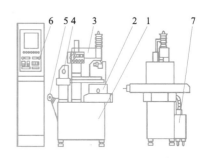

图1-13 数控电火花线切割机床

1—床身；2—工作台；3—丝架；4—储丝筒；
5—走丝电动机；6—数控箱；7—工作液循环系统

4．其他类型的数控机床

如数控三坐标测量仪、数控剪板机、数控折弯机等，如图1-14和图1-15所示。

1.3.2 按控制运动的方式分类

1．点位控制数控机床

点位控制数控机床只对点的位置进行控制，即机床的运动部件只能实现从一个位置到另一个位置的精确位移，移动过程中不进行任何加工。数控系统只需要控制行程起点和终点的坐标值，而不控制运动部件的运动轨迹，如图1-16所示。

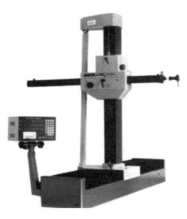

图 1 - 14　数控三坐标测量仪　　　　　　　图 1 - 15　数控剪板机

2. 直线控制数控机床

直线控制数控机床不仅要求控制点的准确位置，而且要求控制刀具（或工作台）以一定的速度沿与坐标轴平行的方向实现进给运动，或者控制两个坐标轴实现斜线的进给运动，如图 1 - 17 所示。这种控制常应用于简易数控车床和数控镗床等，现已较少使用。

3. 轮廓控制数控机床

轮廓控制数控机床能同时对两个或两个以上的坐标轴实现连续控制。它不仅能够控制移动部件的起点和终点，而且能够控制整个加工过程中每点的位置与速度。也就是说，能连续控制加工轨迹，使之满足零件轮廓形状的要求，如图 1 - 18 所示。

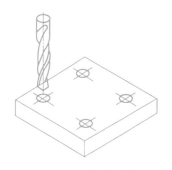
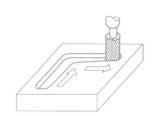
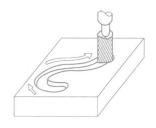

图 1 - 16　点位控制　　　　　图 1 - 17　直线控制　　　　　图 1 - 18　轮廓控制

轮廓控制多用于数控铣床、数控车床、数控磨床和加工中心等各种数控机床，轮廓控制数控机床主要用于加工曲面、凸轮及叶片等复杂形状的工件，基本取代了所有类型的仿形加工机床，提高了加工精度和生产率，现在的数控机床多为轮廓控制数控机床。

1.3.3　按同时控制轴数分类

1. 二坐标机床

如数控车床，可加工曲面回转体；某些数控镗床，二轴联动可镗铣斜面。

2. 三坐标数控机床

如一般的数控铣床、加工中心，三轴联动可加工曲面零件。

3. $2\frac{1}{2}$ 坐标数控机床

此类数控机床又称二轴半机床，实为二坐标联动，第三轴做周期性等距运动。

4. 多坐标数控机床

四轴及四轴以上联动称为多轴联动。例如，五轴联动铣床（见图 1-19），工作台除 X、Y、Z 三个方向可直线进给外，还可绕 Z 轴做旋转进给（C 轴），刀具主轴可绕 Y 轴做摆动进给（B 轴）。

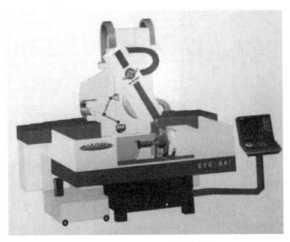

图 1-19　五轴联动数控铣床

1.3.4　按伺服系统分类

根据有无检测反馈元件及其检测装置，机床的伺服系统可分为开环伺服系统、闭环伺服系统和半闭环伺服系统。

1. 开环伺服数控机床

在开环伺服系统中，机床没有检测反馈装置，如图 1-20 所示，即控制装置发出的信号流程是单向的。工作台的移动速度和位移量是由输入脉冲的频率和脉冲数决定的，改变脉冲的数目和频率，即可控制工作台的位移量和速度。

由于开环伺服系统对移动部件的实际位移无检测反馈，故不能补偿位移误差，因此，伺服电动机的误差以及齿轮与滚珠丝杠的传动误差，都将影响被加工零件的精度。但开环伺服系统的结构简单、成本低、调整维修方便、工作可靠，它适用于精度、速度要求不高的场合。目前，开环控制系统多用于经济型数控机床。

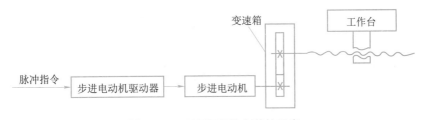

图 1-20　开环伺服控制数控机床

2. 闭环伺服数控机床

闭环伺服系统是在机床移动部件上安装直线位置检测装置，当数控装置发出的位移脉冲信号指令，经过伺服电动机、机械传动装置驱动运动部件移动时，直线位置检测装置将检测所得的实际位移量反馈到数控装置，如图 1–21 所示，与输入指令要求的位置进行比较，用差值进行控制，直到差值消除为止，最终实现移动部件的高位置精度。

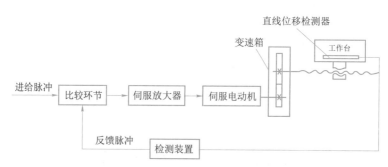

图 1–21　闭环伺服控制数控机床

闭环伺服系统的特点是加工精度高、移动速度快。但是，机械传动装置的刚度、摩擦阻尼特性、反向间隙等非线性因素对系统的稳定性有很大影响，造成闭环控制系统安装调试比较复杂，且直线位移检测装置造价高，因此闭环伺服系统多用于高精度数控机床和大型数控机床。

3. 半闭环伺服数控机床

这种控制方式对移动部件的实际位置不进行检测，而是通过检测伺服电动机的转角，间接地检测移动部件的实际位移量，检测装置将检测所得的实际位移量反馈到数控装置的比较器，与输入指令要求的位置进行比较，用差值进行控制，直到差值消除为止，如图 1–22所示。

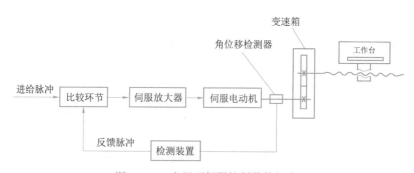

图 1–22　半闭环伺服控制数控机床

由于半闭环控制运动部件的机械传动链不包括在闭环之内，机械传动链的误差无法得到校正或消除。但是，由于广泛采用的滚珠丝杠螺母机构具有良好的精度和精度保持性，且采用了可靠的消除反向运动间隙的结构。因此，其控制精度介于开环系统与闭环系统之间。对于半闭环伺服系统，由于其角位移检测装置结构简单、安装方便，而且惯性大的移动部件不包括在闭环内，所以系统调试方便，并有很好的稳定性。因此，半闭环伺服系统得到了广泛应用，且成为首选控制方式。

思考与练习

一、名词解释

1. 点位控制数控机床
2. 直线控制数控机床
3. 轮廓控制数控机床

二、选择题

1. 一般数控钻、镗床属于（　　　）。

A. 直线控制数控机床　　　　　　　B. 轮廓控制数控机床

C. 点位控制数控机床　　　　　　　D. 曲面控制数控机床

2. 适合于加工形状特别复杂（曲面叶轮）、精度要求较高的零件的数控机床是（　　　）。

A. 加工中心　　　　　　　　　　　B. 数控铣床

C. 数控车床　　　　　　　　　　　D. 数控线切割机床

3. 闭环控制系统的位置检测装置装在（　　　）。

A. 传动丝杠上　　　　　　　　　　B. 伺服电动机轴上

C. 数控装置上　　　　　　　　　　D. 机床移动部件上

4. 根据控制运动方式的不同，数控机床可分为（　　　）。

A. 开环控制数控机床、闭环控制数控机床和半闭环控制数控机床

B. 点位控制数控机床、直线控制数控机床和轮廓控制数控机床

C. 经济型数控机床、普及型数控机床和高档型数控机床

D. NC 机床和 CNC 机床

5. 加工平面任意直线应采用（　　　）控制数控机床。

A. 点位　　　　　B. 直线　　　　　　C. 轮廓　　　　　D. 闭环

6. 闭环控制系统比开环控制系统及半闭环控制系统（　　　）。

A. 稳定性好　　　B. 精度高　　　　　C. 故障率低　　　D. 价格低

7. 全闭环伺服系统与半闭环伺服系统的区别取决于运动部件上的（　　　）。

A. 执行机构　　　B. 反馈信号　　　　C. 检测元件　　　D. 控制对象

8. 数控机床的种类很多，如果按加工轨迹分则可分为（　　　）。

A. 二轴控制、三轴控制和连续控制

B. 点位控制、直线控制和连续控制

C. 二轴控制、三轴控制和多轴控制

D. 开环控制、闭环控制和半闭环控制

9. 功率步进电动机一般在（　　　）作为伺服驱动单元。

A. 开环　　　　　B. 半闭环　　　　　C. 闭环　　　　　D. 混合闭环

10. 按照机床运动的控制轨迹分类，铣床属于（　　　）。

A. 轮廓控制　　　　　B. 直线控制　　　　　C. 点位控制　　　　　D. 远程控制

11. 下列哪种数控系统没有检测装置？（　　　）

A. 开环数控系统　　　　　　　　　　B. 全闭环数控系统

C. 半闭环数控系统　　　　　　　　　D. 以上都不正确

12. 将数控系统分为一般数控机床、数控加工中心机床、多坐标数控机床，是按照下面哪种分类方法进行分类的？（　　　）

A. 工艺用途　　　　　　　　　　　B. 工艺路线

C. 有无检测装置　　　　　　　　　D. 是否计算机控制

三、判断题

（　　）1. 通常一台数控机床的联动轴数一般会大于或等于可控轴数。

（　　）2. 数控机床只用于金属切削类加工。

（　　）3. 开环进给伺服系统的数控机床，其定位精度主要取决于伺服驱动元件和机床传动机构精度、刚度和动态特性。

（　　）4. 数控机床按工艺用途分类，可分为数控切削机床、数控电加工机床和数控测量机等。

（　　）5. 数控机床按控制坐标轴数分类，可分为两坐标数控机床、三坐标数控机床、多坐标数控机床和五面加工数控机床等。

（　　）6. 点位控制的特点是，可以以任意途径达到要计算的点，因为在定位过程中不进行加工。

（　　）7. 数控铣床属于直线控制机床。

（　　）8. 插补运动的实际插补轨迹始终不可能与理想轨迹完全相同。

（　　）9. 数控机床按控制方式的特点可分为开环、闭环和半闭环系统。

（　　）10. 在开环和半闭环数控机床上，定位精度主要取决于进给丝杠的精度。

（　　）11. 点位控制系统不仅要控制从一点到另一点的准确定位，还要控制从一点到另一点的路径。

（　　）12. 半闭环控制系统的精度高于开环系统，但低于闭环系统。

（　　）13. 当点位直线控制数控机床的移动部件移动时，可以按任意斜率的直线进行切削加工。

（　　）14. 半闭环控制数控机床的检测装置可以直接检测工作台的位移量。

四、填空题

1. 每个脉冲信号使机床移动部件的位移量称为_____。

2. 加工中心是一种带_____和_____的数控机床。

3. 数控机床按运动轨迹分可分为_____、_____和_____。

4. 数控系统按照有无检测反馈装置分为_____和_____两种类型。

5. 数控机床按工艺用途分类分为_____、_____、数控特种加工类数控机床。

五、问答题

1. 什么样控制特点的系统称为点位控制系统？

2. 什么是开环、闭环和半闭环控制系统？各有什么优点？

1.4 数控机床的加工特点及应用

1.4.1 数控机床加工的特点

数控机床作为一种高自动化的机械加工设备，具有以下特点。

1. 具有高度柔性

数控机床的刀具运动轨迹是由加工程序决定的，因此只要能编制出程序，无论多么复杂的型面都能加工。当加工工件改变时，只需要改变加工程序就可以完成工件的加工。因此，数控机床既适合于零件频繁更换的场合，也适合单件小批量生产及产品的开发，可缩短生产准备周期，有利于机械产品的更新换代。

2. 加工精度高，尺寸一致性好

数控机床本身的精度比较高，一般数控机床的定位精度为 ±0.01 mm，重复定位精度为 ±0.005 mm，在加工过程中操作者不参与操作，工件的加工精度全部由机床保证，消除了操作者人为造成的误差。因此，加工出来的工件精度高、尺寸一致性好、质量稳定。

3. 生产效率高

由于数控机床在结构设计上采用了有针对性的设计，因此数控机床的主轴转速、进给速度和快速定位速度都比较高，可以合理地选择高的切削参数，充分发挥刀具的切削性能，减少切削时间，还可以自动地完成一些辅助动作，不需要在加工过程中进行中间测量，能连续完成整个加工过程，减少了辅助动作时间和停机时间，即有效地减少了零件的加工时间，因此，数控机床的生产效率高。

4. 减轻劳动强度，且可能实现一人多机操作

一般数控机床加工出第一件合格工件后，操作者只需要进行工件的装夹和启动机床，加工过程不需要人的干预，从而大大减轻了操作者的劳动强度。现在的数控机床可靠性高，保护功能齐全，并且数控系统有自诊断和自停机功能，当一个工件的加工时间比工件的装夹时间长时，就能实现一人多机操作。

5. 经济效益明显

虽然数控机床一次投资及日常维护保养费用较普通机床高很多，但是如能充分地发挥数控机床的加工能力，将会带来良好的经济效益。这些效益不仅表现在生产效率高、加工质量好、废品少等方面，而且还有减少工装和量刃具、缩短生产周期、减少在制品数量、缩短新产品试制周期等优势，从而为企业带来良好的经济效益。

6. 有利于生产管理现代化

在数控机床上，加工所需要的时间是可以预计的，并且每件是不变的，因而工时和工时费用可以估计得更精确。这有利于精确编制生产进度表，有利于均衡生产和取得更高的预计产量。因此，有利于生产管理现代化。

与普通机床相比，数控机床价格昂贵，养护与维修费用较高，如果使用和管理不善，容易造成浪费并直接影响经济效益。因此，要求设备操作者和管理者有较高的素质，严格遵守操作规程和履行管理制度，以降低生产成本、提高企业的经济效益和市场竞争力。

1.4.2 数控机床的应用

根据数控机床加工的特点可以看出，最适合于数控加工的零件特点如下：

（1）批量小而又多次生产的零件。

（2）几何形状复杂，加工精度高，用普通机床无法加工，或虽然能加工但很难保证加工质量的零件。

（3）在加工过程中必须进行多种加工，即在一次安装中要完成铣、镗、锪、铰或攻螺纹等多工序的零件。

（4）用数学模型描述的复杂曲线或曲面轮廓的零件。

（5）切削余量大的零件。

（6）必须严格控制公差的零件。

（7）工艺设计会变化的零件。

（8）加工过程中如果发生错误将会造成严重浪费的贵重零件。

（9）需全部检验的零件。

思考与练习

一、名词解释

1. 定位精度

2. 重复定位精度

二、选择题

1. 加工（   ）零件，宜采用数控加工设备。

A. 大批量   B. 多品种中小批量   C. 单件

2. 通常数控系统除了直线插补外，还有（   ）。

A. 正弦插补   B. 圆弧插补   C. 抛物线插补

3. （   ）使用专用机床比较合适。

A. 复杂型面加工   B. 大批量加工   C. 齿轮齿形加工

4. 采用数控机床加工的零件应该是（   ）。

A. 单一零件

B. 中小批量、形状复杂、型号多变

C. 大批量

三、问答题

1. 数控机床加工有什么特点？

2. 和普通机床相比，数控机床更适合加工什么样的零件？

本章小结

　　本章作为本教材的引导部分，主要是让学习者感性认识数控机床的样貌，了解数控机床的基本知识。从宏观上介绍了数控机床的构成与分类，让学生了解数控机床并产生学习的欲望，为学生树立学习数控技术的信心和积极性奠定了基础。

第2章 数控系统

教学提示：

本章从数控系统的总体结构、硬件和软件功能及其实现、插补原理和可编程序控制器几个方面来讲述 CNC 数控系统结构及其工作原理。

教学要求：

通过本章的学习，要了解数控系统的软、硬件结构，掌握最基本的直线和圆弧的逐点比较插补法，了解直线和圆弧数据采样插补的原理，对数控机床可编程序控制器的特点和控制过程有一个较全面的了解。

本章知识导读：

从 1952 年第一台数控机床在美国问世，至今已有 60 多年的历史，计算机数控（CNC）从 20 世纪 70 年代中期出现，到现在也已有 40 多年了，数控技术日趋成熟。特别是近几年来微型计算机、微电子工业及电力电子工业的迅速发展，微型计算机与 CNC 技术的紧密结合，使得开发和生产 CNC 系统的技术被越来越多的自动化装备生产厂所掌握。因此，就当今全世界范围来说，CNC 技术已经不再被少数几个国家的几个 CNC 系统生产厂所垄断。到 20 世纪 80 年代末，几乎每个工业发达的国家都有了自己的数控设备生产厂，生产满足各自国家数控机床及其他机械装备所需要的数控系统。甚至很多大型的数控机床生产厂都有自己的产品，并部分出售数控系统。因此，CNC 系统生产厂之间的竞争激烈，数控技术的发展进入了新的阶段。

数控系统（Numerical Computer System）是指利用数字控制技术实现的自动控制系统。最初的数控系统是由数字逻辑电路构成的，因而称为硬件数控系统。随着微型计算机的发展，硬件数控系统已逐渐被淘汰，取而代之的是当前广泛使用的计算机数控（CNC）系统。计算机数控系统主要由硬件和软件两部分组成。通过系统控制软件与硬件的配合，合理地组织和管理数据的输入、数据的处理、插补运算和信息输出，控制执行部件，对数控机床运动进行实时控制。

2.1　CNC 系统的总体结构及各部分功能

2.1.1　CNC 系统的总体结构

目前 CNC 系统大多采用体积小、成本低、功能强的微处理机，图 2-1 所示为机床微机数控系统的总体结构原理框图。CNC 数控系统通常包括输入/输出（I/O）装置、计算机数控装置、进给驱动装置、主轴控制单元和辅助控制装置及位置检测装置，这几部分之间通过 I/O 接口互连。

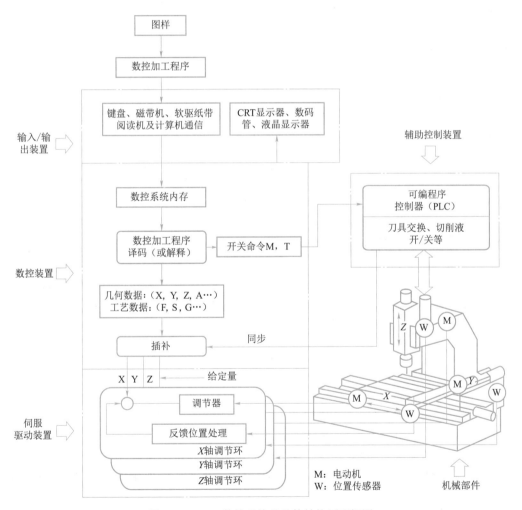

图 2-1　CNC 数控系统的总体结构原理框图

2.1.2　数控系统各部分的功能

1. 输入/输出装置

输入/输出装置是指能完成程序编辑、程序和数据输入、显示及打印等功能的设备，主要包括有键盘、操作面板、显示器、外部存储设备、编程机、串行通信接口等，是操作者与数控系统进行信息交流的设备。

（1）键盘通常安装在操作面板上，是 MDI 中最主要的输入设备，主要功能是输入零件加工程序、编辑和修改程序及发送操作命令。

（2）操作面板主要用来安装操作机床的各种控制开关、按钮以及机床工作状态指示、报警信号等设备。操作者对机床的控制、对当前机床工作状态的了解，均可通过操作面板进行。

（3）显示器为操作人员提供必要的信息，根据系统所处的状态和操作命令的不同，显示的信息可以是正在编辑的程序，可以是机床的加工信息，如工作台位置、刀具位置、进给速度、主轴转速和动态加工轨迹等。

（4）外部存储设备的功能是存放和读取零件加工程序，有的也用于系统控制软件的输入。常用的外部存储设备有磁盘和移动硬盘等。

2. 计算机数控装置

计算机数控装置是数控系统的核心，它的主要功能是将输入装置传送的加工程序，经数控装置系统软件进行译码、数值计算、插补运算和速度预处理，产生位置和速度指令以及辅助控制功能信息等，控制机床各执行部件的运动。数控装置通过软件可以实现很多功能，常见的功能有：

1）准备功能

准备功能亦称为 G 功能，是用来控制机床动作方式的功能，主要有基本移动、程序暂停、坐标平面选择、刀具补偿、米制英制转换、绝对值与增量值转换、固定循环、坐标系设定等指令。ISO 标准对 G 功能从 G00 到 G99 中的大部分指令进行了定义，其余部分指令可由数控机床制造商根据需要进行定义。

2）控制功能

控制功能主要反映 CNC 系统能够控制的轴数和联动控制的轴数。控制轴有移动轴和回转轴，有基本轴和附加轴。控制的轴数越多，特别是联动的轴数越多，CNC 系统就越复杂，成本就越复杂，编程也就越困难。

3）进给功能

它反映刀具的进给速度，用"F"直接指定各轴的进给速度，主要有以下几种功能。

（1）切削进给速度（每分钟进给量单位为 mm/min）。以每分钟进给距离的形式指定刀具切削速度，用"F"和它后续的数值指定。对于直线轴，如 F100 表示每分钟进给量为 100 mm/min；对于回转轴，如 F15 表示每分钟进给 15°。

（2）同步进给速度（每转进给量单位为 mm/r）。同步进给速度为主轴每转时进给轴的进给量，只有主轴上装有位置编码器（脉冲编码器）的机床才能指定同步进给速度，如螺纹加工。

（3）进给倍率。操作面板上设置了进给倍率开关，可实时进行人工调整。倍率一般在 10%~100% 之间变化。使用倍率开关可以不修改程序中的 F 代码，就可以改变机床的进给速度，对每分钟进给量和每转进给量都有效。

（4）快速进给速度。CNC 装置出厂时就已经设定了快速进给速度，它可通过参数设定，用 G00 指令来实现，还可通过操作面板上的快速进给倍率开关来调整实际快速进给速度。

4）主轴转速功能

主轴速度由 S 字母和它后面的数字来指定，有恒转速（r/min）和表面恒线速度（m/min）两种运转方式。

5）刀具功能

刀具功能包括选择的刀具数量和种类、刀具的编码方式以及自动换刀的方式。

6）辅助功能

辅助功能也称 M 功能，用来规定主轴的启停和转向、切削液的开关、刀库的启停以及刀具的更换等。

7）插补功能

插补功能是指 CNC 装置可以实现各种曲线轨迹插补运算的功能，如直线插补、圆弧插补和其他二次曲线与多坐标高次曲线插补。插补运算实时性很强，即 CNC 装置插补计算速度要能同时满足机床坐标轴对进给速度和分辨率的要求。它可用硬件或软件两种方式来实现，硬件插补方式比软件插补方式快，如日本 FANUC 公司就采用 DDA 硬件插补专用集成芯片。但目前由于微处理机的位数和频率的提高，大部分系统还是采用了软件插补方式，并把插补分为粗、精插补两步，以满足其实时性要求。软件每次插补一个小线段称为粗插补。根据粗插补的结果，将小线段分成单个脉冲输出，称为精插补。

8）补偿功能

CNC 装置可备有多种补偿功能，可以对加工过程中由于刀具磨损或更换，以及机械传动的丝杆螺距误差和反向间隙所引起的加工误差予以补偿。按存放在存储器中的补偿量重新计算刀具运动轨迹和坐标尺寸，从而加工出符合图样要求的零件。

9）字符图形显示功能

CNC 装置可配置高分辨率的 CRT、TFT 显示器，通过软件和接口实现字符和图形显示，可以显示程序、人机对话编程菜单、零件图形和动态模拟刀具轨迹等。

10）通信功能

CNC 装置与外界进行信息和数据交换的功能。数控系统通常具有 RS－232 接口，可与上级计算机进行通信，传送零件加工程序，有的还备有 DNC 接口。更高档的系统还能与 MAP（制造自动化协议）相连，接入工厂的通信网络，以适应 FMS、CIMS 的要求。

11）自诊断功能

CNC 装置中设置各种诊断程序，可以防止故障的发生或扩大，在故障出现后迅速查明故障类型及部位，减少故障停机时间。

12）人机对话编程功能

人机对话编程功能有助于编制复杂零件的加工程序，操作者或程序员只要输入图样上零件几何尺寸的角度、斜率、半径等命令，CNC 装置就能自动计算出全部基点坐标且生成加工程序。有的 CNC 装置可根据引导图和说明进行对话式编程，并具有自动选择工序、刀具、切削等条件的智能功能。

3．进给驱动装置

进给驱动装置是把数控处理的加工程序信息，经过数字信号向模拟信号转化，经功率放大后驱动进给轴按要求的坐标位置和进给速度进行控制，控制的执行元件可以是交、直流电动机，也可以是步进电动机。

4. 主轴控制单元

主轴控制单元接收来自可编程序控制器（PLC）的转向和转速指令，经功率放大后驱动主轴电动机转动。

5. 辅助控制装置

辅助控制装置是介于数控装置和机床机械、液压部件之间的控制装置，通过可编程序控制器（PLC）来实现。PLC 和数控装置配合共同完成数控机床的控制，数控装置主要完成与数字运算和程序管理等有关的功能，如零件程序的编辑、译码、插补运算和位置控制等，PLC 主要完成与逻辑运算有关的动作，如刀具的更换、冷却液的开关等。

6. 位置检测装置

位置检测装置与进给驱动装置组成半闭环和闭环伺服驱动系统，位置检测装置通过直接或间接测量将执行部件的实际位移量检测出来，反馈到数控装置并与指令（理论）位移量进行比较，将其误差转换放大后控制执行部件的进给运动，以提高系统精度。

思考与练习

一、选择题

1. 下列功能中，（ ）是数控系统目前一般所不具备的。

A. 控制功能　　　　B. 进给功能　　　　C. 插补功能　　　　D. 刀具刃磨功能

2. （ ）是数控系统核心，它是一台数控系统控制品质的体现。

A. 数控装置　　　　B. 可编程控制器　　　C. I/O 板　　　　D. 数控软件

3. 脉冲当量的取值越小，插补精度（ ）。

A. 越高　　　　　　B. 越低　　　　　　C. 与其无关　　　　D. 不受影响

4. 在切断、加工深孔或用高速钢刀具加工时，宜选择（ ）的进给速度。

A. 较高

B. 较低

C. 数控系统设定的最低

D. 数控系统设定的最高

5. 进给功能字 F 后的数字表示（ ）。

A. 每分钟进给量（mm/min）

B. 每秒钟进给量（mm/s）

C. 每转进给量（r/min）

D. 螺纹螺距

6. 准备功能 G90 表示（ ）。

A. 预置功能　　　　B. 固定循环　　　　C. 绝对尺寸　　　　D. 增量尺寸

7. 辅助功能 M03 表示（ ）。

A. 程序停止　　　　B. 冷却液开　　　　C. 主轴停止　　　　D. 主轴顺时针转动

8. 表示取消刀具径向尺寸补偿的代码是（ ）。

A. G40　　　　　　B. G41　　　　　　C. G42　　　　　　D. G43

9. 在数控机床上加工封闭轮廓时，一般沿着（ ）进刀。

A. 法面 B. 切向 C. 任意方向 D. 不能确定

10. 一般数控车床 X 轴的脉冲当量是 Z 轴脉冲当量的（　　）。

A. 1/2 倍 B. 相等 C. 2 倍 D. 不能确定

11. 脉冲当量的大小决定了加工精度，下面哪种脉冲当量对应的加工精度更高？（　　）

A. 1 μm/脉冲 B. 5 μm/脉冲 C. 10 μm/脉冲 D. 0.1 mm/脉冲

12. 数控系统之所以能进行复杂的轮廓加工，是因为它具有（　　）。

A. 位置检测功能 B. PLC 功能 C. 插补功能 D. 自动控制功能

13. 下面哪种设备不是 CNC 系统的输入设备？（　　）

A. MDI 键盘 B. 纸带阅读机 C. CRT 显示器 D. 磁带机

14. 对于配有设计完善的位置伺服系统的数控机床，其定位精度和加工精度主要取决于（　　）。

A. 机床机械结构的精度 B. 驱动装置的精度

C. 位置检测元器件的精度 D. 计算机的运算速度

15. 下面哪个部分可以对数控指令进行放大？（　　）

A. 控制介质 B. 数控装置 C. 伺服系统 D. 测量装置

二、判断题

（　　）1. 进给功能一般是用来指定机床主轴的转速。

（　　）2. 数控机床所加工出的轮廓，只与所采用的程序有关，而与所选用的刀具无关。

（　　）3. CNC 系统不仅能够插补直线、圆弧，还可以插补抛物线、椭圆、正弦曲线和样条曲线等。

（　　）4. 数控机床的插补过程，实际上是用微小的直线段来逼近曲线的过程。

（　　）5. 检测装置是数控机床中必不可少的装置。

（　　）6. 脉冲当量不是脉冲分配计算的基本单位。

（　　）7. 伺服驱动系统的跟随误差越小，响应速度越快。

（　　）8. 德国的 SIEMENS 和日本的 FUNUC 公司的数控系统对我国数控技术的影响较大。

三、填空题

1. 在数控系统中，字母 G 代表＿＿＿＿＿＿＿功能字，M 代表＿＿＿＿＿＿＿功能字。

2. 刀具半径补偿是通过指令＿＿＿＿＿＿、＿＿＿＿＿＿实现的。

3. 控制主轴的正转、反转和停止是通过＿＿＿＿＿＿、＿＿＿＿＿＿、M05 代码来实现的。

4. CNC 系统是由＿＿＿＿＿＿、＿＿＿＿＿＿、计算机数控装置、伺服系统和 PLC 等组成的。

5. 所谓"插补"就是指在一条已知起点和终点的曲线上进行＿＿＿＿＿＿的过程。

6. 脉冲当量越小，位移精度和插补精度＿＿＿＿＿＿，零件加工质量＿＿＿＿＿＿。

7. RS – 232C 属于＿＿＿＿＿＿协议。

四、问答题

1. 机床数控系统通常由哪几部分组成？各有什么作用？

2. 简述计算机数控装置常见的实现功能。

2.2　CNC 装置的硬件

现代的计算机数控装置大多采用微处理器，按 CNC 装置中微处理器的个数可以分为单微处理器结构和多微处理器结构。

2.2.1　单微处理器结构

所谓单微处理器结构，即采用一个微处理器来集中控制，分时处理数控的各个任务。而某些 CNC 装置虽然采用了两个以上的微处理器，但能够控制系统总线的只有其中一个微处理器，它占有总线资源，其他微处理器作为专用的智能部件，它们不能控制系统总线，也不能访问存储器，这是一种主从结构，故被归纳于单微处理器结构中。

单微处理器结构数控装置的组成如图 2 − 2 所示。微处理器通过总线与存储器（RAM、EPROM）、位置控制器、可编程序控制器（PLC）及 I/O 接口、MDI/CRT 接口、通信接口等相连。

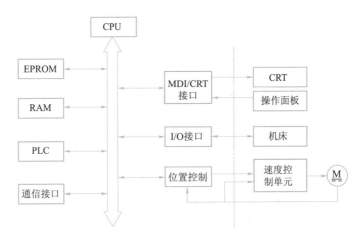

图 2 − 2　单微处理器结构数控装置的组成

1. 微处理器和总线

微处理器是 CNC 装置的核心，由运算器和控制器两大部分组成。运算器对数据进行算术运算和逻辑运算；控制器则将存储器中的程序指令进行译码，并向 CNC 装置各部分顺序发出执行操作的控制信号，并且接收执行部件的反馈信息，从而决定下一步的命令操作。也就是说，微处理器主要担负数控有关的数据处理和实时控制任务。数据处理包括译码、刀补和速度处理。实时控制包括插补运算和位置控制以及对各种辅助功能的控制。

总线是微处理器与各组成部件、接口等之间的信息公共传输线，由地址总线、数据总线和控制总线组成。

2. 存储器

存储器用于存储系统软件和零件加工程序等，并将运算的中间结果和处理后的结果（数据）存储起来。数控系统所用的存储器分为随机存取存储器（读/写存储器）RAM 和只读存储器 EPROM 两类。RAM 用来存储零件加工程序，或作为工作单元存放各种输出数据、输入数据、中间计算结果，与外存交换信息以及堆栈用等。其存储单元的内容既可以读出又可写入或改写，但断电后，信息也随之消失，需备用电池方可保存信息。ROM 专门用于存放系统软件（控制程序、管理程序和常数等），使用时其存储单元的内容不可改变，即不可写入而只能读出，也不会因断电而丢失内容。

3．位置控制器

位置控制器是一种同时具有位置控制和速度控制两种功能的反馈控制系统，主要用来控制数控机床各进给坐标轴的位移量，需要时将插补运算所得的各坐标位移指令与实际检测的位置反馈信号进行比较，并结合补偿参数，适时地向各坐标伺服驱动控制单元发出位置进给指令，使伺服控制单元驱动伺服电动机转动。

4．可编程序控制器

可编程序控制器（PLC）用于控制数控机床的辅助功能和顺序控制。

5．MDI/CRT 接口

MDI 接口即手动数据输入接口，数据可通过键盘手动输入。CRT 接口是在软件配合下，在显示器上显示输入的字符和图形。

6．I/O 接口

CNC 装置与机床之间的信号通过 I/O 传送。输入接口主要用于接收机床操作面板上的各种开关、按钮及机床上的各种行程开关和温度、压力、电压等检测信号。因此，它分为数字量输入和模拟量输入两类，并由接收电路将输入信号转换成 CNC 装置能接收的信号。输出接口可将各种机床工作状态信息传送到机床操作面板进行声光指示，或将 CNC 装置发出的控制机床动作的信号传送到强电控制柜，以控制机床电气执行部件的动作。

7．通信接口

通信接口用来与外围设备如上级计算机、移动硬盘以及移动磁盘等进行信息传输。

2.2.2 多微处理器结构

多微处理器结构的数控装置是将数控机床的总任务划分为多个子任务，每个子任务均由一个独立的微处理器来控制。有些多微处理器结构中，有两个或两个以上的由微处理器构成的处理部件，处理部件之间采用紧耦合，有集中的操作系统，并共享资源。有些多微处理器结构则有两个或两个以上的由微处理器构成的功能模块，功能模块之间采用松耦合，有多重操作系统，能有效地实现并行处理。这种结构中的各处理器分别承担一定的任务，通过公共存储器或公用总线进行协调，实现各微处理器间的互联和通信。

1．多微处理器的结构特点

1）性能价格比高

多微处理器结构中的每个微机完成系统中指定的一部分功能，独立执行程序，相比于单微处理器，提高了计算的处理速度，适于多轴控制、高进给速度、高精度、高效率的数控要求。由于系统采用共享资源，而单个微处理器的价格又比较便宜，使 CNC 装置的性能价格比大为提高。

2）采用模块化结构，有良好的适应性和扩展性

多微处理器的 CNC 装置大多采用模块化结构，可将微处理器、存储器、I/O 控制等分别做成独立的硬件模块，相应的软件也采用模块化结构，固化在硬件模块中。软、硬件模块

形成特定的功能单元，称为功能模块。各功能模块间有明确定义的接口，接口是固定的，符合工厂标准或工业标准，彼此可以进行信息交换，这样可以积木式地组成 CNC 装置，使 CNC 装置设计简单，适应性和扩展性好，试制周期短，调整维护方便，结构紧凑，效率高。

3）硬件易于组织规模生产

由于硬件是通用的，容易配置，只要开发新的软件就可构成不同的 CNC 装置，因此多微处理机结构便于组织规模生产，且保证质量。

4）有很高的可靠性

多微处理器 CNC 装置的每个微机分管各自的任务，形成若干模块。如果某个模块出了故障，其他模块仍照常工作，而不像单微处理器那样，一旦出故障就造成整个系统瘫痪。而且插件模块更换方便，可使故障对系统的影响减到最小。另外，由于多微处理器的 CNC 装置可进行资源共享，故省去了一些重复机构，不但降低了造价，也提高了系统的可靠性。

2．多微处理器结构的组成

多微处理器由 CNC 管理模块、CNC 插补模块、位置控制模块、存储器模块、PLC 模块、数据输入/输出及显示模块组成。功能模块的互联方式有共享总线结构和共享存储器结构两种。

1）CNC 管理模块

管理和组织整个 CNC 装置的工作，主要包括初始化、中断管理、总线仲裁、系统出错识别和处理系统软件硬件诊断功能。

2）CNC 插补模块

完成插补前的预处理，如对零件程序的译码、刀具半径补偿、坐标位移量计算及进给速度处理等；进行插补计算，为各坐标轴提供位置给定值。

3）位置控制模块

进行位置给定，并与检测所得的实际值相比较，进行自动加减速、回基准点、伺服系统滞后量的监视和漂移补偿，最后得到速度控制值，用来驱动进给电动机。

4）存储器模块

该模块是程序和数据的主存储器，或是各功能模块间进行数据传送的共享存储器。

5）PLC 模块

对零件程序中的开关功能和机床传来的信号进行逻辑处理，实现主轴启停和正反转、换刀、冷却液的开和关、工件的夹紧和松开等。

6）数据输入、输出和显示模块

它包括控制零件程序、参数、数据及各种操作命令的输入、输出，显示所需的各种接口电路。

3．多微处理器结构各功能模块的互联方式

1）共享存储器结构

这种结构是以存储器为中心组成的多微处理器 CNC 装置，如图 2-3 所示。结构特征：是面向公共存储器来设计的，即采用多端口来实现各主模块之间的互联和通信，每个端口都配有一套数据、地址、控制线，以供端口访问。采用多端口控制逻辑来解决多个模块同时访问多端口存储

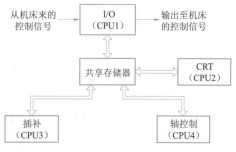

图 2-3 多微处理器共享存储器的 CNC 装置

器冲突的矛盾。但由于多端口存储器设计较复杂，而且对两个以上的主模块，会因争用存储器可能会造成存储器传输信息的阻塞，所以这种结构一般采用双端口存储器（双端口 RAM）。

2）共享总线结构

这种结构是以系统总线为中心组成的多微处理器 CNC 装置，如图 2-4 所示。结构特征：将系统功能模块分为带有微处理器的主模块和不带微处理器的从模块（RAM/ROM，I/O 模块），以系统总线为中心，所有的主、从模块都插在严格定义的标准系统总线上。系统总线的作用是把各个模块有效地连接在一起，按照要求交换各种数据和控制信息，实现各种预定的功能。这种结构中只有主模块有权控制使用系统总线，采用总线仲裁机构（电路）来裁定多个模块，同时请求使用系统总线的竞争问题。

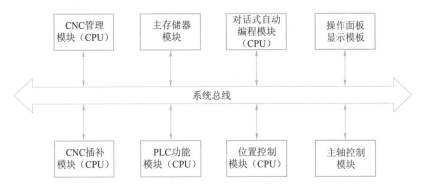

图 2-4　多微处理器共享总线结构的 CNC 装置

思考与练习

一、选择题

1. 经济型数控系统一般采用（　　）CPU，而且一般是单微处理器系统。

A. 8 或 16 位　　　　B. 32 位　　　　　C. 64 位　　　　　D. 以上都不正确

2. 在单 CPU 的 CNC 系统中，主要采用（　　）的原则来解决多任务的同时运行。

A. CPU 同时共享　　B. CPU 分时共享　　C. 共享存储器　　D. 中断

3. 在单微处理机 CNC 装置中，微处理机通过（　　）与存储器、输入输出控制等各种接口相连。

A. 总线　　　　　　　　　　　　　　B. 输入/输出接口电路

C. 主板　　　　　　　　　　　　　　D. 专用逻辑电路

4. 一个系统只有一块大板（称为主板），大板上装有主 CPU 和各轴的位置控制电路等，这种结构属于（　　）。

A. 模块化结构　　B. 整体式结构　　　C. 分体式结构　　　D. 大板式结构

二、判断题

（　　）1. 在 CNC 系统中，由硬件完成的功能原则上不可以由软件完成。

（　　）2. 若 CNC 装置有两个或以上的微处理机，则其一定属于多微处理机结构。

（　　）3. CNC 系统的中断管理主要靠硬件完成。

（　　）4. 在共享总线结构中，某一时刻可以由多个 CPU 占有总线。

（　　）5. 以系统总线为中心的多微机处理机 CNC 装置中，主、从模块均有权控制使用系统总线。

三、填空题

1. CPU 是 CNC 装置的核心，它由运算器和控制器两个部分组成，＿＿＿＿＿是对数据进行算术和逻辑运算的部件，＿＿＿＿＿是统一指挥和控制数控系统各部件的中央机构。

2. 在单 CPU 的 CNC 系统中，主要采用＿＿＿＿＿的原则来解决多任务的同时运行。

3. CNC 系统常用外设包括＿＿＿＿＿和＿＿＿＿＿两种。

4. 总线是数控系统的硬件之一，它包括＿＿＿＿＿、＿＿＿＿＿和＿＿＿＿＿。

5. 从 CNC 系统使用的微机及结构来分，CNC 系统的硬件结构一般分为＿＿＿＿＿和＿＿＿＿＿两大类。

四、问答题

1. CNC 系统的硬件主要由哪几部分构成？各部分的作用是什么？

2. 简述单微处理器的硬件结构与特点。

3. 简述多微处理器的硬件结构与特点。

2.3　CNC 系统的软件功能及其实现

随着计算机技术的发展，数控系统的软件功能越来越丰富，用软件代替硬件，元器件数量减少了，降低了成本，提高了可靠性。软件可实现复杂的信息处理和高质量的控制，可随时修改和补充。但一般情况下，软件执行的速度较慢，一般是毫秒级，相对而言，硬件执行速度较快，一般是微秒级。哪些控制功能由硬件来实现，哪些控制功能由软件来完成，这是数控系统结构设计的一个主要问题。总的趋势是，能用软件完成的功能一般不用硬件来完成；能用微处理器来控制的尽量不用硬件电路来控制。在 CNC 装置中，数控功能的实现方法大致分为三种情况，如图 2-5 所示。

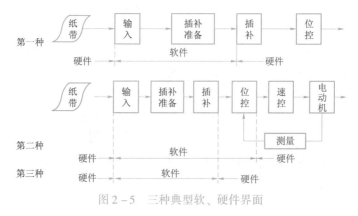

图 2-5　三种典型软、硬件界面

2.3.1　CNC 系统的软件功能

CNC 系统软件功能可分为管理功能与控制功能两种。管理功能包括信息输入功能、I/O 处理功能、显示功能和诊断功能；控制功能包括译码、刀具补偿、速度处理、插补运算和位置控制等功能。如图 2-6 所示。

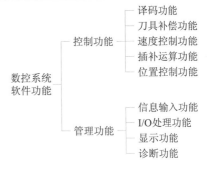

图 2-6　数控系统的软件功能

2.3.2　CNC 系统的软件功能的实现

CNC 系统的各功能分别由不同的软件来实现。一般数控系统软件主要由以下几部分组成：输入程序、译码程序、数据处理程序、插补运算程序、伺服（位置）控制程序、输出程序、管理程序和诊断程序等。

1．输入程序

输入程序的功能有以下两个：

（1）把零件程序从阅读机或键盘经相应的缓冲器输入到零件程序存储器。

（2）将零件程序从零件程序存储器取出送入缓冲器，以便加工时使用。

2．译码程序

在输入的零件加工程序中，含有零件的轮廓信息（线型，起点、终点坐标值）、工艺要求的加工速度及其他辅助信息（换刀、冷却液开/关等）。这些信息在计算机作插补运算与控制操作之前，需按一定的语法规则解释成计算机容易处理的数据形式，并以一定的数据格式存放在给定的内存专用区间，即把各程序段中的数据根据其前面的文字地址送到相应的缓冲寄存器中。译码就是从数控加工程序缓冲器或 MDI 缓冲器中逐个读入字符，先识别出其中的文字码和数字码，然后根据文字码所代表的功能，将后续数字码送到相应译码结果缓冲器单元中。

3．数据处理程序

数据处理程序的任务通常包括刀具半径补偿、刀具长度补偿、进给速度计算以及辅助功能的处理等。

刀具半径补偿是把零件的轮廓轨迹转换成刀具中心轨迹；速度计算确定加工数据段的运动速度，开环系统根据给定进给速度 F 计算出频率 f，而闭环、半闭环系统则根据 F 算出位移量（ΔL）；辅助功能处理是指换刀，主轴启动、停止，冷却液开、停等辅助功能的处理（即 M、S、T 功能的传送及其先后顺序的处理）。

数据处理是为了减轻插补工作及速度控制程序的负担，提高系统的实时处理能力，故也称为预计算。

4．插补运算程序

插补运算是 CNC 系统中最重要的计算工作之一，根据零件加工程序中提供的数据，如曲线的种类、起点、终点等进行运算。插补运算程序是根据插补数学模型而编制的运算处理程序，常用的脉冲增量插补方法有逐点比较法和数字积分法等，通过运行插补程序，生成控制数控机床各轴运动的脉冲分配规律。采用数据采样法插补时，则生成各轴位置增量，该位置增量用数值表示。

5. 伺服（位置）控制程序

伺服位置控制程序的主要功能是对插补运算程序每次运行后的结果进行处理，输出控制执行元件的信号。

6. 输出程序

输出程序的功能主要有伺服控制和 M、S、T 辅助功能的输出，M、S、T 代码大多是开/关量控制，由机床强电执行。

7. 管理程序

管理程序负责对数据输入、数据处理和插补运算等为加工过程服务的各种程序进行调度管理。管理程序还要对面板命令、时钟信号、故障信号等引起的中断进行处理。

8. 诊断程序

诊断程序的功能是在程序运行中及时发现系统的故障，并指出故障的类型和部位，减少故障停机时间。也可以在运行前或故障发生后，检查系统各主要部件（微处理器、存储器、接口、开关、伺服系统等）的功能是否正常，并指出发生故障的部位，防止故障的发生或扩大。

2.3.3　CNC 系统控制软件的结构特点

CNC 系统是一个专用的实时多任务计算机控制系统，在它的控制软件中融合了当今计算机软件许多先进技术，其中最突出的特点是多任务并行处理和多重实时中断。

1. 多任务并行处理

并行处理是指计算机在同一时刻或同时间间隔内完成两种或两种以上性质相同或不同的工作，最显著的优点是提高了运算速度。

CNC 的系统软件必须完成管理和控制两大任务。管理包括信息输入、I/O 处理、显示和诊断，控制包括译码、刀具补偿、速度处理、插补和位置控制。在许多情况下，管理和控制工作同时进行，实现多任务并行处理。如 CNC 工作在加工控制状态时，为了使操作人员能及时地了解 CNC 的工作状态，管理软件中的显示模块必须与控制软件同时运行。又如为保证加工连续性，译码、刀补和速度处理模块必须与插补模块同时运行，而插补又必须与位置控制同时进行。

在 CNC 系统的软件设计中，主要采用资源分时共享和资源重叠的流水线处理技术。资源分时共享并行处理适用于单微处理器系统，主要采用对微处理器的分时共享来解决多任务的并行处理。资源重叠流水线并行处理适用于多微处理器系统，资源重叠流水线并行处理是指在一段时间间隔内处理两个或多个任务，即时间重叠。

2. 多重实时中断处理

CNC 系统控制软件的另一个重要特征是多重实时中断处理。所谓中断是指中止现行程序转而去执行另一程序，待另一程序处理完毕后，再转回来继续执行原程序。所谓多重中断，就是将中断按级别优先权排队，高级中断源能中断低级的中断处理，等高级中断处理完毕后，再返回来接着处理低级中断尚未完成的工作。所谓实时，是指在确定的有限时间里对外部产生的随机事件做出响应，并在确定的时间里完成这种响应或处理。

数控系统是一个实时控制系统，被控对象是一个并发活动的有机整体，对被控对象进行控制和监视的任务也是并发执行的，它们之间存在着各种复杂的逻辑关系。有时这些任务是顺序执行的，表现为一个任务结束后，激发另一个任务执行，如数控加工程序段的预处理、插补计算、位置控制和I/O控制；有时这些任务是周期性地以连续反复的方式执行，如每隔一个插补周期进行一次插补计算、每隔一个采样周期进行一次位置控制等；有时一个任务执行到某处时，必须延时到某个别时刻后才又继续执行，如必须等待换刀等有关辅助功能完成后，进一步的切削控制才能开始；有时是几个协同任务并发执行，如在加工控制中，人机交互处理及各种突发事件的处理等。

对于有实时要求，且各种任务互相交错并发的多任务控制系统，可采用多重中断的并行处理技术。各种实时任务被安排成不同优先级别的中断服务程序，或在同一个中断程序中按其优先级高低而顺序运行，任务主要以优先级进行调度，在任何时候微处理器运行的都是当前优先级较高的任务。

无论采用哪种并行处理技术，各种协同任务都存在着各种逻辑联系，它们之间必须进行各种通信，以便共同完成对某个对象（如数控机床）的控制和监视。各任务之间可以采用设置标志、共同使用某一公共存储区及多处理器串行通信等方法进行联系。

3．CNC系统中断结构模式

CNC软件可设计成不同的结构形式，不同的软件结构对各任务的安排方式、管理方式也不同。较常见的CNC软件结构形式有前后台型软件结构和中断型软件结构。

1）前后台型结构

在前后台型结构的CNC装置中，整个系统软件分为两大部分，即前台程序和后台程序。前台程序是一个实时中断服务程序，能完成全部的实时功能（如插补、位置控制、机床相关逻辑和面板扫描监控等功能）；后台程序即背景程序，是指实现输入、译码、数据处理及管理功能的程序，其实质是一个循环运行程序，能完成管理及插补准备等功能。在背景程序的运行过程中，前台实时中断程序不断插入，与背景程序相结合，共同完成零件的加工任务。前后台型结构适用于单微机系统。

2）中断型结构

除了初始化程序之外，整个系统软件中的所有任务模块均被安排在不同级别的中断服务程序中。也就是说，所有功能子程序均安排成级别不同的中断程序，级别高的中断程序可以打断级别低的中断程序。系统软件就是一个大的中断系统，管理功能主要通过各级中断程序之间的相互通信来解决，如日本FANUC-7系统就采用此中断型结构。

思考与练习

一、选择题

1．下面哪项任务不是数据预处理（预计算）要完成的工作？（　　　）

A．位置控制　　　　　　　　　　　B．刀具半径补偿计算

C．刀具长度补偿计算　　　　　　　D．象限及进给方向判断

2. CNC 系统的中断管理主要靠（   ）完成，而系统的中断结构决定了系统软件的结构。

A. 软件 　　　　 B. 硬件 　　　　 C. CPU 　　　　 D. 总线

3. 键盘中断服务程序负责将键盘上输入的字符存入（   ），按一下键盘中断程序启动键就向主机申请一次中断。

A. MDI 缓冲器 　　　　　　　　　　 B. 内存

C. 译码结果寄存器 　　　　　　　　 D. 以上都不对

4. 通过键盘或者纸带输入零件加工程序时，系统要不断地对零件加工程序进行格式检查，如果发现格式不符合编程要求，将发出报警信号或提示用户进行修改。这种诊断方式属于（   ）。

A. 运行中诊断 　　 B. 停机诊断 　　 C. 通信诊断 　　 D. 以上都不对

5. CNC 系统软件必须完成管理和控制两大任务，下面任务中哪个不属于管理任务？（   ）

A. 插补 　　　　 B. I/O 处理 　　 C. 显示 　　　　 D. 诊断

6. 下面哪种方法不属于并行处理技术？（   ）

A. 资源重复 　　 B. 时间重叠 　　 C. 资源共享 　　 D. 中断执行

7. 程序中出现各种异常情况的报警中断属于（   ）。

A. 外部中断 　　 B. 硬件故障中断 　　 C. 程序性中断 　　 D. 内部定时中断

二、判断题

（   ）1. CNC 系统中，软件所起的作用比硬件大。

（   ）2. 并行处理与串行处理相比提高了运算速度。

（   ）3. 程序中出现各种异常情况的报警中断属于外部中断。

（   ）4. CNC 系统仅由软件部分完成其数控任务。

（   ）5. CNC 系统的中断管理主要靠硬件完成。

（   ）6. 程序中出现各种异常情况的报警中断属于外部中断。

三、填空题

1. 对单 CPU 的 CNC 系统而言，其软件结构通常有两种类型，即_____和_____。

2. 在 CNC 软件中资源分时共享要解决的问题是各任务何时占用 CPU 以及占用时间的长短，解决的办法是_____和_____相结合。

3. 键盘中断服务程序负责将键盘上输入的字符存入_____，按一下键盘中断程序启动键就是向主机申请一次中断。

4. 由于 CNC 系统控制软件融合了当今计算机软件技术中的许多先进技术，它最突出的两个特点是：_____和_____。

5. CNC 系统软件必须完成_____和_____两大任务。

6. CNC 系统软件中的译码程序要完成两项工作：一是完成 NC 程序的翻译工作，即把输入的零件加工程序翻译成计算机内部能识别的语言（机器语言）；二是进行程序段的_____，即发现语法错误立即报警。

7. 在 CNC 系统中，软件与硬件的分配比例是由_____决定的。

四、问答题

1. CNC 系统软件采用并行处理技术的目的是什么？

2. CNC 系统的软件有哪些结构与特点？

2.4 插 补 原 理

插补就是沿着规定的轮廓，在轮廓的起点和终点之间按一定算法进行数据点的密化。在数控加工中，根据给定的信息进行某种预定的数学计算，不断向各个坐标轴发出相互协调的进给脉冲或数据，使被控机械部件按指定的路线移动，完成整个曲线的轨迹运行，以满足加工精度的要求，这就是插补。一般数控机床都具备直线和圆弧插补功能。

目前，插补算法有很多种，归纳为两大类：脉冲增量插补和数据采样插补。

2.4.1 脉冲增量插补

脉冲增量插补就是通过向各个运动轴分配脉冲，控制机床坐标轴做相互协调的运动，从而加工出具有一定形状的零件轮廓的算法。脉冲增量插补方法主要应用于步进电动机驱动的开环控制的数控机床中，这类算法输出的是脉冲，每个脉冲通过步进电动机驱动装置使步进电动机转过一个固定的角度（称为步距角），相应地，使机床移动部分（刀架或工作台）产生一个单位的行程增量（脉冲当量——一个脉冲所对应的机床机械运动机构所产生的位移量）。这类插补算法比较简单，仅需几次加法和移位操作就可完成，用硬件和软件模拟都可实现，硬件插补速度快，软件插补灵活可靠，但速度较硬件慢；其最高进给速度取决于插补软件进行一次插补运算所需的时间，因此最高速度受限于插补程序的执行时间，所以 CNC 系统精度与最高进给速度是相互制约的。这种插补法只适用于中等精度和中等速度的机床 CNC 系统。如逐点比较法、DDA 法及一些相应的改进算法等都属此类。现以逐点比较法为例，介绍其基本思想方法。

1. 逐点比较法

逐点比较法是通过逐点地比较刀具与所需插补曲线之间的相对位置，确定刀具的进给方向，进而加工出工件轮廓的插补方法。刀具每走一步都要将加工点的瞬时坐标与规定的图形轨迹相比较，判断其偏差，然后决定下一步的走向。如果加工点走到图形外面，那么下一步就要向图形里面走；如果加工点在图形里面，则下一步就要向图形外面走，以缩小偏差。每次只进行一个坐标轴的插补进给。通过这种方法能得到一个接近规定图形的轨迹，而最大偏差不超过一个脉冲当量。在逐点比较法中，每进给一步都要经过四个节拍，如图 2-7 所示。

第一节拍：偏差判别。

通过偏差判别后，即可知道加工点是否偏离了理想轨迹，以及偏离的情况如何。根据刀具的实际位置，确定进给方向。

第二节拍：坐标进给。

根据偏差判别结果，控制刀具沿规定图形向减小偏差的方向进给一步。

第三节拍：偏差计算并判别。

进给一步后，计算刀具新的位置与规定图形的新偏差值，作为下一步偏差判别的依据。

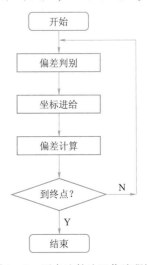

图 2-7 逐点比较法工作流程图

第四节拍：终点判别。

刀具每进给一步，都要进行一次终点判别，判断是否到达终点。若未到达终点，返回去进行偏差判别，再重复上述过程。若到达终点，发出插补完成信号。终点判别的方法有两种：总步长法和终点坐标法。

1) 逐点比较法第Ⅰ象限直线插补

(1) 偏差函数值的判别。如图 2-8 所示，OE 为Ⅰ象限直线，起点 O 为坐标原点，终点 E 的坐标为 $E(X_e, Y_e)$，刀具在某一时刻处于动点 $T(X_i, Y_i)$。现假设动点 T 正好处于直线 OE 上，则有下式成立：

$$\frac{Y_i}{X_i} = \frac{Y_e}{X_e}$$

即

$$X_e Y_i - X_i Y_e = 0$$

假设动点处于 OE 的上方，则直线 OT 的斜率大于直线 OE 的斜率，从而有

$$\frac{Y_i}{X_i} > \frac{Y_e}{X_e}$$

即

$$X_e Y_i - X_i Y_e > 0$$

设点 T 处于直线 OE 的下方，则有下式成立

$$\frac{Y_i}{X_i} < \frac{Y_e}{X_e}$$

即

$$X_e Y_i - X_i Y_e < 0$$

由以上关系式可以看出，$X_e Y_i - X_i Y_e$ 的符号反映了动点 T 与直线 OE 之间的偏离情况。为此取偏差函数为

$$F = X_e Y_i - X_i Y_e$$

依此可总结出动点 $T(X_i, Y_i)$ 与设定直线 OE 之间的相对位置关系如下：

当 $F=0$ 时，动点 $T(X_i, Y_i)$ 正好处在直线 OE 上；

当 $F>0$ 时，动点 $T(X_i, Y_i)$ 落在直线 OE 上方的区域；

当 $F<0$ 时，动点 $T(X_i, Y_i)$ 落在直线 OE 下方的区域。

(2) 坐标进给。以图 2-9 为例，设 OE 为要加工的直线轮廓，而动点 $T(X_i, Y_i)$ 对应于切削刀具的位置，终点 E 坐标为 (X_e, Y_e)，起点为 $O(0, 0)$。显然，当刀具处于直线下方区域时 $(F<0)$，为了更靠拢直线轮廓，则要求刀具向 $(+Y)$ 方向进给一步；当刀具处于直线上方区域时 $(F>0)$，为了更靠拢直线轮廓，则要求刀具向 $(+X)$ 方向进给一步；当刀具正好处于直线上时 $(F=0)$，理论上既可向 $(+X)$ 方向进给一步，也可向 $(+Y)$ 方向进给一步，但一般情况下约定向 $(+X)$ 方向进给，从而将 $F>0$ 和 $F=0$ 两种情况归为一类 $(F \geq 0)$。根据上述原则，从原点 $O(0, 0)$ 开始走一步，计算并判别 F 的符号，再趋向直线进给，步步前进，直至终点 E。这样，通过逐点比较的方法，控制刀具走出一条尽量接近零件轮廓的直线轨迹，如图 2-9 中的折线所示。当每次进给的台阶（即脉冲当量）很小时，就可以将这折线近似当作直线来看待。显然，逼近程度的大小与脉冲当量的大小直接相关。

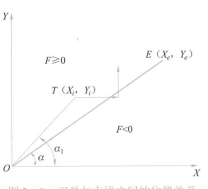

图 2 - 8 刀具与直线之间的位置关系

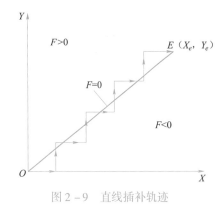

图 2 - 9 直线插补轨迹

（3）新偏差计算。由式 $F = X_e Y_i - X_i Y_e$ 可以看出，每次求 F 时要作乘法和减法运算，而这在使用硬件或汇编语言软件实现插补时不大方便，还会增加运算的时间。因此，为了简化运算，通常采用递推法，即每进给一步后新加工点的加工偏差值通过前一点的偏差递推算出。

现假设第 i 次插补后动点坐标为 $T(X_i, Y_i)$，偏差函数为

$$F_i = X_e Y_i - X_i Y_e$$

若 $F_i \geqslant 0$，则向（$+X$）方向进给一步，新的动点坐标值为

$$X_{i+1} = X_i + 1, \quad Y_{i+1} = Y_i$$

这里，设坐标值单位是脉冲当量，进给一步即走一个脉冲当量的距离（$+1$）。新的偏差函数为

$$\begin{aligned} F_{i+1} &= X_e Y_{i+1} - X_{i+1} Y_e \\ &= X_e Y_i - X_i Y_e - Y_e \\ &= F_i - Y_e \end{aligned}$$

所以

$$F_{i+1} = F_i - Y_e \tag{2-1}$$

同样，若 $F < 0$，则向（$+Y$）方向进给一步，新的动点坐标值为

$$X_{i+1} = X_i, \quad Y_{i+1} = Y_i + 1$$

因此新的偏差函数为

$$\begin{aligned} F_{i+1} &= X_e Y_{i+1} - X_{i+1} Y_e \\ &= X_e Y_i - X_i Y_e + X_e \\ &= F_i + X_e \end{aligned}$$

所以

$$F_{i+1} = F_i + X_e \tag{2-2}$$

根据式（2-1）和式（2-2）可以看出，采用递推算法后，偏差函数 F 的计算只与终点坐标值 X_e，Y_e 有关，而不涉及动点坐标 X_i，Y_i 的值，且不需要进行乘法运算，新动点的偏差函数可由上一个动点的偏差函数值递推出来（减 Y_e 或加 X_e）。因此，该算法相当简单，易于实现。但要一步步速推，且需知道开始加工点处的偏差值。一般是采用人工方法将刀具移到加工起点（对刀），这时刀具正好处于直线上，当然也就没有偏差，所以递推开始时偏差函数的初始值为 $F_0 = 0$。

（4）终点判别。

常用的有终点坐标法和总步长法。终点坐标法是刀具每进给一步，就将动点坐标与终点坐标进行比较，即判别 $X_i - X_e = 0$ 和 $Y_i - Y_e = 0$ 是否成立，若等式成立，插补结束，否则继续。

总步长法是根据刀具沿 X、Y 轴所走的总步数判断终点。从直线的起点 O（见图 2-9）移动到终点 E，刀具沿 X 轴应走的步数为 X_e，沿 Y 轴应走的步数为 Y_e，沿 X、Y 两坐标轴应走的总步数 Σ 为

$$\Sigma = |X_e| + |Y_e|$$

刀具每进给一步，就执行 $\Sigma - 1 \to \Sigma$，即从总步数中减去 1，这样当总步数为 0 时即表示已到达终点，插补结束。

逐点比较法直线插补可用硬件实现，也可用软件实现，软件流程图如图 2-10 所示。

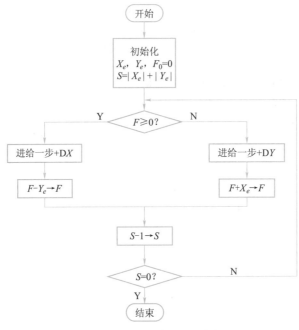

图 2-10 逐点比较法直线插补软件流程图

【例题 2-1】设加工第 I 象限直线 OA，起点坐标为 O（0，0），终点坐标为 A（6，4），试进行插补运算并画出运动轨迹图。

用第二种方法进行终点判断，则 $\Sigma = 6 + 4 = 10$，其插补运算过程见表 2-1，插补轨迹如图 2-11 所示。

表 2-1 逐点比较法直线插补运算

序号	偏差判别	坐标进给	新偏差计算	终点判别
起点			$F_0 = 0$	$\Sigma = 10$
1	$F_0 = 0$	$+X$	$F_1 = F_0 - Y_e = -4$	$\Sigma = 10 - 1 = 9$
2	$F_1 = -4 < 0$	$+Y$	$F_2 = F_1 + X_e = +2$	$\Sigma = 9 - 1 = 8$
3	$F_2 = +2 > 0$	$+X$	$F_3 = F_2 - Y_e = -2$	$\Sigma = 8 - 1 = 7$
4	$F_3 = -2 < 0$	$+Y$	$F_4 = F_3 + X_e = +4$	$\Sigma = 7 - 1 = 6$
5	$F_4 = +4 > 0$	$+X$	$F_5 = F_4 - Y_e = 0$	$\Sigma = 6 - 1 = 5$

序号	偏差判别	坐标进给	新偏差计算	终点判别
6	$F_5 = 0$	$+X$	$F_6 = F_5 - Y_e = -4$	$\Sigma = 5 - 1 = 4$
7	$F_6 = -4 < 0$	$+Y$	$F_7 = F_6 + X_e = +2$	$\Sigma = 4 - 1 = 3$
8	$F_7 = +2 > 0$	$+X$	$F_8 = F_7 - Y_e = -2$	$\Sigma = 3 - 1 = 2$
9	$F_8 = -2 < 0$	$+Y$	$F_9 = F_8 + X_e = +4$	$\Sigma = 2 - 1 = 1$
10	$F_9 = +4 > 0$	$+X$	$F_{10} = F_9 - Y_e = 0$	$\Sigma = 1 - 1 = 0$

2）逐点比较法Ⅰ象限逆圆插补

（1）偏差判别。在圆弧加工过程中，要描述刀具位置与被加工圆弧之间的相对关系，可用动点到圆心的距离大小来反映。

如图 2 - 12 所示，假设被加工的零件轮廓为Ⅰ象限逆圆弧 SE，刀具在动点 N (X_i, Y_i) 处，圆心为 O $(0, 0)$，半径为 R。通过比较动点 N 到圆心的距离 RN 与圆弧半径 R 之间的大小，就可反映出动点与圆弧之间的相对位置关系，即当动点 N (X_i, Y_i) 正好落在圆弧 SE 上时，则有下式成立：

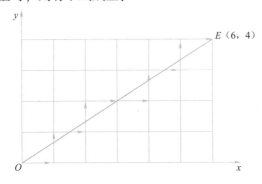

图 2 - 11　直线插补运动轨迹图

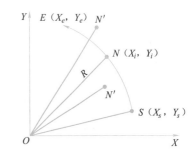

图 2 - 12　刀具与圆弧之间的位置关系

$$X_i^2 + Y_i^2 = X_e^2 + Y_e^2 = R^2$$

当动点 N 落在圆弧 SE 外侧（如在 N' 处）时，则有下式成立

$$X_i^2 + Y_i^2 > X_e^2 + Y_e^2 = R^2$$

当动点 N 落在圆弧 SE 内侧（如在 N'' 处）时，则有下式成立

$$X_i^2 + Y_i^2 < + Y_e^2 = R^2$$

为此，可取圆弧插补时的偏差函数表达式为

$$F = X_i^2 + Y_i^2 - R^2 \qquad (2 - 3)$$

进一步可以从图中直观看出，当动点处于圆外时，为了减小加工误差，应向圆内进给，即向 $-X$ 轴方向走一步。当动点落在圆弧内部时，为了缩小加工误差，则应向圆外进给，即向 $+Y$ 轴方向走一步。当动点正好落在圆弧上时，为了使加工进给继续下去，$+Y$ 和 $-X$ 两个方向均可以进给，但一般情况下约定向 $-X$ 轴方向进给。

（2）坐标进给。综上所述，可总结出逐点比较法Ⅰ象限逆圆弧插补的规则如下。

当 $F > 0$ 时，$R_N - R > 0$，动点在圆外，向 $-X$ 轴进给一步；

当 $F = 0$ 时，$R_N - R = 0$，动点正好在圆上，向 $-X$ 轴进给一步；

当 $F < 0$ 时，$RN - R < 0$，动点在圆内，向 $+Y$ 轴进给一步。

（3）新偏差计算。在式（2-3）中，要求出偏差 F 之值必须进行平方运算，而且在用硬件或汇编语言实现插补时也不太方便。为简化计算，可进一步推导其相应的递推形式表达式。

现假设第 i 次插补后动点坐标为 $N (X_i, Y_i)$，对应的偏差函数为

$$F_i = X_i^2 + Y_i^2 - R^2$$

若 $F_i \geqslant 0$，则向 $-X$ 轴方向进给一步，获得新的动点坐标值为

$$X_{i+1} = X_i - 1，Y_{i+1} = Y_i$$

因此，新的偏差函数为

$$F_{i+1} = X_{i+1}^2 + Y_{i+1}^2 - R^2 = (X_i - 1)^2 + Y_i^2 - R^2$$

所以 $$F_{i+1} = F_i - 2X_i + 1 \tag{2-4}$$

同理，若 $F_i < 0$，则向 $+Y$ 轴方向进给一步，获得新的动点坐标值为

$$X_{i+1} = X_i，Y_{i+1} = Y_i + 1$$

因此可求得新的偏差函数为

$$F_{i+1} = X_{i+1}^2 + Y_{i+1}^2 - R^2 = X_i^2 + (Y_i + 1)^2 - R^2$$

所以 $$F_{i+1} = F_i + 2Y_i + 1 \tag{2-5}$$

通过式（2-4）和式（2-5）可以看出：递推形式的偏差计算公式中除加/减运算外，只有乘以 2 的运算，而乘以 2 的运算可等效为二进制数左移一位，显然比原来平方运算简单得多。另外，进给后新的偏差函数值除与前一点的偏差值有关外，还与动点坐标 $N (X_i, Y_i)$ 有关，而动点坐标值随着插补的进行是变化的，所以在插补的同时还必须修正新的动点坐标，以便为下一步的偏差计算做好准备。

（4）终点判别。图 2-12 的圆弧 SE 是所要加工的圆弧，起点为 $S (X_s, Y_s)$，终点为 $E (X_e, Y_e)$。加工完这段圆弧，刀具在 X 轴方向应走的步数为 $(X_e - X_s)$，在 Y 轴方向应走的步数为 $(Y_e - Y_s)$，在 X，Y 两个坐标轴方向应走的总步数为

$$\Sigma = |X_e - X_s| + |Y_e - Y_s|$$

刀具每进给一步，就执行 $\Sigma - 1 \to \Sigma$，即从总步数中减去 1，这样当总步数为 0 时即表示已到达终点，插补结束。

3）象限处理

以上只讨论了第 I 象限直线和第 I 象限逆圆插补，但事实上，任何机床都必须具备处理不同象限、不同走向轮廓曲线的能力。将坐标值用绝对值代入，则第 I 象限的计算公式适用于各象限的直线和圆弧的插补，如表 2-2 所示。

表 2-2　四个象限直线、圆弧插补进给方向和偏差计算

线型	$F_i \geqslant 0$		$F_i < 0$	
	偏差计算	进给	偏差计算	进给
L_1	$F - Y_e \to F$	$+\Delta X$	$F + Y_e \to F$	$+\Delta Y$
L_2		$-\Delta X$		$+\Delta Y$
L_3		$-\Delta X$		$-\Delta Y$
L_4		$+\Delta X$		$-\Delta Y$

续表

线型	$F_i \geq 0$		$F_i < 0$	
	偏差计算	进给	偏差计算	进给
SR_1	$F - 2Y + 1 \to F$	$-\Delta Y$	$F + 2X + 1 \to F$	$+\Delta X$
SR_3	$Y - 1 \to Y$	$+\Delta Y$	$X + 1 \to X$	$-\Delta X$
NR_2		$-\Delta Y$		$-\Delta X$
NR_4		$+\Delta Y$		$+\Delta X$
SR_2	$F - 2X + 1 \to F$	$+\Delta X$	$F + 2Y + 1 \to F$	$+\Delta Y$
SR_4	$X - 1 \to X$	$-\Delta X$	$Y + 1 \to Y$	$-\Delta Y$
NR_1		$-\Delta X$		$+\Delta Y$
NR_3		$+\Delta X$		$-\Delta Y$

L_1、L_2、L_3、L_4 分别表示第 Ⅰ、Ⅱ、Ⅲ、Ⅳ 象限内直线；SR_1、SR_2、SR_3、SR_4 分别表示第 Ⅰ、Ⅱ、Ⅲ、Ⅳ 象限内顺圆；NR_1、NR_2、NR_3、NR_4 分别表示第 Ⅰ、Ⅱ、Ⅲ、Ⅳ 象限内逆圆。通过分析得出以下结论。

2.4.2 数据采样插补

数据采样插补方法适用于以直流或交流伺服电动机构成的闭环或半闭环位置控制系统中。数据采样插补法实质上就是使用一系列首尾相连的微小直线段来逼近给定曲线，由于这些微小直线段是根据编程进给速度，按系统给定的时间间隔进行分割的，所以又称为"时间分割法"插补。一般分割后得到的小线段相对于系统精度来讲仍是比较大的。为此，必须进一步进行数据的密化工作。微小直线段的分割过程也称为粗插补，而后续进一步的密化过程称为精插补。通过两者的紧密配合即可实现高性能的轮廓插补。一般数据采样插补法中的粗插补是由软件实现的。由于其算法中涉及一些三角函数和复杂的算术运算，所以大多采用高级计算机语言完成。而精插补算法大多采用前面介绍的脉冲增量法。它既可由软件实现，也可由硬件实现。由于相应的算术运算较简单，所以软件实现时大多采用汇编语言完成。

思考与练习

一、选择题

1. 在直线插补时，起点为原点，终点坐标为（5，3），总步数为（   ）。
A．5   B．3   C．2   D．8
2. 数控系统之所以能进行复杂的轮廓加工，是因为它具有（   ）

A. 位置检测功能　　　B. PLC 功能　　　　C. 插补功能　　　　D. 自动控制功能

3. 逐点比较法中插补计算的四个步骤以下不属于的是（　　　）。

A. 偏差判别　　　　　B. 偏差计算　　　　C. 终点判别　　　　D. 坐标计算

4. 用逐点比较法插补直线 OA，其起点坐标为 O（0，0），终点坐标为 A（8，5），若采用插补的总步数作为终点减法计数器 JE 的初始值，则 JE =（　　　）

A. 5　　　　　　　　B. 8　　　　　　　　C. 13　　　　　　　D. 以上都不对

二、判断题

（　　　）1. 刀具进给是根据偏差判别情况，确定朝哪个方向进给。

（　　　）2. 在第Ⅲ象限用逐点比较法进行直线插补时，在 $R \geqslant 0$ 的情况下，进给方向为 $-X$。

（　　　）3. 采用逐点比较法直线插补时，若 P 点在直线上或其上方，应向 $+X$ 方向发一个脉冲，使道具向 $+X$ 方向移动一步。

三、填空题

1. CNC 系统的插补计算一般采用软件插补和硬件插补相结合的办法，即由 CNC 软件把＿＿＿＿＿＿＿＿＿＿分割成若干小线段，再由硬件电路在各个小线段的起点和终点之间进行＿＿＿＿＿＿＿＿＿，使刀具轨迹在允许的误差之内。

2. 对于以坐标原点为起点的第一象限直线 OA，其偏差函数为 $F_i = Y_i X_e - X_i Y_e$，若 $F_i \geqslant 0$，则刀具往＿＿＿＿＿＿＿＿＿进给；若 $F_i < 0$，则刀具往＿＿＿＿＿＿＿＿＿进给。

3. 对于以坐标原点为起点的第二象限直线 OA，其偏差函数为 $F_i = Y_i X_e - X_i Y_e$，若 $F_i \geqslant 0$，则刀具往＿＿＿＿＿＿＿＿＿进给；若 $F_i < 0$，则刀具往＿＿＿＿＿＿＿＿＿进给。

4. 用逐点比较法插补直线 OA，其起点坐标为 O（0，0），终点坐标 A（5，8），若采用插补的总步数作为终点减法计数器 JE 的初始值，即 JE = ＿＿＿＿＿＿＿＿＿。在插补过程中，每进给一步，计数器 JE 减 1，当 JE = ＿＿＿＿＿＿＿＿＿时，到达终点，停止插补。

5. 逐点比较法的直线插补过程为每走一步都要进行：偏差判别、＿＿＿＿＿＿＿＿＿、新偏差计算和＿＿＿＿＿＿＿＿＿四个节拍（步骤）。

四、问答题

1. 脉冲当量的含义是什么？它的大小与机床的控制精度有何关系？

2. 何谓插补？常用的插补方法有哪些？

3. 试用逐点比较法对直线 OA、起点 O（0，0）和终点 A（3，7）进行插补计算，并画出刀具插补轨迹。

4. 设加工第一象限直线，起点为坐标原点，终点坐标为 A（4，3），试进行插补计算并画出插补轨迹图。

2.5　可编程序控制器

可编程序控制器（Programmable Controller，PC）是一种数字运算电子系统，专为工业环境下运行而设计。国际电工委员会（IEC）对可编程序控制器定义为：采用可编程序的存储器，用于存储执行逻辑运算、顺序控制、定时、计数和算术运算等特定功能的用户指令，并通过数字式或模拟式的输入或输出，控制各种类型的机械或生产过程。为了与个人计算机

PC（Personal Computer）相区别，仍采用旧称 PLC（Programmable Logic Controller），以下采用 PLC 这一简称。

数控机床除了对机床各坐标轴的位置进行连续控制外，还需要对机床主轴正反转与启停工件的夹紧与松开、冷却液开关、刀具更换、工件与工作台交换、液压与气动以及润滑等辅助功能进行顺序控制。以上控制功能由 PLC 实现控制。

2.5.1 PLC 的结构

PLC 实际上是一种工业控制用的专用计算机，它与微型计算机基本相同，也是由硬件系统和软件系统两大部分组成。

1. PLC 的硬件结构

PLC 的种类型号很多，大、中、小型 PLC 的功能不尽相同，但它们的基本结构大体上是相同的，都是由中央处理单元（CPU）、存储器、输入输出单元（I/O）、编程器、电源模块和外围设备等组成，并且内部采用总线结构，如图 2-13 所示。

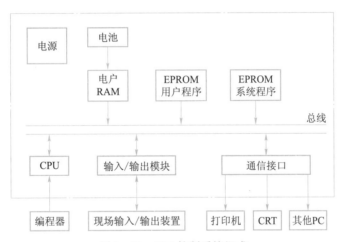

图 2-13　PLC 控制系统组成

1）中央处理单元

PLC 中的 CPU 与通用微机中的 CPU 一样，是 PLC 的核心部分。CPU 按照系统程序赋予的功能，接收并存储从编程器输入的用户程序和数据，用扫描方式查询现场输入状态以及各种信号状态或数据，并存入输入状态寄存器或数据寄存器中；诊断电源、PLC 内部电路、编程语句正确无误后，PLC 进入运行状态。在 PLC 进入运行状态后，从存储器逐条读取用户程序，完成用户程序中的逻辑运算或算术运算等任务。根据运算结果，更新有标志位的状态和输出状态寄存器的内容，再由输出状态寄存器的位状态或数据寄存器的有关内容实现输出控制、数据通信和制表打印等功能。

由于 PLC 实现的控制任务主要是动作速度要求不是特别快的顺序控制，故在一般情况下，不需要使用高速的微处理器。为了进一步提高 PLC 的功能，通常采用多 CPU 控制方式，如用一个 CPU 来管理逻辑运算和专用功能指令；另一个 CPU 专用来管理 I/O 接口和通信。中、小型 PLC 常用 8 位或 16 位微处理器，大型 PLC 则采用高速单片机。

2）存储器

PLC 存储器一般有随机存储器（RAM）和只读存储器（ROM、EPROM）。RAM 中一般存放用户程序，如梯形图和语句表等。EPROM 用于存储 PLC 控制的系统程序，如检查程序、键盘输入处理程序、指令译码程序及监控程序等，这些程序由制造厂家固化在 EPROM 中。有时用户程序也可固化到 EPROM 中，避免 RAM 中存储的用户程序丢失。

3）I/O 模块

I/O 模块是 PLC 与现场 I/O 装置或其他外部设备之间进行信息交换的桥梁，其任务是将 CPU 处理产生的控制信号输出传送到被控设备或生产现场，驱动各种执行机构动作，实现实时控制；同时将被控对象或被控生产过程的各种变量转换成标准的逻辑电平信号，送入 CPU 处理。

现场输入装置有控制按钮、转换开关、行程开关、接近开关、压力开关及温控开关等，这些信号经接口电路接入 PLC 后，还要经过抗强电干扰的光电耦合、消抖动电路、滤波电路才能送到 PLC 输入数据寄存器。PLC 通常有继电器、双向晶闸管和晶体管的输出形式，因此，PLC 提供了各种操作电平、驱动能力以及不同功能的 I/O 模块供用户选用。现场输出装置有指示灯、中间继电器、接触器、电磁阀及电磁制动器等，输出模块同样也具备与输入模块相同的抗干扰措施。

4）编程器

编程器一般由键盘、显示屏、智能处理器、外部设备（如硬盘、软盘驱动器等）组成，用于用户程序的编制、编辑、调试和监视，还可调用和显示 PLC 的一些内部状态和系统参数。它通过接口与 PLC 相连，完成人机对话功能。

编程器分为简易型和智能型两种。简易型编程只能在线编程，它通过一个专用接口与 PLC 连接；智能型编程器既可在线编程也可离线编程，还可与微型计算机接口或与打印机接口连接，实现程序的存储、打印和通信等功能。

5）电源

电源单元的作用将外部提供的交流电转换成为 PLC 内部所需的直流电源。一般地，电源单元有三路输出，一路供给 CPU 模块，一路供给编程器接口，还有一路供给各种接口模板。由于 PLC 直接用于工业现场，因此对电源单元的技术要求较高，不但要求具有较好的电磁兼容性能，而且还要求工作电源稳定，以适应电网波动和温度变化的影响，并且还有过电流和过电压的保护功能，以防止在电压突变时损坏 CPU。另外，电源单元一般还装有后备电池，用于掉电时能及时保护 RAN 区中重要的信息和标志。

2. PLC 的软件系统

PLC 的软件系统包括系统软件和用户应用软件。

系统软件一般包括操作系统、语言编译系统和各种功能软件等。其中操作系统管理 PLC 的各种资源，协调系统各部分之间、系统与用户之间的关系，为用户应用软件提供了一系列管理手段，使用户应用程序能正确地进入系统，正常工作。

用户应用软件是用户根据现场控制的需要，采用 PLC 程序语言编写的逻辑处理软件，由用户用编程器输入到 PLC 内存。

PLC 内部一般采用循环扫描工作方式，在大、中型 PLC 中还增加了中断工作方式。当用户将应用软件设计、调试完成后，用编程器写入 PLC 的用户程序存储器中，并将现场的输入信号和被控制的执行元件相应地连接在输入模块的输入端和输出模块的输出端上，然后通过 PLC 的控制开关使其处于运行工作方式，接着 PLC 就以循环顺序扫描的工作方式进行工作。在输入信号和用户程序的控制下，产生相应的输出信号，完成预定的控制任务。图 2-14 所示为一个行程开关 LS1 被压下（指示灯灭）时 PLC 的控制过程。

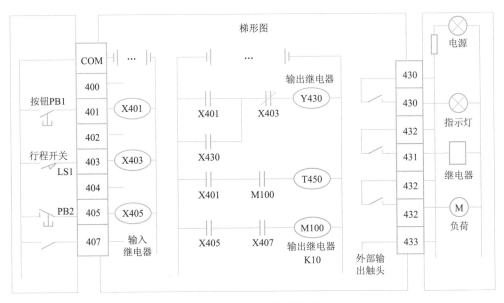

图 2-14　PLC 的控制过程

（1）当按下按钮 PB1 时，输入继电器 X401 的线圈接通，X401 常开触点闭合，输出继电器 Y430 通电，其常开触点闭合，形成自锁保持；外部输出点 Y430 闭合，指示灯亮。

（2）当放开 PB1 时，输入继电器 X401 失电，其对应的触点 X401 断开，由于自保持作用，输出继电器 Y430 仍保持接通。

（3）当按下行程开关 LS1 时，继电器 X403 的线圈接通，X403 的常闭触点断开，使得继电器 Y430 的线圈断电，指示灯灭，输出继电器 Y430 的自锁功能复位。

2.5.2　PLC 的特点

1. 可靠性高

由于 PLC 针对恶劣的工业环境设计，在其硬件和软件方面均采取了很多有效措施来提高其可靠性。在硬件方面采取了屏蔽、滤波、光电隔离和模块化设计等措施；在软件方面采取了故障自诊断、信息保护和恢复等手段；另外，PLC 采用软继电器控制，不会出现继电器触点接触不良、触点熔焊、线圈烧断等故障，运行时无振动、无噪声，可以在环境较差的条件下稳定可靠地运行。

2. 编程简单，使用方便

由于 PLC 沿用了梯形图编程简单的优点，故便于从事继电器控制工作的技术人员掌握。

3. 灵活性好

由于 PLC 是利用软件来处理各种逻辑关系，当在现场装配和调试过程中需要改变控制逻辑时就不必改变外部线路，只要改写程序重新固化即可。另外，产品也易于系列化、通用化，稍作修改就可应用于不同的控制对象。

4. 直接驱动负载能力强

由于 PLC 输出模块中大多采用了大功率晶体管和控制继电器的形式输出，因而具有较强的驱动能力，一般都能直接驱动执行电器的线圈、接通或断开强电线路。

5. 网络通信

利用 PLC 的网络通信功能可实现计算机网络控制。

2.5.3　数控机床中 PLC 的分类

数控机床用 PLC 可分为内装型和独立型两种。

1. 内装型 PLC

内装型 PLC 是指 PLC 内置于 CNC 装置中，从属于 CNC 装置，与 CNC 装置集于一体，PLC 与 NC 间的信号传送在 CNC 装置内部即可实现。PLC 与 MT（机床侧）则通过 CNC 装置 I/O 接口电路实现传送，如图 2 – 15 所示。

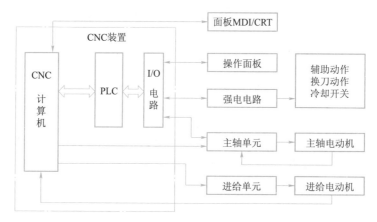

图 2 – 15　内装型 PLC

内装型 PLC 的性能指标是根据所从属的 CNC 装置的规格、性能、适用机床的类型等确定的。其硬件和软件都是被作为 CNC 装置的基本功能与 CNC 装置统一设计制造的，因此结构十分紧凑。在系统的结构上，内装型 PLC 可与 CNC 装置共用一个 CPU，也可单独使用一个 CPU；内装型 PLC 一般单独制成一块电路板，插装到 CNC 主板插座上，不单独配备 I/O 接口，而使用 CNC 装置本身的 I/O 接口；PLC 控制部分及部分 I/O 电路所用电源由 CNC 装置提供。

常见的内装型 PLC 有 FANUC 公司的 FS – 0（PMC – L/M）、FS – 0 Mate（PMC – L/M）、FS – 3（PC – D）、FS – 6（PC – A、PC – B）；SIEMENS 公司的 SINUMERIK810/820；A – B 公司的 8200、8400、8500 等。

2. 独立型 PLC

独立型 PLC 也称通用型 PLC。独立型 PLC 独立于 CNC 装置，具有完备的硬件和软件功能，是能够独立完成规定控制任务的装置。采用独立型 PLC 的数控机床系统框图如图 2 – 16 所示。

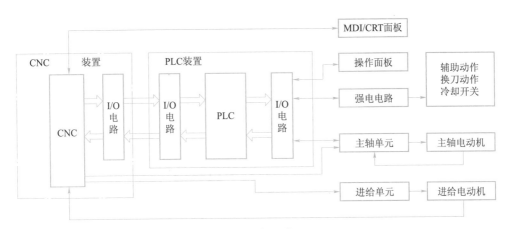

图 2 - 16　独立型 PLC

独立型 PLC 的 CNC 装置中不但要进行机床侧的 I/O 连接，而且还要进行 CNC 装置侧的 I/O 连接，CNC 装置和 PLC 均具有各自的 I/O 接口电路。独立型 PLC 一般采用模块化结构，装在插板式机箱内，I/O 点数和规模可通过 I/O 模块的增减灵活配置。

生产通用型 PLC 的厂家很多，应用较多的有 SIEMENS 公司的 SIMATICS5、S7 系列，日本 FANUC 公司的 PMC 系列，三菱公司的 FX 系列等。

2.5.4　数控系统中 PLC 的信息交换

数控系统中 PLC 的信息交换是指以 PLC 为中心，在 PLC、CNC 装置和 MT（机床侧）三者之间的信息交换。CNC 装置侧包括 CNC 装置的硬件和软件、与 CNC 装置连接的外部设备。MT 侧包括机床机械部分及其液压、气动、冷却、润滑和排屑等辅助装置，机床操作面板，继电器线路、机床强电线路等。PLC 处于 CNCT 和 MT 之间，对 CNC 装置侧和 MT 侧的输入、输出信号进行处理，它们之间的信息交换包括以下四个部分。

1. CNC 装置传送给 PLC

CNC 装置传送给 PLC 的信息可由 CNC 装置侧的开关量输出信号完成，也可由 CNC 装置直接送入 PLC 的寄存器中。主要包括各种功能代码 M、S、T 的信息及手动/自动方式信息等。

2. PLC 传送给 CNC 装置

PLC 传送给 CNC 的信息由开关量输入信号完成，所有 PLC 送至 CNC 装置的信息地址与含义由 CNC 装置生产厂家确定，PLC 编程者只可使用，不可改变和增删。主要包括 M、S、T 功能的应答信息和各坐标轴对应的机床参考点信息等。

3. PLC 传送给 MT

PLC 控制机床的信号通过 PLC 的开关量输出接口送至 MT 中。主要用来控制机床的执行元件，如电磁阀、继电器、接触器以及各种状态指示和故障报警等。

4. MT 传送给 PLC

机床侧的开关量信号可通过 PLC 的开关量输入接口送入 PLC 中，主要是机床操作面板输入信息和其上各种开关、按钮等信息，如机床的启停、主轴正反转和停止、各坐标轴点动、刀架卡盘的夹紧与松开、切削液的开与关、倍率选择及各运动部件的限位开关信号等信息。

对于不同的数控机床，上述信息交换的内容和数量都有所区别，功能强弱差别很大，不能一概而论。但其最基本的功能是 CNC 装置将所需执行的 M、S、T 功能代码送到 PLC，再由 PLC 控制完成相应的动作。

思考与练习

一、名词解释

可编程序控制器

二、填空题

1. PLC 的基本组成有＿＿＿＿＿＿、＿＿＿＿＿＿＿＿、＿＿＿＿＿＿、电源、扩展端口、外部设备端口、编程工具和特殊功能单元等。

2. PLC 的结构形式有＿＿＿＿＿＿、＿＿＿＿＿＿和＿＿＿＿＿＿。

3. PLC 的存储器可分为＿＿＿＿＿＿、＿＿＿＿＿＿和＿＿＿＿＿。

三、问答题

1. 数控系统中 PLC 的信息交换包括哪几部分？

 本章小结

本章作为本教材的主体内容之一，主要是让学生掌握数控机床的"核心大脑"，数控系统的基本知识和插补运动与加工运动的关系。数控系统是数控机床的核心，而插补方法是数控系统的核心。目前，国内常用的典型数控系统主要有 FANUC、SIEMENS 和 HNC－21 等。

第 3 章　数控机床的检测装置

教学提示：

本章着重介绍脉冲编码器、旋转变压器、感应同步器、光栅和磁尺的结构及工作原理。

教学要求：

通过本章学习，要掌握脉冲编码器、旋转变压器、感应同步器、光栅等常用检测装置的工作原理，掌握角位移和直线位移检测装置在数控机床上的应用，能根据被测量的不同正确选择不同的检测装置，对各种检测装置的结构和工作原理有较深入的理解。

本章知识导读：

检测装置是依靠比较指令值和检测装置的反馈值后发出控制指令，控制伺服系统和传动装置驱动机床的运动部件，实现数控机床各种加工过程，保证具有较高的加工精度。检测运动部件的位移和速度，并反馈检测信号，其精度对数控机床的定位精度和加工精度均有很大影响，要提高数控机床的加工精度，就必须提高检测装置和检测系统的精度。

检测装置是数控机床的重要组成部分。检测装置的作用是检测位移和速度，发送反馈信号，构成闭环或半闭环控制。数控机床常用的检测装置有旋转编码器、光栅、磁尺、感应同步器和旋转变压器等。

3.1　旋转编码器

旋转编码器是一种旋转式测量装置，通常安装在被测轴上，随被测轴一起转动，可将被测轴的角位移转换成增量脉冲形式或绝对式的代码形式，所以有增量式和绝对式两种类型。按其结构又可分为光电式、接触式和电磁感应式。

3.1.1　增量式光电编码器

常用的增量式编码器是增量式光电编码器。增量式光电编码器也称光电盘，其原理如图 3-1 所示。

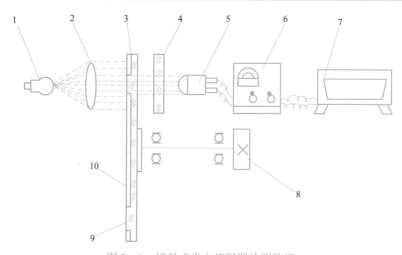

图 3 – 1　增量式光电编码器检测装置

1—光源；2—聚光镜；3—光电盘；4—光栏板；5—光电管；
6—整形放大电路；7—数字显示装置；8—传动齿轮；9—狭缝；10—铬层

增量式光电编码器检测装置由光源、聚光镜、光电盘、光栏板、光电元器件（如光电管）、整形放大电路和数字显示装置等组成。光电盘和光栏板用玻璃研磨抛光制成，玻璃的表面在真空中镀一层不透明的铬，然后用照相腐蚀法在光电盘的边缘上开间距相等的透光狭缝。在光栏板上制成两条狭缝，每条狭缝的后面对应安装一个光电管。当光电盘随被测轴一起转动时，每转过一个狭缝，光电管就会感受到一次光线的明暗变化，使光电管的电阻值改变，这样就把光线的明暗变化转变成电信号的强弱变化，而这个电信号的强弱变化近似于正弦波的信号，经过整形和放大等处理，变换成脉冲信号。通过计数器计量脉冲的数目，即可测量旋转运动的角位移；通过计量脉冲的频率，即可测量旋转运动的转速。测量结果通过数字显示装置进行显示。

光电编码器的测量精度取决于它所能分辨的最小角度，而这与光电码盘圆周的条纹数有关，即分辨角为

$$\alpha = 360°/条纹数$$

如条纹数为 1 024，则分辨角为

$$\alpha = 360°/1\ 024 = 0.352°$$

实际应用的光电编码器的光栏板上有两组条纹 A、$\overline{A}$ 和 B、$\overline{B}$，A 组与 B 组的条纹彼此错开 1/4 节距，两组条纹相对应的光电元件所产生的信号彼此相差 90° 相位，用于辨向，其结构如图 3 – 2 所示，输出波形如图 3 – 3 所示。当光电码盘正转时，A 信号超前 B 信号 90°；当光电码盘反转时，B 信号超前 A 信号 90°。数控系统正是利用这一相位关系来判断方向的。

光电编码器的输出信号 A、$\overline{A}$ 和 B、$\overline{B}$ 为差动信号。差动信号大大提高了传输的抗干扰能力。在数控系统中，常对上述信号进行倍频处理，以进一步提高分辨率。此外，在光电码盘的里圈还有一条透光条纹 C，用于每转产生一个脉冲，该脉冲信号又称一转信号或零标志脉冲，作为测量基准。其作用是输出被测轴的周向定位基准信号和被测轴的旋转圈数记数信号。同样，该脉冲也以差动形式 C、$\overline{C}$ 输出。

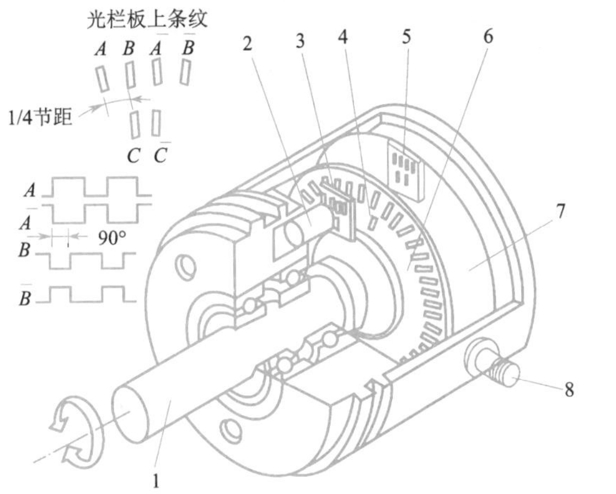

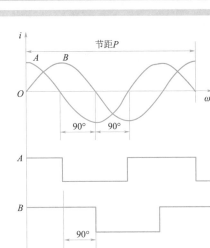

图 3 - 2 增量式光电编码器结构示意图

图 3 - 3 增量式光电编码器输出波形

1—转轴；2—光源；3—光栅板；4—零标志槽；5—光电元件；

6—光电码盘；7—印制电路板；8—电源及信号线连接座

3.1.2 绝对式旋转编码器

绝对式旋转编码器，就是在码盘的每一转角位置刻有表示该位置的唯一代码，通过读取编码盘上的代码来测定角位移。

绝对式光电编码器的码盘采用绝对值编码。码盘按照其所有码制可以分为二进制码、循环码、十进制码和十六进制码等。

1. 接触式码盘

图 3 - 4 所示为接触式四位二进制码盘示意图。在一个不导电基体上做成许多金属区使其导电，其中涂黑部分为导电区，用"1"表示，其他部分为绝缘区，用"0"表示。这样，在每一个径向上，都有"1""0"组成的二进制代码。最里一圈是公用的，它和各码道所有导电部分连在一起，经电刷和电阻接电源正极。除公用圈以外，4 位二进制码盘的 4 圈码道上也都装有电刷，电刷经电阻接地，电刷的布置如图 3 - 4 所示。由于码盘与被测轴连在一起，而电刷位置是固定的，当码盘随被测轴一起转动时，电刷和码盘的位置发生相对变化，若电刷接触的是导电区，则经电刷、码盘、电阻和电源形成回路，该回路中的电阻上有电流

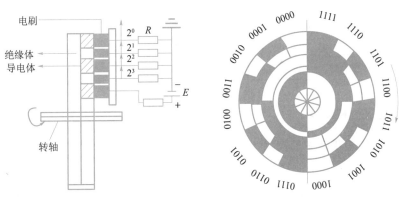

图 3 - 4 接触式四位二进制码盘

流过，为"1"；反之，若电刷接触的是绝缘区，则不能形成回路，电阻上无电流流过，为"0"。由此可根据电刷的位置得到由"1"和"0"组成的4位二进制码。若是 n 位二进制码盘，就有 n 圈码道，码盘的分辨角 α 为

$$\alpha = 360°/2^n$$

显然，位数 n 越大，所能分辨的角度越小，测量精度就越高。目前，码盘码道可做到18 条，能分辨的最小角度为

$$\alpha = 360°/2^{18} = 0.001\ 4°$$

2. 绝对式光电码盘

绝对式光电码盘与接触式码盘结构相似，只是其中的黑白区域不表示导电区和绝缘区，而表示透光区和不透光区。编码盘的一侧安装光源，另一侧安装一排径向排列的光电元件，每个光电元件对准一条码道。当光源产生的光线经透镜变成一束平行光线照射在码盘上时，如果是透光区，通过透光区的光线被光电元件接收，并转换成电信号，输出为"1"；如果是不透光区，光线不能被光电元件接收，输出电信号为"0"。如此，在任意角度都有"1"和"0"组成的二进制代码与之对应。输出的二进制代码即代表了转轴的对应位置，即实现了角位移的绝对值测量。

绝对式光电编码器的码盘大多采用循环码盘（也称格雷码盘），格雷码盘如图 3 – 5 所示。格雷码的特点是任意相邻的两个代码之间只改变一位二进制数，这样即使码盘制作和光电元器件安装不是很准确，也只能读成相邻两个数中的一个，产生的误差最多不超过"1"，可消除非单值性误差。

图 3 – 5 所示为一个四位格雷码盘。通过与图 3 – 4 比较，其不同之处在于：它的各码道并不同时改变，任何两个相邻数码间只有一位是变化的，所以每次只切换一位数，把误差控制在最小单位内。

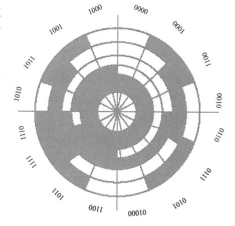

图 3 – 5　4 位格雷码盘

将二进制码转换成格雷码的法则是：将二进制码与其本身右移一位后，舍去末位的数码，做不进位加法，得出的结果即为格雷码（循环码）。

例如，二进制码 0101 对应的格雷码为 0111，演算过程如下：

$$\begin{array}{rl}
& 0101 \qquad\text{（二进制码）}\\
\oplus & 010 \qquad\ \text{（右移一位并舍去末位）}\\
\hline
& 0111 \qquad\text{（格雷码）}
\end{array}$$

式中，$\oplus$ 表示无进位相加。

3.1.3　编码器在数控机床中的应用

1. 位移测量

编码器在数控机床中用于工作台或刀架的直线位移测量时有两种安装方式：一是和伺服电动机同轴连接在一起，伺服电动机再和滚珠丝杠连接，编码器在进给传动链的前端，如图

3-6（a）所示；二是编码器连接在滚珠丝杠末端，如图3-6（b）所示。由于后者包含的进给传动链误差比前者多，因此在半闭环伺服系统中，后者的位置控制精度比前者高。

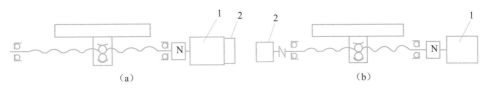

图3-6 编码器的安装方式

（a）内装型号；（b）外装型

1—伺服电动机；2—编码器

由于增量式光电编码器每转过一个分辨角对应一个脉冲信号，因此，根据脉冲的数量、传动比及滚珠丝杠螺距即可得出移动部件的直线位移量。如某带光电编码器的伺服电动机与滚珠丝杠直连（传动比为1：1），光电编码器的每转脉冲数为1 200脉冲/r，丝杠螺距为6 mm，在数控系统位置控制中断时间内计数1 200个脉冲时，则在该段时间里，工作台移动了6 mm。在数控回转工作台中，通过在回转轴末端安装编码器，可直接测量回转工作台的角位移。

2．螺纹加工控制

在螺纹加工中，为了保证切削螺纹的螺距，必须有固定的起刀点和退刀点。安装在主轴上的光电编码器就可解决主轴旋转与坐标轴进给的同步控制，保证主轴每转一周，刀具准确移动一个螺距（或导程）。另外，一般螺纹加工要经过几次切削才能完成，为保证重复切削不乱牙，每次重复切削时，开始进刀的位置必须相同，数控系统在接收到光电编码器中的一转脉冲后才开始螺纹切削的计算。

3．测速

光电编码器输出脉冲的频率与其转速成正比，因此，光电编码器可代替测速发电机的模拟测速而成为数字测速装置。

思考与练习

一、名词解释

1．编码器

2．增量式光电编码器

3．绝对式旋转编码器

二、选择题

1．下列哪种数控系统没有检测装置？（ ）

A．开环数控系统 B．全闭环数控系统

C. 半闭环数控系统　　　　　　　　D. 以上都不正确

2. 数控机床检测反馈装置的作用是：将其准确测得的（　　）数据迅速反馈给数控装置，以便与加工程序给定的指令值进行比较和处理。

A. 直线位移　　　　　　　　　　　B. 角位移或直线位移

C. 角位移　　　　　　　　　　　　D. 直线位移和角位移

3. 将二进制数码 1011 转换成循环码是（　　）。

A. 1010　　　　　B. 1110　　　　　C. 1000　　　　　D. 1101

4. 在其他切削正常的情况下，螺纹切削时螺距不正常，主要原因是（　　）。

A. 机床进给速度倍率选择不正确

B. 主轴编码器故障

C. 主轴转速设定错误

D. 机床处于空运行状态

5. 二进制数 1000 的格雷码为 1100，则二进制数 1001 的格雷码是（　　）。

A. 0100　　　　　B. 1001　　　　　C. 1101　　　　　D. 1111

6. 有 16 条码道的编码器，能测出的最小角位移为（　　）。

A. 11.76°　　　　B. 11.25°　　　　C. 0.196°　　　　D. 0.005 5°

三、判断题

（　　）1. 光电式编码器是非接触式编码器，精度较高。

（　　）2. 光电式编码器能测量旋转方向和旋转角度，但不能测量旋转角速度。

（　　）3. 编码器是回转型测量传感器，只能用于间接测量。

（　　）4. 编码器是一种旋转式检测原件，通常装在被检测的轴上，随被测轴一起旋转，但只能将被测轴的角位移换成增量式脉冲数字。

四、填空题

1. 通过本书的学习，常用的数控机床检测装置包括_____、_____、旋转变压器、磁栅等。

2. 根据数控机床滚珠丝杠的_____来选用不同型号的编码器。

3. 光电脉冲编码器通过计量脉冲的数目和频率，即可测出被测轴的_____和_____。

4. 数控车床没有进给箱，为了加工螺纹，必须在主轴后端连接_____以建立起主运动和进给运动的联系，严格保证_____的运动关系。

5. 编码器根据内部结构和检测方式可分为_____、_____、和_____。

五、问答题

设一绝对编码盘有 8 个码道，求其能分辨的最小角度是多少？测得的二进制码 00101011 对应角度是多少？若要检测出 0.5°的角位移，应选用多少条码道的编码盘？

3.2　光　　栅

光栅分为物理光栅和计量光栅两大类。物理光栅刻线细密（栅距 0.002 ~ 0.005 mm），精度非常高，用于光谱分析和光波波长测定等。计量光栅相对而言刻线粗一些，栅距大一些

（0.004～0.25 mm），通常用于检测直线位移和角位移等。检测直线位移的称为直线光栅，检测角度位移的称为圆光栅；根据光电元件感光方式不同，可将光栅分为玻璃透射式光栅和金属反射式光栅。

直线玻璃透射式光栅和金属反射式光栅检测装置分别如图3-7和图3-8所示。玻璃透射式光栅是在透明的光学玻璃表面制成感光涂层或金属镀膜，经过涂敷、蚀刻等工艺制成间隔相等的透明与不透明线纹，线纹的间距和宽度相等并与运动方向垂直，线纹之间的间距称为栅距。常用的线纹密度为25条/mm、50条/mm、100条/mm、250条/mm，条数越多，光栅的分辨率越高。金属反射式光栅是在钢尺或不锈钢带的镜面上经过腐蚀或直接刻划等工艺制成光栅线纹，常用的线纹密度为4条/mm、10条/mm、25条/mm、40条/mm、50条/mm。

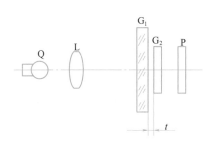 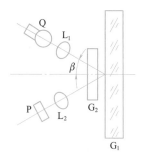

图3-7　透射式光栅检测装置　　　　　　　图3-8　反射式光栅检测装置

Q—光源；L—透镜；G₁—标尺光栅；　　　　Q—光源；L₁，L₂—透镜；G₁—标尺光栅；

G₂—指示光栅；P—光电元件；t—两光栅距离　　G₂—指示光栅；P—光电元件；β—入射角

圆光栅是在玻璃圆盘的圆环端面上，制成透光与不透光相间的条纹，条纹呈辐射状，相互间的夹角相等。

3.2.1　直线透射式光栅

下面以直线透射式光栅为例来介绍光栅的组成和工作原理。

1. 组成

由标尺光栅和光栅读数头两部分组成，光栅读数头包括光源、透镜、光电元件、指示光栅等，如图3-9所示。

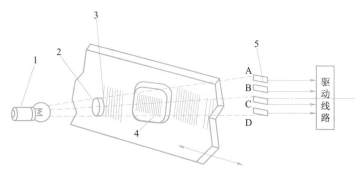

图3-9　光栅位置检测装置的组成

1—光源；2—透镜；3—标尺光栅；4—指示光栅；5—光电元件

标尺光栅和指示光栅也称为长光栅和短光栅，它们的线纹密度相等。长光栅可安装在机床的固定部件上（如机床床身），其长度应等于工作台的全行程；短光栅长度较短，随光栅读数头安装在机床的移动部件上（如工作台）。

2. 工作原理

在测量时，长短两光栅尺面相互平行地重叠在一起，并保持 0.01 ~ 0.1 mm 的间隙，指示光栅相对标尺光栅在自身平面内旋转一个微小的角度 θ（弧度）。当光线平行照射光栅时，由于光的透射和衍射效应，在与两光栅线纹夹角 θ 的平分线相垂直的方向上，会出现明暗交替、间隔相等的粗条纹——莫尔条纹，如图 3 – 10 所示。

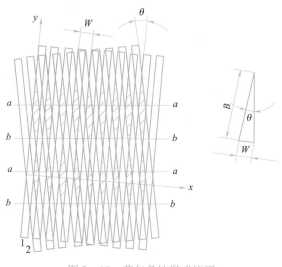

图 3 – 10　莫尔条纹形成原理

两条暗带或明带之间的距离称为莫尔条纹的间距 B，若光栅的栅距为 W，则

$$B = \frac{W}{2\sin\dfrac{\theta}{2}}$$

因为 θ 很小，所以

$$\sin\frac{\theta}{2} \approx \frac{\theta}{2}$$

则

$$B = \frac{W}{\theta}$$

由此可见，莫尔条纹的间距与光栅的栅距成正比。莫尔条纹具有以下特点。

1）起放大作用

由上式可知，莫尔条纹的间距 B 是光栅栅距 W 的 $1/\theta$，由于 θ 很小（小于 $10'$），故 $B \gg W$，即莫尔条纹具有放大作用。例如，当栅距为 $W = 0.01$ mm，$\theta = 0.001$ rad 时，莫尔条纹的间距 $B = 10$ mm。因此，不需要经过复杂的光学系统，就能把光栅的栅距转换成放大了 1 000 倍的莫尔条纹的宽度，从而大大简化了电子放大线路，这是光栅技术独有的特点。

2）起均化误差作用

莫尔条纹由若干线纹组成，若光电元件接受长度为 10 mm，当 $W = 0.01$ mm 时，10 mm

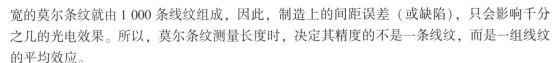

宽的莫尔条纹就由 1 000 条线纹组成，因此，制造上的间距误差（或缺陷），只会影响千分之几的光电效果。所以，莫尔条纹测量长度时，决定其精度的不是一条线纹，而是一组线纹的平均效应。

3）莫尔条纹的变化规律

长短两光栅相对移动一个栅距 W，莫尔条纹就移动一个条纹间距 B，即光栅某一固定点的光强按明→暗→明规律交替变化一次。光电元件只要读出移动的莫尔条纹条纹数，就知道光栅移动了多少栅距，从而也就知道了运动部件的准确位移量。

3. 光栅的辨向与信号处理

在移动过程中，经过光栅的光线，其光强呈正（余）弦函数变化，反映莫尔条纹移动的光信号由光电元件接收转换成近似正（余）弦函数的电压信号，然后经信号处理装置整形、放大及微分处理后，即可输出与检测位移成比例的脉冲信号。为了既能计数，又能判别工作台移动的方向，如图 3－8 所示的光栅用了 4 个光电元件，每个光电元件相距 1/4 栅距（$W/4$）。当指示光栅相对标尺光栅移动时，莫尔条纹通过各个光电元件的时间不一样，光电元件的电信号虽然波形一样，但相位相差 1/4 周期。根据各光电元件输出信号的相位关系，就可确定指示光栅移动的方向。

为了提高光栅的分辨率和测量精度，不能光靠增大栅线的密度来实现，可采用莫尔条纹的电子细分技术来实现。光栅检测系统的分辨率与栅距 W 和细分倍数 n 有关，分辨率为 W/n。

3.2.2 光栅的特点

光栅的主要特点如下：

（1）有很高的检测精度。随着激光技术的发展，光栅制作技术得到很大提高。现在光栅的精度可达微米级，再经细分电路可以达到 0.1 μm，甚至更高的分辨率。

（2）响应速度较快，可实现动态测量，易于实现检测及数据处理的自动化控制。

（3）对使用环境要求高，怕油污、灰尘及振动。

（4）由于标尺光栅一般较长，故安装、维护困难，成本高。

思考与练习

一、名词解释

1. 光栅

2. 莫尔条纹

二、选择题

1. 在光栅装置中，可以随运动部件一起运动的是（   ）。

A. 指示光栅   B. 标尺光栅   C. 光栅读数头   D. 光敏元件

2. 光栅尺刻线的不透光宽度 a 和透光宽度 b 之间的比值是（   ）。

   A. 1∶1   B. 1∶2   C. 2∶2   D. 2∶1

3. 光栅利用（   ），使它能够测得比栅距还小的位移量。

   A. 莫尔条纹的作用   B. 数显表

   C. 细分技术   D. 高分辨指示光栅

4. 用光栅传感器测直线位移时，为了辨别移动方向，在莫尔条纹间距 B 内，相距 $B/4$ 设置两个光电元件，两个光电元件输出电压信号的相位差是（   ）。

   A. 30°   B. 60°   C. 90°   D. 180°

5. 两个具有相同栅路的透射光栅叠在一起，刻线夹角越大，莫尔条纹间距（   ）。

   A. 越大   B. 越小   C. 不变   D. 不定

6. 对于闭环的进给伺服系统，可采用（   ）作为检测装置。

   A. 增量式编码器   B. 绝对式编码器

   C. 圆光栅   D. 长光栅

三、判断题

（   ）1. 光栅尺属于绝对式检测装置。

（   ）2. 在光栅测量中，通常由一长一短两块光栅尺配套使用，其中长的称为指示光栅，短的称为标尺光栅。

（   ）3. 用光栅传感器测直线位移时，为了辨别移动方向，在莫尔条纹间距 B 内，相距 $B/4$ 设置两个光电元件，两个光电元件输出电压信号的相位差是180°。

（   ）4. 光栅一般用于半闭环数控系统中，装于丝杠轴端。

四、填空题

1. 光栅是利用_____原理进行工作的位置反馈检测元件。若光栅栅距 $d = 0.01$ mm，光栅指示光栅与标尺光栅夹角 $\theta = 0.01$ rad，则可得莫尔条纹宽度 $W =$ _____mm。

2. 光栅读数头主要由_____、_____、_____、_____和驱动电路组成。

3. 光栅装置的结构由_____、_____两部分组成。

4. 莫尔条纹的作用有_____、_____。

五、问答题

1. 试述光栅检测装置的工作原理。

2. 设有一光栅，其刻线数为250 条/mm，要利用它测出 0.5 μm 的位移，问应采取什么措施？

3. 试说明莫尔条纹的放大作用。设光栅栅距为0.02 mm，两光栅尺夹角为0.05°时，莫尔条纹的宽度为多少？

3.3　磁　尺

    磁尺又称为磁栅，该装置是将一定波长的方波或正弦波信号用记录磁头记录在磁性材料制成的磁性标尺上，作为测量基准。在测量时，拾取磁头相对磁性标尺移动，并将磁性标尺上的磁化信号转化为电信号，再送到检测电路中，把拾取磁头相对于磁性标尺的位置或位移量用数字显示出来或转换成控制信号送到数控装置。磁栅安装调整方便，对使用环境要求较低，对周围电磁场的抗干扰能力较强，在油污、粉尘较多的场合下使用有较好的稳定性。

磁尺分为直磁尺（用于直线位移测量）和圆磁尺（用于测量角位移）两种。

磁尺的工作原理与普通磁带的录磁和拾磁的原理是相同的。用录磁磁头将等节距周期变化的电信号记录到磁性标尺上，用它作为测量位移量的基准尺。

图 3 – 11 所示为磁尺位置检测原理图，磁尺测量装置由磁性标尺、拾磁磁头和检测电路组成。

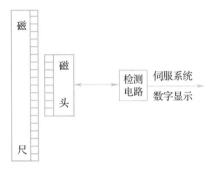

1. 磁性标尺

磁性标尺常采用不导磁材料做基体，在上面镀一层 10 ~ 30 μm 厚的高导磁性材料，形成均匀磁膜；再用录磁机在磁性标尺上录上节距相等且周期变化的磁化信号，磁化信号的节距入一般有 0.05 mm、0.10 mm、0.20 mm 及 1 mm 等几种，磁化信号有方波、正弦、余弦及三角波等；最后在磁尺表面还要涂上一层 1 ~ 2 μm 厚的保护层，以防止磁头与磁尺频繁接触而引起的磁膜磨损。

图 3 – 11　磁尺位置检测原理方框图

2. 拾磁磁头

拾磁磁头的功能是将磁化信号检测出来，并将其转化为电信号送到检测电路。数控机床要求在低速运动甚至静止时也能检测出磁性标尺上的磁信号，所以不能使用一般录音机用的磁头。录音机磁头是速度响应型磁头，它只有在磁头和磁带之间有一定相对速度时才能读取磁化信号。数控机床上使用的磁头是磁通响应型磁头。

1）磁通响应型磁头

图 3 – 12 所示为磁通响应型磁头的构造原理图。磁通响应型磁头有两组绕组，绕在横臂上的绕组是励磁绕组，绕在竖杆上的绕组是输出绕组。横臂铁芯为可饱和材料铁芯，当励磁绕组输入励磁电流 $i = I_o \sin w_o t$，i 瞬时值增大到某一值时，磁头横臂铁芯材料饱和，磁阻很大，阻断磁尺与磁头构成的磁路；当 i 变小时，磁阻变小，磁尺与磁头又构成磁路。可见，励磁绕组的作用相当于磁开关，这样，即使磁头不动，只要有周期变化的励磁电流存在，输出绕组的磁路中磁通量产生周期变化，输出绕组就会有电压信号输出，电压值为

$$e = U_m \sin\left(\frac{2\pi}{\lambda}x\right)\sin\omega t$$

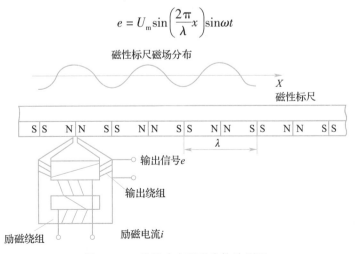

图 3 – 12　磁通响应型磁头构造原理

式中，U_m 为输出电压幅值；（$U_m = K\Phi_m$，K 为电磁耦合系数，Φ_m 为励磁磁通幅值）；λ 为磁性标尺上的磁化信号的节距；x 为磁头相对于磁性标尺的位移量；ω 为输出线圈感应电压的频率。

励磁电流 i 在一个周期内两次过零，两次出现峰值，因此磁头输出线圈的感应电压 e 的变化频率 w 是励磁电流频率 w_o 的 2 倍，磁头的输出 e 随磁头相对于磁性标尺的位移量 x 的变化而变化，因而，通过测量输出电压而测出磁栅的位移量。

2）多间隙磁通响应型磁头

单个磁头输出信号电压很小，一般为几毫伏至几十毫伏，而且对磁性标尺磁化信号的节距的波形要求很高。为提高输出电压，实际上是将几个磁头反串联组成多间隙磁通响应型磁头，使输出部电压为各个磁头输出电压的叠加。多间隙磁通响应型磁头如图 3-13 所示。多磁头串联使用既提高了分辨率及准确性，同时对磁化信号节距的误差有平均作用。

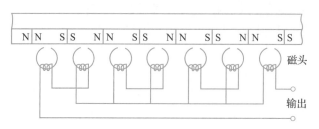

图 3-13　多间隙磁通响应型磁头

为了判别磁头的运动方向，可使用两组磁性标尺信号，根据输出信号超前或滞后，便可判别磁头移动方向。

3. 检测电路

磁尺检测电路由磁头励磁电路，读取信号的放大、滤波及辨向电路，显示控制电路等部分组成。磁尺检测方法有相位式和幅值式两种，相位方式检测较多。

思考与练习

一、名词解释

1. 磁栅

2. 磁性标尺

3. 拾磁磁头

二、选择题

1. 下面哪种检测装置的检测精度高，且可以安装在油污或灰尘较多的场合？（　　）。

A. 感应同步器　　　　B. 旋转变压器　　　　C. 磁栅　　　　D. 光栅

2. 为了改善磁尺测量装置的输出信号，常采用多个磁头以一定方式串联，所有磁头之

间间隔为 （　　　　）。

  A．一个磁波   B．1/4 磁波

  C．磁波的整数倍   D．1/2 磁波

  三、判断题

  （　　　）1．半闭环数控系统的测量装置一般为光栅、磁栅等。

  （　　　）2．磁栅的测量精度略高于光栅的测量精度。

  四、填空题

  1．＿＿＿＿＿＿＿是一种录有等节距磁化信号的磁性标尺或磁盘，可用于数控系统的＿＿＿＿＿＿＿。

  2．磁栅测量装置由＿＿＿＿＿＿、＿＿＿＿＿＿和＿＿＿＿＿＿组成。

  3．检测电路根据检测方法的不同分为＿＿＿＿＿＿测量电路和＿＿＿＿＿＿测量电路。

  4．磁栅按结构可分为＿＿＿＿＿＿、＿＿＿＿＿＿、＿＿＿＿＿＿和＿＿＿＿＿＿。

  5．在单磁头结构中，磁头有两组绕组，一组为＿＿＿＿＿＿，一组为＿＿＿＿＿＿。

  五、问答题

  磁栅由哪些部分组成？在磁栅检测装置中，为什么采用磁通响应型磁头？

3.4　感应同步器

  感应同步器是一种电磁式位置检测元件，按结构分为直线式和旋转式两种。直线式感应同步器由定尺和滑尺组成，旋转式由转子和定子组成。前者用于直线位移测量，后者用于角位移测量，它们的工作原理与旋转变压器相似。感应同步器一般由 1 000 ~ 10 000 Hz，几伏到几十伏的交流电压励磁，输出电压一般不超过几毫伏。

3.4.1　感应同步器的工作原理

  以直线式感应同步器为例，感应同步器由定尺和滑尺组成，其结构如图 3 - 14 所示。

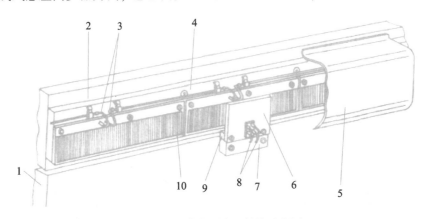

图 3 - 14　感应同步器结构示意图

1—运动部件（工作台或刀架）；2—固定部件（床身）；3—定尺绕组引线；4—定尺座；5—防护罩；

6—滑尺；7—滑尺座；8—滑尺绕组引线；9—调整垫；10—定尺

定尺和滑尺的基板是由与机床的热膨胀系数相近的钢板制成的，钢板上用绝缘黏结剂贴以铜箔，并用照相腐蚀法制成如图 3 – 15 所示的印制绕组，在定尺上是一个连续平面矩形绕组，滑尺上分布正弦绕组和余弦绕组两个，它们相对于定尺绕组在空间错开 1/4 的节距（节距为 2τ），定尺和滑尺绕组节距相等。定尺和滑尺平行安装，且保持一定间隙。定尺固定在床身上，滑尺则安装在机床的移动部件上。工作时，当在滑尺两个绕组中的任一绕组上加激励电压时，由于电磁感应，在定尺绕组中感应出相同频率的感应电压，通过对电压的测量，可以精确地测量出位移量。

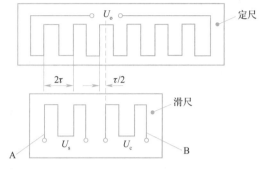

图 3 – 15　直线式感应同步器的定尺和滑尺

图 3 – 16 所示为滑尺在不同位置时定尺上的感应电压。若在滑尺的正弦绕组中通以交流励磁电压，则在 a 点时，定尺与滑尺绕组重合，这时感应电压最大；当滑尺相对于定尺平行移动后，感应电压逐渐减小，在错开 1/4 节距的 b 点时，感应电压为零；再继续移至 1/2 节距的 c 点时，得到的电压值与点相同，但极性相反；在 3/4 节距时达到 d 点，又变为零；再移动 1/4 节距到 e 点，电压幅值与点 a 相同。这样，滑尺在移动一个节距的过程中，感应电压变化了一个余弦波形。

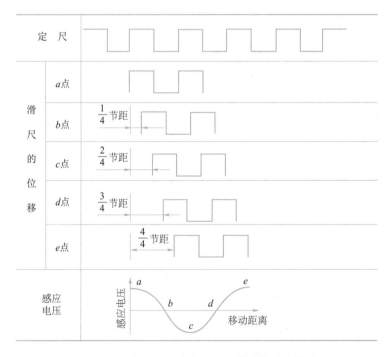

图 3 – 16　定尺上的感应电压与滑尺位置的关系

由此可见，在励磁绕组中加上一定的交变电压，感应绕组就会感应出相同频率的感应电压，其幅值大小随滑尺移动做余弦规律变化。同理，若在滑尺的余弦绕组中通以交流励磁电压，则在定尺上感应出的电压按负的正弦规律变化。滑尺移动一个节距，感应电压变化一个周期。感应同步器就是利用感应电压的变化进行位置检测的。

3.4.2 感应同步器的应用

感应同步器在数控机床有鉴相式和鉴幅式两种工作方式。

1. 鉴相式

在此方式下，给滑尺的正弦和余弦绕组分别通上幅值、频率相同，而相位差 90° 的交流电压为

$$U_s = U_m \sin wt$$
$$U_c = U_m \cos wt$$

励磁信号将在空间产生一个以 w 为频率移动的电磁波，分别在定尺绕组上得到感应电动电动势为

$$U_{os} = K U_m \sin (wt) \cos\theta$$
$$U_{oc} = -K U_m \sin\theta \cos wt$$

根据叠加原理求出感应电动势为

$$U_o = K U_m \sin (wt) \cos\theta - K U_m \sin\theta \cos wt = K U_m \sin (wt - \theta)$$

式中，U_m 为励磁电压幅值（V）；w 为励磁电压角频率（rad/s）；K 为比例常数，其值与绕组间最大互感系数有关；θ 为滑尺相对定尺在空间的相位角。

设感应同步器的节距为 2τ，则测量滑尺直线位移量 x 和相位差 θ 之间的关系式为

$$\theta = \frac{2\pi}{2\tau}x = \frac{\pi}{\tau}x$$

由此可知，在一个节距内，θ 与 x 是一一对应的，通过测量定尺感应电动势的相位 θ，就可测出滑尺相对于定尺的位移量 x。

2. 鉴幅式

给滑尺的正弦绕组和余弦绕组分别通上相位、频率相同，但幅值不同的交流电压，并根据定尺上感应电压的幅值变化来测定滑尺和定尺之间的相对位移量。加在滑尺正、余弦绕组上的励磁电压的幅值的大小，应分别与要求工作台移动的 x_1（与位移相应的电角度为 θ_1）成正余弦关系，即

$$U_{sm} = U_m \sin \theta_1$$
$$U_{cm} = U_m \cos \theta_1$$

则

$$U_s = U_{sm} \sin wt = U_m \sin \theta_1 \sin wt$$
$$U_c = U_{cm} \sin wt = U_m \cos \theta_1 \sin wt$$

设滑尺正弦绕组与定尺绕组重合时 $x = 0$（即 $x = 0$），若滑尺从 $x = 0$ 开始移动，当正、余弦同时供电时，根据叠加原理，则在定尺上的感应电压为

$$U_o = K U_m \sin \theta_1 \sin (wt) \cos\theta - K U_m \cos \theta_1 \sin (wt) \sin\theta$$
$$= K U_m \sin (wt) \sin (\theta_1 - \theta) = K U_m \sin (wt) \sin\Delta\theta$$

因为 $\theta = \frac{2\pi}{2\tau}x = \frac{\pi}{\tau}x$，所以 $\Delta\theta = \frac{\pi}{\tau}\Delta x$，当 $\Delta\theta$ 很小时，U_o 可近似表示为

$$U_o = K U_m \sin (wt) \sin (\theta_1 - \theta) = K U_m \Delta\theta \sin wt$$
$$= K U_m \Delta x \frac{\pi}{\tau} \sin wt$$

上式表示，定尺感应电压 $U_{\circ}$ 的幅值近似与 Δx 的大小成正比，因此可通过测量 $U_{\circ}$ 的幅值来测定位移量 Δx 的大小。

思考与练习

一、名词解释

感应同步器

二、选择题

1. 如果直线式感应同步器定尺绕组的节距为 4 mm，那么滑尺绕组的节距应该为多少才能保证检测精度？（   ）

A. 2 mm   B. 4 mm   C. 6 mm   D. 8 mm

2. 下面哪种检测装置既可测量线位移又可测量角位移？（   ）

A. 旋转变压器   B. 感应同步器

C. 光栅   D. B 和 C

3. 直接感应同步器定尺上是（   ）。

A. 正弦绕组   B. 余弦绕组   C. 感应绕组   D. 分段绕组

4. 下列用于数控机床检测的反馈装置中（   ）用于速度反馈。

A. 光栅   B. 脉冲编码器

C. 磁尺   D. 感应同步器

5. 鉴相式直线感应同步器通过测量相位可以直接测量（   ）。

A. 直线位移   B. 直线速度

C. 直线加速度   D. 角位移

6. 下面不属于感应同步器特点的有（   ）。

A. 受环境温度影响小

B. 使用寿命长，维护简便

C. 可按需要拼接成各种测量长度

D. 受环境湿度影响小

三、判断题

（   ）1. 在感应同步器中定尺的长度不可以接长。

（   ）2. 定尺绕组和滑尺绕组的节距是否相等对于直线感应同步器的检测精度无关紧要。

（   ）3. 感应同步器直接对机床的位移进行测量，测量结果只受本身精度的限制。

（   ）4. 感应同步器滑尺上两绕组节距与定尺相同，并相互错开1/2节距排列。

四、填空题

1. 直线式感应同步器主要用于测量_____；旋转式感应同步器主要用于测

量_____。

2. 感应同步器是一种电磁式的检测传感器，按其结构可分为_____和_____两种。

3. 感应同步器是基于_____现象工作的。

4. 直线感应同步器由_____和_____组成，用于直线位移的测量。

5. 根据励磁供电方式不同，感应同步器可以分为_____工作方式和_____工作方式。

五、问答题

试述感应同步器的结构和工作原理。

3.5 旋转变压器

旋转变压器属于电磁式的位置检测传感器，是一种控制用的微电机，在结构上与二相线绕式异步电动机相似，由定子和转子组成。定子绕组为变压器的原边，转子绕组为变压器的副边。励磁电压接到定子绕组上，其频率通常为 400 Hz、500 Hz、1 000 Hz 及 5 000 Hz，转子绕组输出感应电压，输出电压随被测角位移的变化而变化。

图 3-17 所示为旋转变压器工作原理。当励磁电压 U_1 加在定子绕组上时，通过电磁耦合，在转子中产生感应电压。转子的位置不同，产生的感应电压值也不同，如图 3-17 所示。如果转子绕组与定子绕组互相垂直，即转子的偏转角为零，则转子绕组感应电压为零；如果转子转到与定子绕组平行，即偏转角 $\theta = 90°$，转子绕组中的感应电动势最大，其值为

$$e = KU_1 = KU_m \sin wt$$

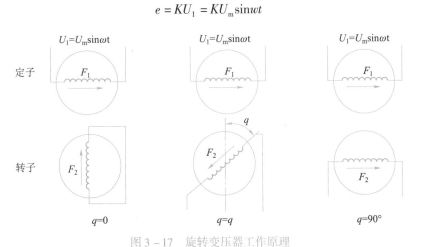

图 3-17 旋转变压器工作原理

如果转子自垂直位置偏转了一个角度 θ，则转子绕组中产生的感应电动势为

$$e = KU_1 \sin\theta = KU_m \sin(wt) \sin\theta$$

式中，K 为变压器电压耦合系数；U_1 为定子绕组励磁电压；U_m 为励磁电压的幅值；w 为励磁电压的角频率；θ 为转子绕组轴线的偏转角。

通常采用的是正弦余弦旋转变压器，其定子和转子绕组中各有两个互相垂直的绕组。

图 3 – 18 所示为正弦余弦旋转变压器原理，为了讲述方便，图中转子只画出一个绕组。如果用两个相位差为 90°的励磁电压 $U_1 = U_m \sin wt$ 和 $U_2 = U_m \cos wt$ 分别加在两个定子绕组上，则 U_1 和 U_2 在转子绕组上产生的感应电动势分别为

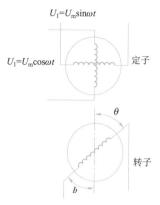

$$e_1 = KU_m \sin (wt) \sin\theta$$

$$e_2 = KU_m \cos (wt) \cos\theta$$

应用叠加原理，转子绕组上总的感应电动势为

$$e = e_1 + e_2 = KU_m \sin (wt) \sin\theta + KU_m \cos (wt) \cos\theta$$
$$= KU_m \cos (wt - \theta)$$

可见，转子绕组的感应电动势与转子的偏转角成正弦（或余弦）函数关系，只要检测出转子电动势的大小，即可测得转子转过的角度。

图 3 – 18　正弦余弦旋转变压器原理

思考与练习

一、名词解释

旋转变压器

二、选择题

1. 下面哪种检测装置不是基于电磁感应原理？（　　）

A. 感应同步器　　　B. 旋转变压器　　　C. 光栅　　　D. 电磁式编码盘

2. 旋转变压器的相位工作方式是定子的两个绕组通以相同幅值、相同频率，但相位差为（　　）的交流励磁电压。

A. $\dfrac{\pi}{6}$ 　　　　　B. $\dfrac{\pi}{3}$ 　　　　　C. $\dfrac{\pi}{2}$ 　　　　　D. π

三、判断题

（　　）1. 有刷式旋转变压器比无刷式旋转变压器的寿命长。

（　　）2. 直线型检测装置有感应同步器、光栅和旋转变压器。

（　　）3. 常用的间接测量元件有光电编码器和感应同步器。

（　　）4. 四极绕组式旋转变压器比两极绕组式旋转变压器检测精度更高。

（　　）5. 旋转变压器可单独和滚珠丝杠相连，也可以与伺服电动机组成一体。

四、填空题

1. 旋转变压器是一种常用的＿＿＿＿＿＿＿＿＿＿检测元件，从其结构来看，它由和＿＿＿＿＿＿＿两个部分组成。

2. 定子绕组通入不同的＿＿＿＿＿＿＿＿，可得到两种不同的工作方式，即＿＿＿＿＿＿＿＿和＿＿＿＿＿＿＿＿。

3. 旋转变压器是一种常用的＿＿＿＿＿＿＿＿检测元件。

4. 从转子感应电压的输出方式来看，旋转变压器可以分为＿＿＿＿＿＿＿和＿＿＿＿＿＿两种类型，目前数控机床上常用的是＿＿＿＿＿＿＿。

五、问答题

1. 数控机床常用的位置检测装置有哪些？各有什么应用特点？

2. 试述旋转变压器的结构和工作原理。

本章小结

本章作为本教材的主体内容之一，主要是让学生掌握传感器在数控机床上的作用与应用。其主要内容有编码器的工作原理简介及应用；光栅的工作原理简介及应用；磁栅的工作原理简介及应用；感应同步器的工作原理简介及应用；旋转变压器的工作原理简介及应用。

第4章　数控机床伺服系统

教学提示：

本章主要讲述数控机床开环控制的步进电动机伺服系统、闭环和半闭环控制的直流电动机和交流电动机伺服系统的控制原理。

教学要求：

通过本章学习，要掌握开环、半闭环和闭环控制系统的组成与特点。掌握步进电动机与交、直流伺服电动机的工作原理和调速方法。了解步进电动机的主要特性。

本章知识导读：

伺服系统是以机械运动的驱动设备——电动机为控制对象，以控制器为核心，以电力电子功率变换装置为执行机构，在自动控制理论的指导下组成的电气传动自动控制系统。这类系统控制电动机的转矩、转速和转角，将电能转换为机械能，实现运动机械的运动要求。具体在数控机床中，伺服系统接收数控系统发出的位移、速度指令，经变换、放调与放大后，由电动机和机械传动机构驱动机床坐标轴、主轴等，带动工作台及刀架，通过轴的联动使刀具相对工件产生各种复杂的机械运动，从而加工出用户所要求的复杂形状的工件。

作为数控机床的执行机构，伺服系统将电力电子器件及控制、驱动和保护等集为一体，并随着数字脉宽调制技术、特种电机材料技术、微电子技术及现代控制技术的进步，经历了从步进到直流，进而到交流的发展历程。数控机床中的伺服系统种类繁多，本章通过分析其结构及简单归分，对其技术现状及发展趋势做简要探讨。

4.1　概　　述

伺服系统是以机床移动部件（如工作台）的位置和速度作为控制量的自动控制系统，通常由伺服驱动装置、伺服电动机、机械传动机构及执行部件组成。它接收数控装置发出的进给速度和位移指令信号，由伺服驱动装置做一定的转换和放大后，经伺服电动机（直流、交流伺服电动机及步进电动机等）和机械传动机构，驱动机床的工作台等执行部件实现工作进给或快速运动以及位置控制。进给伺服实际上是一种高精度的位置跟踪与定位系统。它的性能决定了数控机床的许多性能，如最高移动速度、轮廓跟随精度以及定位精度等。

4.1.1 对伺服系统的基本要求

根据机械切削加工的特点，数控机床对进给驱动一般有以下要求。

1. 位移精度高

伺服系统的精度是指输出量能复现输入量的精确程度。伺服系统的位移精度是指 CNC 装置发出的指令信号要求机床工作台进给的理论位移量和该指令信号经伺服系统转化为机床工作台实际位移量之间的符合程度。两者误差越小，位移精度越高。

2. 稳定性好

稳定性是指系统在给定输入或外界干扰作用下，能在短暂的调节过程后，达到新的或者恢复到原来的平衡状态。稳定性直接影响数控加工的精度和表面粗糙度，因此，要求伺服系统有较强的抗干扰能力，保证进给速度均匀、平稳。

3. 调速范围宽

调速范围是指数控机床要求电动机所能提供的最高转速与最低转速之比（一般要求大于 10 000∶1），低速度时应运行平稳无爬行。为适应不同的加工条件，如加工零件的材料、尺寸、部位以及刀具的种类和冷却方式等不同，数控机床的进给速度需在很宽的范围内无级变化。这就要求伺服电动机具有很宽的调速范围和优异的调速特性。

4. 响应快速并无超调

为了提高生产率和保证加工质量，在启动、制动时，要求加速度足够大，以缩短伺服系统的过渡过程时间，减少轮廓过渡误差。一般电动机的速度从零升到最高转速，或从最高转速降至零的时间应小于 200 ms。这就要求伺服系统要快速响应，即要求跟踪指令信号的响应要快，但又不能超调，否则将形成过切，影响加工质量。同时，当负载突变时，要求速度的恢复时间也要短，且不能有振荡，这样才能得到光滑的加工表面。

4.1.2 伺服系统的分类

机床的伺服系统按其功能可分为主轴伺服系统和进给伺服系统。主轴伺服系统用于控制机床主轴的运动，提供机床的切削动力。进给伺服系统按控制方式可分为没有位置检测反馈装置的开环控制系统和有直线或角度位置检测反馈装置的闭环、半闭环控制系统，其驱动电动机通常有步进电动机、直流伺服电动机和交流伺服电动机。

1. 开环伺服系统

开环伺服系统只能采用步进电动机作为驱动元件，它没有任何位置和速度反馈回路，因此设备投资少，调试维修方便，但精度较低，高速转矩小，主要用于中、低档数控机床及普通机床的数控化改造。它由驱动电路、步进电动机和进给机械传动机构组成，如图 4 – 1 所示。

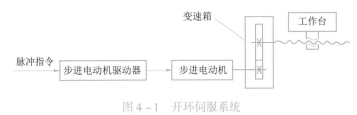

图 4 – 1　开环伺服系统

2．闭环伺服系统

闭环伺服系统将直线位移检测装置安装在机床的工作台上，将检测装置测出的实际位移量或者实际所处的位置反馈给 CNC 装置，并与指令值进行比较，求得差值，实现位置控制，如图 4 - 2 所示。其控制精度高，多用于大型、高精度的数控机床。

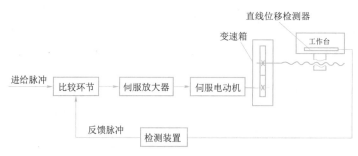

图 4 - 2　闭环伺服系统

3．半闭环伺服系统

半闭环伺服系统一般将角位移检测装置安装在电动机轴或滚珠丝杠末端，用以精确控制电动机或丝杠的角度，然后转换成工作台的位移。它可以将部分传动链的误差检测出来并得到补偿，因而它的精度比开环伺服系统的高，但没有把机械传动部件（如丝杠、齿轮、工作台导轨等）所产生的误差影响包括进去，所以控制精度比闭环的低。半闭环伺服系统主要使用在精度要求适中的中小型数控机床上，如图 4 - 3 所示。

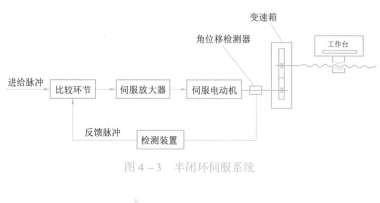

图 4 - 3　半闭环伺服系统

思考与练习

一、选择题

1．（　　）的控制精度最高。

A．开环伺服系统　　　　　　　　B．半闭环伺服系统

C．闭环伺服系统　　　　　　　　D．混合环伺服系统

2. 数控机床中把放大的脉冲信号转换成机床移动部件运动的组成部分称为（　　　）

A. 控制介质　　　　B. 数控装置　　　　C. 伺服系统　　　　D. 机床本体

3. 下面哪个不属于开环伺服系统的特点？（　　　）。

A. 精度低　　　　　　　　　　B. 低速稳定性差

C. 高速扭矩小　　　　　　　　D. 系统结构复杂

4. 半闭环控制伺服进给系统的检测元件一般安装在（　　　）

A. 工作台上　　　B. 丝杠一端　　　C. 工件上　　　D. 导轨上

5. 闭环进给伺服系统与半闭环进给伺服系统的主要区别在于（　　　）。

A. 位置控制器　　B. 检测单元　　　C. 伺服单元　　　D. 控制对象

6. 数控机床伺服系统是以（　　　）为直接控制目标的自动控制系统。

A. 机械运动速度　B. 机械位移　　　C. 切削力　　　　D. 机械运动精度

7. 数控闭环伺服系统的速度反馈装置装在（　　　）。

A. 伺服电动机上　　　　　　　B. 伺服电动机主轴上

C. 工作台上　　　　　　　　　D. 工作台丝杠上

8. 当进给伺服系统出现故障时，故障表现形式错误的是（　　　）

A. 在显示器上显示报警号和内容

B. 在 PLC 上显示报警号和内容

C. 在进给伺服驱动单元上用报警指示灯或数码管显示故障

D. 无任何报警

二、判断题

（　　　）1. 伺服驱动系统的跟随误差越小，响应速度越快。

（　　　）2. 开环控制系统一般用于经济型的数控机床上。

（　　　）3. 数控机床按控制方式的特点可分为开环、闭环和半闭环系统。

（　　　）4. 在开环和半闭环数控机床上，定位精度主要取决于进给丝杠的精度。

（　　　）5. 常用的位移执行机构有步进电动机、直流伺服电动机和交流伺服电动机。

（　　　）6. 伺服系统包括驱动装置和执行机构两大部分。

（　　　）7. 开环进给伺服系统的数控机床，其定位精度主要取决于伺服驱动元件和机床传动机构精度、刚度和动态特性。

（　　　）8. 伺服机构的位置检测器设在伺服电动机轴端或丝杠一端，检测电动机或丝杠的回转角，这种伺服控制方式称为半闭环方式。

三、填空题

1. 数控机床伺服系统是以机床运动部件的＿＿＿＿＿＿和＿＿＿＿＿＿为控制量的系统。

2. 数控机床伺服系统按反馈比较控制方式的不同可分为＿＿＿＿＿＿、＿＿＿＿＿＿和＿＿＿＿＿＿。

3. 数控机床中进给伺服系统的主要作用是＿＿＿＿＿＿。

4. 数控机床的进给驱动装置目前在闭环中常用＿＿＿＿＿＿电动机，在开环中常用＿＿＿＿＿＿电动机。

四、问答题

对数控机床伺服驱动系统的主要性能要求有哪些？

4.2 步进电动机伺服系统

步进电动机伺服系统以步进电动机作为驱动元件，没有位置和速度检测元件及反馈，位置控制精度完全由进给传动机构的精度及电气控制精度决定，控制精度低。步进电动机控制系统的结构最简单，控制最容易，维修最方便，但步进电动机的功耗大，速度也不高。目前的步进电动机在脉冲当量为 0.001 mm 时，最高移动速度仅为 2 mm/min，因此步进电动机伺服系统主要用于速度和精度要求不高的经济型数控机床及旧设备的改造中。

步进电动机是一种把电脉冲转换成角位移的电动机。用专用的驱动电源向步进电动机供给一系列的且有一定规律的电脉冲信号，每输入一个电脉冲，步进电动机就旋转一个固定的角度，称为一步，每一步所转过的角度称为步距角。如果连续不断地输入脉冲信号，电动机则一步一步地连续旋转起来。当中止脉冲信号输入时，电动机立即无惯性地停止转动；如果在这时电动机的工作电源尚未断开，电动机轴则处于不能自由旋转的锁定（即定位）状态。所以，步进电动机在工作时，有运转和定位两种基本运行状态。

4.2.1 步进电动机的分类

根据步进电动机的结构和材料的不同，步进电动机分为磁阻式、永磁式和混合式三种基本类型。

1. 磁阻式步进电动机

磁阻式步进电动机又称反应式步进电动机，它的定子和转子由硅钢片或其他软磁材料制成，定子上有励磁绕组。电动机的相数一般为三、四、五、六相。其标准代号为 BC，B 表示步进电动机，C 表示磁阻式；其旧代号为 BF，F 表示反应式。其特点是：转子上无绕组，步进运行是靠经通电而磁化的定子绕组（磁极）反应力矩而实现的，反应式因此得名。反应式步进电动机是目前数控机床中应用较为广泛的步进电动机，其步距角一般为 0.36°~3°。

2. 永磁式步进电动机

永磁式步进电动机的定子由软磁材料制成并有多对绕组，转子上装有由永磁铁制成的磁极。由于永磁式转子受磁钢加工的限制，极对数不能做得很多，所以步距角较大。但由于永久磁场的作用，它的控制电流小，断电时电动机仍具有保持转矩，定位自锁性能好。

3. 混合式步进电动机

混合式步进电动机又称永磁反应式步进电动机。它在结构上和性能上，兼有磁阻式和永磁式步进电动机的特点，既有反应式步进电动机步距角小和工作频率较高的特点，又具有永磁式步进电动机控制功率小和低频振荡小的特点，是新型步进伺服系统的首选电动机。

4.2.2 步进电动机的工作原理和主要特性

1. 工作原理

反应式步进电动机和混合式步进电动机的结构虽然不同，但其工作原理相同，现以三相反应式步进电动机为例来说明步进电动机的工作原理。

图4-4所示为三相反应式步进电动机的工作原理示意图。它由转子和定子组成。定子上均匀分布有六个磁极，直径方向相对的两个极上的线圈相连组成一相控制绕组，共有A、B、C三相绕组。转子上无绕组，有四个齿，由带齿的铁芯做成。当定子绕组按顺序轮流通电时，A、B、C三对磁级就依次产生磁场，对转子上的齿产生电磁转矩，并吸引它，使它一步一步地转动。按通电顺序不同，其运行方式有三相单三拍、三相双三拍和三相六拍三种，具体过程如下。

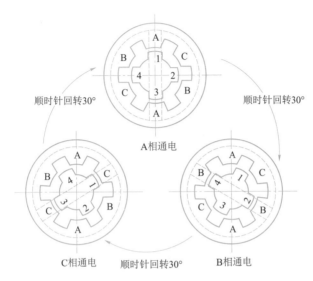

图4-4 三相反应式步进电动机工作原理示意图

当B、C相断电而A相通电时，A相磁极便产生磁场，在电磁转矩的作用下，转子1、3两个齿与定子A相磁极对齐；当A、C相断电而B相通电时，B相磁极便产生磁场，吸引离它较近的2、4齿，这时转子便沿顺时针方向转过30°，使转子2、4两个齿与定子B相对齐；当A、B相断电而C相通电，C相磁极便产生磁场，吸引离它较近的1、3齿，这时转子便又沿顺时针方向转过30°，使转子1、3两个齿与定子C相对齐。如果按照A→B→C→A⋯的顺序通电，步进电动机就按顺时针方向不停地转动，且每步转过30°。

若图4-4中的通电顺序变为A→C→B→A→⋯，步进电动机就按逆时针方向不停地转动，且每步转过30°。上述的这种通电方式称为三相单三拍。"拍"是指定子绕组从一种通电状态转变为另一种通电状态，每拍转子转过的角度称为步距角（步进电动机在输入一个脉冲时所转过的角度）；"单"是指每次只有一相绕组通电；"三拍"是指一个通电循环中，通电状态切换的次数是三次。所谓多少拍就是指需经多少控制脉冲后，转子才转过一个齿距（齿距是指相邻两齿间的夹角，为360°/4＝90°）的意思。

三相单三拍控制方式的特点：每次通电都为电动机中的一相绕组，在两相邻相位的转换过程中，电流一通一断，电动机转子容易因瞬间失去自锁力矩而产生丢步现象，工作稳定性不好，一般较少采用。

如果定子绕组通电顺序为AB→BC→CA→AB→⋯（顺转）或AC→CB→BA→AC→⋯（逆转），则步进电动机工作方式为三相双三拍控制方式。从上述工作过程中不难看出，双三拍控制与单三拍控制时的步距角是一样的，仍为30°。但在通电转换过程中，却始终有一相绕组保持通电，振荡现象有所减轻，加之每次通电都为电动机中的两相绕组，磁极吸引力增大，工作稳定性较单三拍好，但功耗大。

三拍控制时的步距角较大，工作的稳定性和精度均不够理想。为了弥补三拍控制方式的不足，可采用六拍控制方式。定子绕组通电顺序为 A→AB→B→BC→C→CA→A→⋯（顺转）或 A→AC→C→CB→B→BA→A→⋯（逆转）。由于三相六拍控制时，在其通电顺序转换过程中，始终保持有一相绕组继续通电（运行中无瞬间中断电源情况），电动机运行的稳定性较好。同时，因六拍控制时，要经六个控制脉冲才形成一个循环，即六个脉冲转子才转过一个齿距，则步距角为 15°，比三拍控制方式时减小了一半，使脉冲当量减小，提高了控制精度。所以三相六拍控制方式应用较为普遍。

四相、五相步进电动机的工作原理与三相步进电动机的工作原理相似，只是电动机的结构不一样，显著的区别是它们的磁极对数（绕组）分别为四对和五对。

根据步进电动机的工作原理，可知步进电动机的步距角大小与定子绕组和转子齿数有关，步距角按以下公式计算

$$\theta_s = 360°/kmz$$

式中，k 为逻辑供电状态系数，k = 拍数/相数，对于三相步进电动机，三拍时 k 为 1，六拍时 k 为 2；m 为定子绕组相数；z 为转子铁芯齿数。

步进电动机的转速计算公式

$$n = \frac{\theta_s \times 60f}{360} = \frac{1}{6}\theta_s f \ （r/min）$$

式中，f 为步进电动机的通电频率（脉冲个数/秒）。

例如 110BC 型步进电动机的转子齿数为 80，三相六拍方式运行时，步距角为

$$\theta_s = 360°/kmz = 360°/2 \times 3 \times 80 = 0.75°$$

三相三拍方式运行时，步距角为

$$\theta_s = 360°/kmz = 360°/1 \times 3 \times 80 = 1.5°$$

综上所述，步进电动机在工作中有运转和定位两种基本运行状态，并受数控装置的控制。电动机角位移与脉冲个数成正比，其转速与脉冲频率成正比，通过控制输入脉冲的个数和频率，就可控制它的角位移和转速；改变对定子绕组的通电顺序，即可改变电动机的旋转方向，而且相数、拍数较多时，电动机运行的稳定性较好。

2. 步进电动机的主要特性

1）步距角和步距误差

步进电动机的步距角是指定子绕组的通电状态每改变一次，其转子转过的一个确定的角度，步距角越小，脉冲当量越小，机床运动部件的位置精度越高。

步距误差是指步进电动机运行时理论步距角与转子每一步实际的步距角之间的差值，即步距误差 = 理论步距角 − 实际步距角，它直接影响执行部件的定位精度。步距误差主要由步进电动机齿距制造误差、定子和转子气隙不均匀、各相电磁转矩不均匀等因素造成。步进电动机连续走若干步时，步距误差的累积称为步距的累积误差，由于步进电动机每转一转又恢复到原来的位置，所以误差不会无限累积。反应式步进电动机的步距误差一般在 ±10′ ~ ±25′。

2）静态转矩和矩角特性

当步进电机处在锁定状态，即不改变定子绕组的通电状态时称为静态运行状态。此时，

如果在电动机轴上外加一个转矩，使转子按一定方向转过一个角度 θ，则转子上的电磁转矩 M 和外加转矩相等，称 M 为静态转矩，称 θ 为失调角。当外加转矩撤销时，转子在电磁转矩的作用下回到稳定平衡点位置（$\theta = 0$）。描述静态时 M 和 θ 之间关系的曲线称为矩角特性，矩角特性接近正弦曲线，如图 4 - 5 所示。曲线上静态转矩最大值称为最大静态转矩，与空气隙、转子冲片齿的形状及磁路饱和程度有关。

3）启动转矩 M_q

相邻两相的静态转矩特性曲线的交点所对应的转矩 M_q 是步进电动机的启动转矩，如果负载转矩大于 M_q，电动机就不能启动。因而启动转矩是电动机能带动负载转动的极限转矩。

4）最高启动频率 f_q

空载时，步进电动机由静止突然启动，并不失步地进入稳速运行，所允许的启动频率的最高值称为启动频率 f_q。步进电动机在启动时，既要克服负载转矩，又要克服惯性转矩（电动机和负载的总惯量），所以启动频率不能太高。如果加给步进电动机的指令脉冲频率大于最高启动频率，就不能正常工作，会造成丢步。而且，随着负载的加大，启动频率会进一步降低。

5）连续运行的最高工作频率 f_{max}

步进电动机启动后能保持正常连续运行所能接受的最高频率称为最高工作频率 f_{max}，简称连续运行频率，它比启动频率大得多，表明步进电机所能达到的最高转速。

6）矩频特性

步进电动机在连续运行时，用来描述输出转矩和运行频率之间的关系的特性称为矩频特性，如图 4 - 6 所示。当输入脉冲的频率大于临界值时，步进电动机的输出转矩加速下降，带负载能力迅速降低。这是由于步进电动机的每相控制绕组是一个电感线圈，具有一定的时间常数，使绕组中电流呈指数曲线上升或下降，频率很高，周期很短，电流来不及增长，电流峰值随脉冲频率增大而减少，励磁磁通亦随之减少，平均转矩也减少了。

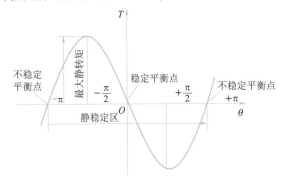

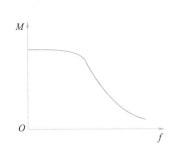

图 4 - 5 步进电动机矩角特性　　　　　图 4 - 6 步进电动机矩频特性

根据以上特性，选用步进电动机时应保证步进电动机的输出转矩大于负载所需的转矩；应使步进电动机的步距角 θ_s 与机械系统相匹配，以得到机床所需的脉冲当量；应使步进电动机能与机械系统的负载惯量及机床要求的启动频率相匹配，并有一定的余量；还应使其最高工作频率能满足机床运动部件快速移动的要求。

步进电动机的技术参数见表 4 - 1。

表4－1　步进电动机的技术参数

型号	相数	电压/V	电流/A	步距角/（°）	步距角误差/（′）	最大静转矩/（N·m）	空载启动频率/（脉冲·s⁻¹）	最高工作频率/（脉冲·s⁻¹）
70BF5－4.5	5	60/12	3.5	4.5/2.25	8	0.245	1 500	16 000
90BF3	3	60/12	5.0	3/1.5	14	1.47	1 000	8 000
110BF3	3	80/12	6	1.5/0.75	18	9.8	1 500	6 000
130BF5	5	110/12	10	1.5/0.75	18	12.74	2 000	8 000
160BF5B	5	80/12	13	1.5/0.75	18	19.6	1 800	8 000
160BF5C	5	80/12	13	1.5/0.75	18	15.68	1 800	8 000

3．步进电动机的驱动控制

由步进电动机的工作原理可知，为了保证其正常运动，必须由步进电动机的驱动装置将CNC装置送来的弱电信号通过转换和放大变为强电信号，即将逻辑电平信号变换成电动机所需的具有一定功率的电脉冲信号，并使其定子励磁绕组顺序通电，才能使其正常工作。步进电动机驱动控制由环形脉冲分配器和功率放大器来实现。

1）环形脉冲分配器

环形脉冲分配器是用于控制步进电动机的通电方式的，其作用是将CNC装置送来的一系列指令脉冲按照一定的循环规律依次分配给电动机的各相绕组，控制各相绕组的通电和断电。可采用硬件和软件两种方法实现。

图4－7所示为硬件环形脉冲分配器与CNC装置的连接图。图中环形脉冲分配器的输入、输出信号一般为TTL电平，当输出信号为高电平时，则表示相应的绕组通电，反之则失电。CLK为数控装置所发脉冲信号，每个脉冲信号的上升或下降沿到来时，输出则改变一次绕组的通电状态；DIR为数控装置所发出的方向信号，其电平的高低即对应电动机绕组的通电顺序（即转向的改变）；FULL/HALF用于控制电动机的整步（k为1）或半步（k为2）运行方式，对于三相步进电动机即三拍或六拍运行方式，在一般情况下，根据需要将其接在固定电平上即可。

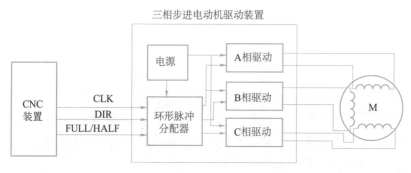

图4－7　硬件环形脉冲分配器与CNC装置连接图

硬件环形分配器是一种特殊的可逆循环计数器，可以由门电路及逻辑电路构成，可分成 TTL 型和 CMOS 型脉冲分配器。TTL 型（双极型晶体管集成电路）有 YB013、YB014、YB015、YB016 几种，它们均为 18 个引脚的直插式封装；CMOS 型（互补型 MOS 电路、场效应管组成的单极型集成电路）有 CH250（16 脚直插式）等。

图 4 - 8（a）所示为 YB013 芯片的引脚接线图，其各引脚功能如下。

E0：选通输出控制端，低电平有效。控制脉冲分配器是否输出顺序脉冲。

R：清零端，低电平有效。输出脉冲前，对脉冲分配器清零，使其正常工作。

A0、A1：通电方式控制。若是 A0 = 0，A1 = 0 状态，脉冲分配器以三相单三拍方式工作；若是 A0 = 0，A1 = 1 状态，脉冲分配器以双三拍方式工作；若是 A0 = 1 状态，脉冲分配器以三相六拍方式工作。

E1、E2：选通输入控制，低电平有效。决定控制指令起作用的时刻。

CP：时钟输入。

△：正、反转控制端。决定步进电动机的旋转方向。

S：出错报警输出。某控制信号出错或脉冲分配器运行错误时，该端口发出报警信号。

图 4 - 8（b）所示为 YB013 三相六拍接线图。图中 R 是清零信号，低电平清零，恢复高电平时，脉冲分配器工作。时钟 CP 的上升沿使脉冲分配器改变输出状态，因此 CP 的频率决定了步进电动机的转速。P 端控制步进电动机的转向：P = 1 时为正转，P = 0 时为反转。

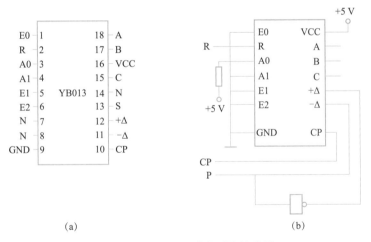

(a)　　　　　　　　　　　　　　　(b)

图 4 - 8　YB013 芯片的引脚接线图

图 4 - 9 所示为国产 CMOS 脉冲分配器 CH250 集成芯片的引脚图和三相六拍接线图。在图 4 - 9（a）中，引脚 A、B、C 为相输出端，引脚 R、R^* 用于确定初始励磁相。若它们的状态为 10，则为 A 相；若为 01，则为 A、B 相；若为 00，则为环形分配器工作状态。引脚 CL、EN 为进给脉冲输入端，若 EN = 1，进给脉冲接 CL，脉冲上升沿使环形分配器工作；若 CL = 0，进给脉冲接 EN，脉冲下降沿使环形分配器工作，否则环形分配器状态锁定。引脚 J_{3r}、J_{3L}、J_{6r}、J_{6L} 为三拍或六拍工作方式的控制端，引脚 U_D、U_S 为电源端。

图 4 - 9（b）所示为三相六拍工作方式，进给脉冲 CP 的上升沿有效。方向信号为 1 时则正转，为 0 时则反转。

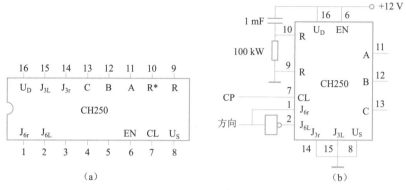

图 4 – 9　CH250 集成芯片的引脚图和三相六拍接线图

(a) 引脚图；(b) 接线图

　　目前，脉冲分配大多采用软件的方法来实现，图 4 – 10 所示为软件环形脉冲分配器与 CNC 装置的连接。由图 4 – 10 可知，软件环形分配器的脉冲分配是由 CNC 装置中的计算机软件来完成的，即 CNC 装置直接控制步进电动机各相绕组的通电、断电。不同种类、不同相数、不同通电方式的步进电动机，只需用软件驱动编制不同的程序，将其存入 CNC 装置的 EPROM 中即可。如用 8031 单片机 P1 口的 P1.0、P1.1、P1.2 三个引脚经过光电隔离、放大后，分别与步进电动机的三相绕组 A、B、C 相连接。当采用三相六拍方式时，电动机的通电顺序为 A→AB→B→BC→C→CA→A→⋯（正转）或 A→AC→C→CB→B→BA→A→⋯（反转）。它们的环形脉冲分配表如表 4 – 2 所示，设某相为高电平时通电。

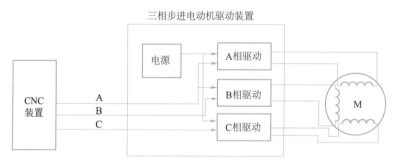

图 4 – 10　软件环形脉冲分配器与 CNC 装置的连接

表 4 – 2　步进电动机三相六拍环形脉冲分配表

控制节拍	导电组	CBA	控制输出内容（16 进制）	方向
1	A	0 0 1	01 H	
2	A，B	0 1 1	03 H	反转
3	B	0 1 0	02 H	↑
4	B，C	1 1 0	06 H	↓
5	C	1 0 0	04 H	正转
6	C，A	1 0 1	05 H	

2）步进电动机驱动电源（功率放大器）

环形脉冲分配器输出的电流一般只有几毫安，而步进电动机的励磁绕组则需几安培甚至几十安培的电流，所以必须经过功率放大。功率放大器的作用是将脉冲分配器发出的电平信号进行功率放大。功率放大器一般由两部分组成，即前置放大器和大功率放大器。前者是为了放大环形脉冲分配器送来的进给控制信号并推动大功率驱动部分而设置的。它一般由几级反相器、射极跟随器或带脉冲变压器的放大器等组成。后者是进一步将前置放大器送来的电平信号放大，送到步进电动机的各相绕组，每一相绕组分别有一组功率放大电路。常用的功率放大电路的控制方式有单电压驱动、高低压驱动、恒流斩波驱动和调频调压驱动等。

单电压驱动电路的优点是线路简单；缺点是电流上升速度慢，高频时带负载能力差。高低压驱动电路的特点是供给步进电动机绕组有两种电压，一种是高电压，一般为 80 V 甚至更高；另一种是低电压，即步进电动机绕组的额定电压，一般为几伏，不超过 20 V。高压建流，低压稳流。该电路的优点是在较宽的频率范围内有较大的平均电流，能产生较大且较稳定的电磁转矩，缺点是电流有波谷。为了使励磁绕组中的电流维持在额定值附近，需采用斩波驱动电路。恒流斩波驱动电路比较复杂，实际应用时，常将它集成化，如 SLA7026M 是一种恒流斩波功率放大芯片。恒流斩波驱动具有绕组的脉冲电流边沿陡、快速响应好、功耗小、效率高、输出恒定转矩的特点。

4.2.3 开环控制步进电动机伺服系统的控制原理

1．工作台位移量的控制

CNC 装置发出 N 个脉冲，经驱动电路放大后，使步进电动机定子绕组通电状态变化 N 次，则步进电动机转过的角度为 $N\theta_s$（θ_s 为步距角），再经减速齿轮、滚珠丝杠之后转变为工作台的位移量，即进给脉冲数量决定了工作台的位移量。

2．工作台运动方向的控制

改变步进电动机输入脉冲信号的循环顺序，即可改变定子绕组中电流的通断循环顺序，从而使步进电动机实现正转或反转，从而控制工作台的进给方向。

思考与练习

一、名词解释

1．步进电动机

2．步距角

3．静态转矩

二、选择题

1．步进电动机在转速突变时，若没加速或减速，会导致电动机（　　）。

A. 发热　　　　　　　B. 不稳定　　　　　　C. 丢步　　　　　　D. 失控

2. 步进电动机的转速与下面哪些因素无关？（　　）

A. 脉冲信号的频率 f 　　　　　　　　　B. 转子齿数 z

C. 通电方式 k 　　　　　　　　　　　D. 定子绕组中的电流大小

3. 步进电动机的转速快慢是通过改变电动机的（　　）而实现的。

A. 脉冲频率　　　B. 脉冲速度　　　C. 通电顺序　　　D. 其他因素

4. 步进电动机所用的电源是（　　）

A. 直流电源　　　B. 交流电源　　　C. 脉冲电源　　　D. 数字信号

5. 数控铣床在进给系统中采用步进电动机，步进电动机按（　　）转动相应角度。

A. 电流变动量　　　B. 电压变化量　　　C. 电脉冲数量　　　D. 功率变化量

6. 步进电动机的角位移与（　　）成正比。

A. 步距角　　　B. 通电频率　　　C. 脉冲当量　　　D. 脉冲数量

7. 步进电动机具有（　　）的特点。

A. 控制简单、惯性小　　　　　　　B. 调速范围宽

C. 输出力矩大　　　　　　　　　　D. 升降速响应快

8. 可用于开环伺服控制的电动机是（　　）。

A. 交流主轴电动机　　　　　　　　B. 永磁宽频调速直流电动机

C. 无刷直流电动机　　　　　　　　D. 功率步进电动机

9. 三相步进电动机采用三相六拍通电方式时步距角为 1.5°，改为三相单三拍时步距角为（　　）。

A. 1.5°　　　　B. 3°　　　　C. 0.75°　　　　D. 1.5°乘传动比

10. 三相步进电动机的步距角是 1.5°，若步进电动机通电频率为 2 000 Hz，则步进电动机的转速为（　　）r/min。

A. 3 000　　　　B. 500　　　　C. 1 500　　　　D. 1 000

三、判断题

（　　）1. 采用细分电路可以提高开环步进式伺服驱动系统的精度。

（　　）2. 步进电动机的环形分配器必须由硬件来实现。

（　　）3. 步进电动机一般用于半闭环的数控机床中。

（　　）4. 步进电动机的转速与指令脉冲的频率无关，而受到电压波动、负载变化及环境因素的影响。

（　　）5. 步进电动机的步距角越大，控制精度越高。

（　　）6. 要改变三相电动机的旋转方向，只要交换任意两相的接线即可。

（　　）7. 步进电动机在输入一个脉冲时所转过的角度称为步距角。

（　　）8. 步进电动机的电源是脉冲电源，不能直接接交流电。

（　　）9. 改变步进电动机输入脉冲频率就能改变步进电动机的转速。

四、填空题

1. 步进电动机的"失步"现象有两种表现形式，即_____和_____。

2. 在步进电动机中，通过改变绕组的_____，可以改变它的旋转方向。

3. 步进电动机是一种将_____转换成_____的特殊电动机。

4. 用于数控机床驱动的步进电动机主要有两类：＿＿＿＿＿＿＿式步进电动机和＿＿＿＿＿＿＿式步进电动机。

5. 一台三相反应式步进电动机，其转子有 40 个齿采用单、双六拍方式。若控制脉冲频率 $f = 1\,000$ Hz，则该步进电动机的转速（r/min）为＿＿＿＿＿＿＿。

6. 如果三相步进电动机按照 A→AB→B→BC→C→CA→⋯ 相序通电时电动机正转，则按照＿＿＿＿＿＿＿＿＿相序通电时步进电动机反转。

7. 三相步进电动机的转子上有 40 个齿，若采用三相六拍通电方式，则步进电动机的步距角为＿＿＿＿＿＿＿。

8. 步进电动机的驱动电路由＿＿＿＿＿＿、＿＿＿＿＿＿和＿＿＿＿＿＿组成。

9. 步进式伺服驱动系统是典型的开环控制系统，在此系统中执行元件是＿＿＿＿＿＿。

五、问答题

1. 简述反应式步进电动机的工作原理。

2. 如何控制步进电动机的转速和输出转角？

3. 步进电动机的主要特性有哪些？

4. 参考表 4 - 1，计算 110BF3 型步进电动机允许的最高运行转速和最高启动转速。

5. 一台三相六拍运行的步进电动机，转子齿数 $Z = 48$，测得脉冲频率为 600 Hz，求：

（1）通电顺序；

（2）步距角和转速。

4.3　直流电动机伺服系统

由功率步进电动机组成的开环进给伺服系统，一些技术性能不能满足数控机床的使用要求。20 世纪 60 年代初期出现了具有可频繁启动、制动和快速定位等特点的小惯量直流伺服电动机，20 世纪 70 年代初出现了具有良好的调速性能、输出转矩大、过载能力强的大惯量直流伺服电动机（又称宽调速电动机）。目前有许多数控机床采用大惯量直流伺服电动机组成的闭环或半闭环进给系统。

4.3.1　直流伺服电动机的结构与工作原理

目前数控机床进给驱动中采用的大惯量直流伺服电动机根据励磁方式不同可分为电磁式和永磁式两种。电磁式按励磁绕组与电枢绕组的连接方式不同，又可分为并励、串励和复励三种。永磁式电动机效率较高且低速时输出转矩较大，应用较广泛。下面以永磁式宽调速直流伺服电动机为例进行分析。

1. 结构

永磁式宽调速直流伺服电动机的结构与普通直流电动机基本相同，不同的是为了满足快速响应的要求，在结构上做得细长些，如图 4 - 11 所示。它由定子和转子两大部分组成，定子包括磁极（永磁体）、电刷装置、机座、机盖等部件；转子通常称为电枢，包括电枢铁芯、电枢绕组、换向器、转轴等部件。反馈用的检测器件有测速发电机、旋转变压器和光电编码器等，检测元件装在电动机转子轴的尾部。

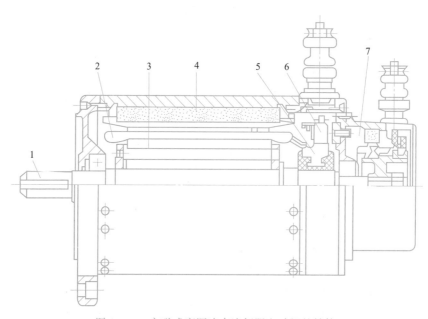

图 4 – 11　永磁式宽调速直流伺服电动机的结构

1—转轴；2—电枢绕组；3—电枢铁芯；4—磁极（永磁体）；

5—换向器；6—电刷；7—低纹波测速机

2．工作原理

定子磁极是一个永久磁体，由此建立磁场，当电流通过电枢绕组（线圈）时，电流与磁场相互作用，产生感应电势、电磁力和电磁转矩，使电枢（转子）旋转。图 4 – 12 所示为永磁式宽调速直流伺服电动机的工作原理示意图。当电刷通以图示方向的直流电时，电枢绕组中任一导体的电流方向如图 4 – 12 所示。当转子转动时，由于电刷和换向器的作用，使得 N 极和 S 极下的导体电流方向不变，即原来在 N 极下的导体只要一转过中性面进入 S 极下的范围，电流就反向；反之，原来在 S 极下的导体只要一转过中性面进入 N 极

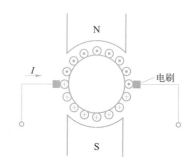

图 4 – 12　永磁式宽调速直流伺服
电动机工作原理示意图

下，电流也马上反向。根据左手定则判定载流导体在磁场中受到的磁力方向可知，图中转子受到顺时针方向力矩的作用，转子做顺时针转动。如果要使转子反转，只需改变电枢绕组的电流方向，即电枢电压的方向。

4.3.2　直流伺服电动机的速度控制方法

当直流电动机的控制电压和负载转矩不变，电动机的电流和转速达到恒定的稳定值时，称电动机处于静态（或稳态）。此时直流电动机所具有的特性称为静态特性，包括机械特性和调节特性。直流电动机的机械特性方程式为

$$n = \frac{U_a}{C_e \Phi} - \frac{R_a}{C_e C_T \Phi^2} T$$

式中，T 为电磁转矩；U_a 为电枢电压；Φ 为主磁通；R_a 为电枢回路总电阻；C_e、C_T 为电势常数和力矩常数；n 为电动机转速。

由上式可知，电动机的调速方法有三种：一是改变电动机的电枢电压；二是改变气隙磁通大小；三是改变电枢回路电阻，即在回路中串联电阻。改变电枢电压调速，启动力矩大，机械特性好，具有恒转矩特性，是直流伺服驱动系统普遍采用的调速方法。调节电枢电压，要求有专门的可控直流电源。目前在数控机床中常使用两种类型的直流电源，一种是晶闸管整流的直流电源，另一种是脉冲宽度调制器。下面介绍由这两种直流电源组成的调速控制系统。

1. 晶闸管—直流电动机调速系统（简称 SCR – M 系统）

晶闸管又称可控硅（Semiconductor Control Rectifier，SCR），是一种大功率半导体器件，由阳极、阴极和控制极（又称门极）组成。当阳极与阴极间施加正电压且控制极出现触发脉冲时，可控硅导通。由晶闸管组成的整流电路是利用触发脉冲改变晶闸管的导通角，从而改变整流电路输出的平均直流电压的。

图 4 – 13 所示为晶闸管—直流电动机调速系统开环控制原理图，这种调速系统通过改变电位器滑动触点的位置控制电动机转速。在图 4 – 13 中，电位器的输出电压 U_g 控制触发脉冲信号的频率，若输出电压 U_g 增大，则触发脉冲信号频率增加，晶闸器的导通角度变大，输出的直流电压 U_d 增大，电动机转速增高；若操作电位器的滑动触点，使输出电压 U_g 减小，则触发脉冲信号频率减小，晶闸器的导通角度变小，输出的直流电压 U_d 减小，电动机转速下降。

图 4 – 13　晶闸管—直流电动机调速系统开环控制原理图

若只通过改变晶闸管触发角来改变直流电动机的转速，当负载转矩增加时，电动机会产生较大的转速降落，即调速特性很软，其调速范围很小。为了满足数控机床的调速范围需求，可采用带有速度反馈的闭环系统。速度检测元件可以是测速发电机，也可是脉冲编码器。图 4 – 14 所示为采用测速发电机的晶闸管—直流电动机调速系统闭环控制原理图。在图 4 – 14 中，CF 是测速发电机，与直流电动机同步旋转。

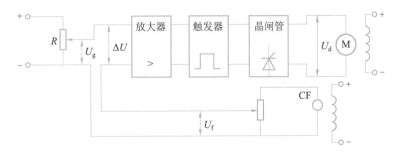

图 4 – 14　晶闸管—直流电动机调速系统闭环控制原理图

增设了转速负反馈环节后，送到放大器的电压不再是电位器的输出电压 U_g，而是与测速反馈电压 U_f 比较后的偏差电压 ΔU，其值 $\Delta U = U_g - U_f$。当直流电动机的转速因某种原因下降时，测速发电机转速同步下降，因为反馈电压值 U_f 与电动机转速成正比，所以 U_f 随之下降。偏差电压 ΔU 因反馈电压 U_f 的下降而升高，使得晶闸管导通角变大，输出电压 U_d 增加，从而使电动机转速自动回升。

实际的调速系统是速度环和电流环所构成的双环调速系统，如图4-15所示。速度环反映速度偏差大小的控制信号，电流环反映主回路电流的电流反馈信号。当电网电压突然降低时，整流器输出电压也随之降低。在电动机转速由于惯性尚未变化之前，首先引起主回路电流减小，然后利用电流调节电路，使触发脉冲前移，从而使整流器输出电压恢复到原来的值，抑制了主回路电流的变化。

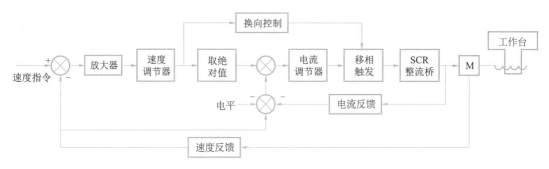

图4-15　双环调速系统框图

2. 脉冲宽度调制器—直流伺服电动机调速系统（简称 PWM-M 系统）

脉冲宽度调速，是利用脉冲宽度调制器对大功率晶体管开关放大器的开关时间进行控制，将直流电压转换成某一频率的方波电压，加到直流电动机的电枢两端，通过对方波脉冲宽度的控制，改变电枢两端的平均电压，从而达到调节电动机转速的目的。在 PWM 调速系统中有两个主要的组成部分，一是 PWM 的主回路（即晶体管脉宽放大电路），另一部分是控制回路（脉宽调制器）。其工作原理是脉宽调制器在输入信号 U_R（速度指令电压）的作用下，产生幅值恒定、宽度可变的矩形脉冲信号，再用此信号作为晶体管放大器的输入信号，实现对放大器输出电压，即电枢电压的控制。

1）PWM 的主回路

PWM 主回路有 T 型可逆与不可逆电路及 H 型可逆电路。在数控机床进给直流伺服电动机驱动中常采用 H 型电路。图4-16所示为 H 型倍频 PWM 主电路及波形，它实际上是一个双向开关电桥的工作原理图。功率放大器中的大功率晶体管工作在开关状态下，开关频率保持恒定，用调整开关周期内晶体管导通时间（即改变基极调制脉冲宽度）的方法来改变输出，从而使电动机获得脉宽受调制脉冲控制的电压。电枢电压以方波的形式存在，由于频率高及电感的作用，其为波动很小的直流电压（平均电压）。在图4-16中，四个大功率晶体管 V1~V4 组成电桥。如果在 V1 和 V4 的基极加上正脉冲的同时，在 V2 和 V3 的基极加上负脉冲，这时 V1 和 V4 导通，V2 和 V3 截止，电流沿 $+U_D \rightarrow V1 \rightarrow M \rightarrow V4 \rightarrow$ 电源接地端的路径流通，此时电动机正转。如果在 V1 和 V4 的基极加上负脉冲的同时，在 V2 和 V3 的基极加上正脉冲，这时 V1 和 V4 截止，V2 和 V3 导通，电流沿 $+U_D \rightarrow V3 \rightarrow M \rightarrow V2 \rightarrow$ 电源接地端的路径流通，此时电动机反转。电枢电压 U 由速度控制信号 U_n^* 控制。一方面改变控制信号 U_n^* 的大小，即可改变方波电压 U 的宽度，从而改变电枢电压的平均值，达到调速的目的；另一方面，改变速度给定信号的正、负，即改变方波电压的极性，达到电动机正、反转控制的目的。

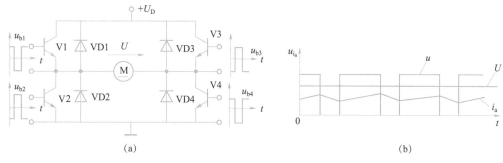

(a)   (b)

图 4 – 16　H 型倍频 PWM 主电路及波形

（a）主电路；（b）电枢电压及电流波形

2）PWM 的控制回路

PWM 控制回路的作用就是要获得与速度给定信号 U_n^* 成比例的脉冲宽度。图 4 – 17 所示为转速、电流双闭环 PWM 控制电路，电路中，截流保护的目的是防止电动机过载时流过功率晶体管或电枢的电流过大。逻辑延时电路可保证上下两个晶体管在一个晶体管发出关断脉冲后延时一段时间，再向另一个晶体管发出开通脉冲，防止上、下两个晶体管直通而使电源正负极短路。

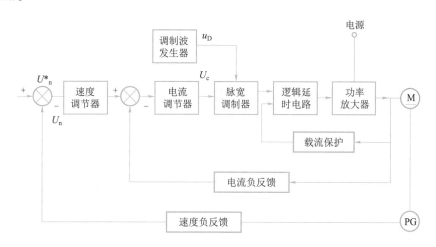

图 4 – 17　转速、电流双闭环 PWM 控制电路

为了向功率晶体管基极提供一个宽度可由速度给定信号调节且与之成比例的脉宽电压，需要一种电压—脉冲变换装置，该装置称为脉宽调制器。脉宽调制器的调制信号通常有锯齿波和三角波，它们由调制波发生器产生。

3．SCR – M 调速系统和 PWM – M 调速系统的特点

PWM – M 调速系统和 SCR – M 调速系统相比较，有以下优点。

（1）PWM – M 调速系统用工作于开关状态的晶体管放大器作为功率输出级，电路中的

晶体管仅工作在两种状态，即饱和导通和截止状态。饱和导通时管压降很小，截止时漏电流很小，因此晶体管上的功率损耗主要发生在饱和导通与截止的过渡过程中，而此过渡过程的时间很短，因此，可使功率输出级的功率损耗很小，并且这个损耗在输出电压最高和最低时都是一样的，这便大大改善了输出级晶体管在低速情况下的工作条件。

（2）晶体管的开关频率可以选得较高，这样仅靠电枢的滤波作用就可以获得脉动很小的直流电流，电枢电流就容易连续，使低速平滑、稳定，因此调速比可以做得很大。由于输出波形比晶闸管调速系统好，所以在相同的平均电流即相同的输出转矩下，电动机的损耗和发热较小。

（3）由于开关频率高，若与快速响应的电动机相配合，则系统可以获得很宽的频带，因此系统的快速响应好，动态抗负载干扰的能力强。由于具有响应快，无滞后和惯性的特点，所以特别适用于可逆运行，以满足频繁启、制动的高速定位控制和连续控制系统的要求。

但与晶闸管相比，功率晶体管不能承受高峰电流，过载能力低，因此 PWM 调速适用于数控机床进给直流伺服电动机的驱动。

思考与练习

一、选择题

1. 直流伺服电动机主要采用（　　）换向，以获得优良的调速性能。

A. 电子式　　　　　B. 数字式　　　　　C. 机械式　　　　　D. 脉冲式

2. 下列伺服电动机中，带有换向器的电动机是（　　）。

A. 永磁宽带调速直流电动机　　　　　B. 永磁同步电动机

C. 反应式步进电动机　　　　　　　　D. 混合式步进电动机

3. 交、直流伺服电动机和普通交、直流电动机的（　　）。

A. 工作原理及结构完全相同　　　　　B. 工作原理相同但结构不同

C. 工作原理不同但结构相同　　　　　D. 工作原理及结构完全不同

三、判断题

（　　）永磁式直流伺服电动机具有高的额定转速和低的惯量，需经过中间传动装置才能与丝杠相连。

四、填空题

1. 数控机床大惯量直流伺服电动机的特点是_____。

2. 直流电动机转速的调整方法有三种：_____；_____；_____。

3. 直流伺服电动机按定子磁场产生方式可分为_____和_____。

4. 直流伺服电动机按电枢的结构与形状可分为_____、_____和_____等。

4.4 交流电动机伺服系统

直流电动机具有优良的调速性能，在要求调速性能高的场合，直流伺服电动机调速系统的应用占据着主导地位。但直流伺服电动机的电刷和换向器容易磨损，需经常维护；换向器换向时会产生火花，使电动机的最高转速受到限制，也使应用环境受到限制；直流伺服电动机的结构复杂，制造困难，制造成本高。近年来，随着大功率半导体、变频技术、现代控制理论以及微处理器等大规模集成电路技术的进步，交流调速有了飞速的发展，交流电动机的调速驱动系统已发展为数字化，使得交流伺服电动机在数控机床上得到了广泛的应用，并有取代直流伺服电动机的趋势。在进给伺服系统中，大多数采用同步型交流伺服电动机，它的转速是由供电频率所决定的，即在电源电压和频率不变时，其转速恒定不变。由变频电源供电时，能方便地获得与电源频率成正比的可变转速，可得到非常硬的机械特性及宽的调速范围。近年来，永磁材料的性能不断提高，促进了永磁伺服电动机在数控机床中的应用。

4.4.1 交流伺服电动机的结构与工作原理

1. 结构

永磁同步交流伺服电动机的结构如图 4-18 所示，主要由定子、转子和检测元件组成。定子内侧有齿槽，槽内装有三相对称绕组，其结构与普通交流电动机的定子类似。定子上有通风孔，定子的外形多呈多边形，且无外壳以利于散热。转子主要由多块永久磁铁和铁芯组成，这种结构的优点是极数多、气隙磁通密度较高。

2. 工作原理

永磁同步交流伺服电动机的工作原理如图 4-19 所示。当三相定子绕组中通入三相交流电源后，就会产生一个旋转磁场，该磁场以同步转速 n_s 旋转。设转子为两极永久磁铁，定子的旋转磁场用一对磁极表示，由于定子的旋转磁场与转子的永久磁铁的磁力作用，即根据两

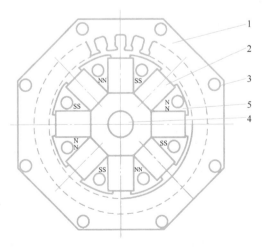

图 4-18 永磁同步交流伺服电动机的结构

1—定子；2—永久磁铁；3—轴向通风孔；4—转轴；5—铁芯

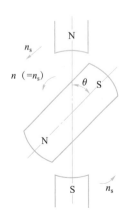

图 4-19 永磁同步交流伺服
电动机的工作原理

磁极同性相斥、异性相吸的原理，定子旋转磁极吸引转子永久磁极，并带动转子一起同步旋转。当转子加上负载转矩后，转子轴线将落后定子旋转磁场轴线一个 θ 角。当负载减小时，θ 也减小；当负载增大时，θ 也增大。只要负载不超过一定限度，转子始终跟着定子的旋转磁场以恒定的同步转速旋转。同步转速为

$$n = \frac{60f}{p}$$

式中，f 为电源频率；p 为磁极对数。

当负载超过一定限度后，转子不再按同步转速旋转，甚至可能不转。这就是同步交流伺服电动机的失步现象，这个最大限度的负载转矩称为最大同步转矩。因此，使用永磁同步电动机时，负载转矩不能大于最大同步转矩。

4.4.2 交流伺服电动机的速度控制方法

由同步转速公式可知，永磁式交流同步转速与电源的频率存在严格的对应关系，即在电源电压和频率不变时，它的转速恒定不变。当由变频电源供电时，能方便地获得与电源频率成正比的可变转速。改变电源频率 f，可均匀地调节转速，但在实际应用中，只改变电源频率 f 是不够的，因为当旋转磁场以同步转速切割定子绕组时，在每相绕组中产生的感应电动势为

$$E = 4.44 K_1 f N \Phi_m \approx U$$

在定子电压 U 不变时，随着电源频率 f 的增大，气隙磁通 Φ_m 将减小。在一般电动机中，Φ_m 值通常是在工频额定电压的运行条件下确定的，为了充分地利用电动机铁芯，都把磁通量选取在接近饱和的数值上。如果在调速过程中，频率从工频往下调节，则 Φ_m 上升，导致铁芯过饱和而使励磁电流迅速上升，从而使铁芯过热、功率因数下降，电动机带负载能力降低。因此，必须在降低频率的同时，降低电压，以保持 Φ_m 不变，这就是恒磁通变频调速。

因此，交流电动机的变频调速控制兼有调频和调压的功能，并且根据电动机所带负载的特性，有恒转矩调速、恒功率调速和恒最大转矩调速等控制方式。为实现同步型交流伺服电动机的调速控制，其主要环节是能为交流伺服电动机提供变频电源的变频器，它的作用是将 50 Hz 的交流电变换成频率连续可调（如 0~400 Hz）的交流电源。

1. 变频器的类型

变频器可分为"交—交"型和"交—直—交"型两类。前者又称为直接式变频器，这种变频器不经中间环节，直接将工频交流电变换成频率可调的交流电压，效率高、工作可靠，但频率的变换范围有限，多用于低频、大容量的调速。后者又称为间接变频器，这种变频器先将工频交流电整流成直流电压，再经变频器变换成频率可调的交流电压。间接变频器需两次电能的变换，所以效率低，但频率变化范围不太受限制，目前已成为交流电动机变频调速的典型方法。

"交—直—交"型变频器由顺变器、中间环节和逆变器三部分组成。顺变器的作用是将交流电转换成可调直流电，作为逆变器的直流供电电源。而逆变器是将可调直流电变为调频调压的交流电，采用脉冲宽度调制（PWM）逆变器来完成。逆变器有晶体管和晶闸管之分。目前，在数控机床中多采用晶体管逆变器。脉冲宽度调制方法很多，其中正弦波脉冲宽度调

制（SPWM）方法应用较广泛。

2. 正弦波脉宽调制变频控制器

SPWM 变频器的工作原理示意如图 4 – 20 所示。把一个正弦波分成 n 等分，例如 $n = 12$，每等分可用一个矩形脉冲等效。所谓等效是指在相应的时间间隔内，每等分正弦波曲线和横轴所包围的面积与矩形脉冲的面积相等，这样可得到 n 个等高不等宽的脉冲序列。这种用相等时间间隔正弦波的面积调制的脉冲宽度称为正弦波脉冲宽度调制（SPWM）。对于负半周也可相应处理。如果正弦波的幅值改变，则与其等效的各等高矩形脉冲的宽度也相应改变。显然，单位时间内脉冲数越多，等效的精度越高，输出越接近正弦波。

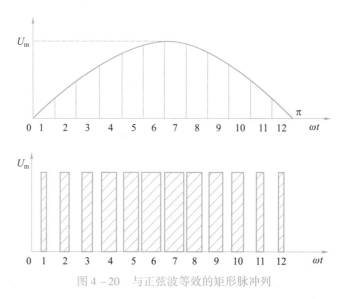

图 4 – 20 与正弦波等效的矩形脉冲列

SPWM 波形可利用计算机技术产生，即对给定的正弦波用计算机算出相应脉冲宽度，通过控制电路输出相应波形，或用专门集成电路芯片（如 HEF4752、SLE4520 等）产生；也可采用模拟电路以"调制"理论为依据产生，其方法是以正弦波为调制波对等腰三角波为载波的信号进行"调制"。SPWM 调制有单极性和双极性两种形式。调制电路可采用电压比较放大器，这里需要三路以上产生三相 SPWM 波形，其原理框图如图 4 – 21 所示。

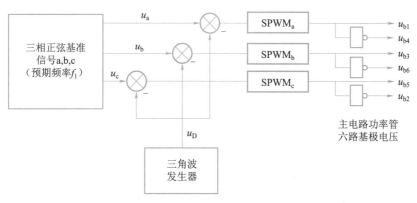

图 4 – 21 三相 SPWM 控制电路原理框图

双极性脉宽调制方法的特征是控制信号与载波信号均为双极性信号。在双极性 SPWM 方法中，所使用的正弦波控制信号为变频变幅的三相对称普通正弦波 u_a、u_b、u_c，其载波信号 u_t 为双极性三角波，如图 4 – 22（a）所示。结合图 4 – 23 双极型 SPWM 通用型主回路，以 u 相为例，其调制规律为：不分正负半周，只要 $u_a < u_t$，就导通 VT1、封锁 VT4；只要 $u_a > u_t$，就封锁 VT1，导通 VT4。双极性 SPWM 调制波形如图 4 – 22（b）所示。

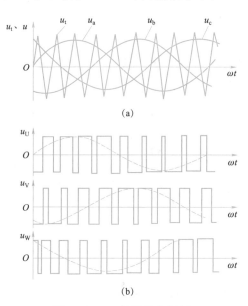

(a)

(b)

图 4 – 22　双极性脉宽调制

（a）控制信号正弦波和载波；（b）SPWM 调制输出波形（虚线部分为等效正弦波）

在图 4 – 23 中，VT1 ~ VT6 为六个大功率晶体管，并各有一个二极管与之反向并联，作为续流用。来自控制电路的 SPWM 波形作为驱动信号加在各功率管的基极上，控制 6 个大功率管的通断。当逆变器输出需要升高电压时，只要增大正弦波相对三角波的幅值，这时逆变器输出的矩形脉冲幅值不变而宽度相应增大，从而达到调压的目的。当逆变器的输出需要变频时，只要改变正弦波的频率即可。

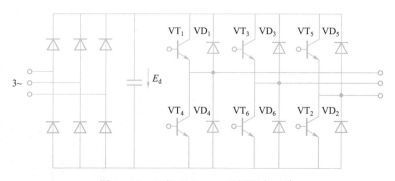

图 4 – 23　双极型 SPWM 通用型主回路

SPWM 变频器结构简单，电网功率因数接近 1，且不受逆变器负载大小的影响，系统动态响应快，输出波形好，使电动机可在近似正弦波的交变电压下运行，脉动转矩小，扩展了调速范围，提高了调速性能，由此在数控机床的交流驱动中被广泛应用。

3. 矢量变换控制的 SPWM 调速系统

矢量变换控制是一种新型控制技术。直流电动机能获得优异的调速性能，其根本原因是被控量只有电动机磁场 Φ 和电枢电流 I_a，且这两个量是相互独立的。此外，电磁转矩 T 与磁通 Φ 和电枢电流分别成正比关系。然而，交流电动机却不一样，其定子与转子间存在着强烈的电磁耦合关系。如果能够模拟直流电动机，求出交流电动机与之对应的磁场与电枢电流，分别独立地加以控制，就会使交流电动机具有与直流电动机近似的优良特性。为此，必须将三相交变量（矢量）转换为与之等效的直流量（标量），建立起交流电动机的等效数学模型，然后按直流电动机的控制方法对其进行控制。矢量变换控制调速系统应用了适于处理多变量系统的现代控制理论及坐标变换和反变换等数学工具，利用"等效"的概念，将三相交流电动机的输入电流变换为等效的直流电动机中彼此独立的电枢电流和励磁电流，然后像直流电动机一样，通过对这两个量的控制，实现对电动机的转矩控制；再通过相反的变换，将被控制的等效直流电动机还原为三相交流电动机，那么，三相交流电动机的调速性能就完全体现了直流电动机的调速性能。这就是矢量变换控制的基本构思。

矢量变换控制的 SPWM 调速系统，是将通过矢量变换得到相应的交流电动机的三相电压控制信号，作为 SPWM 系统的给定基准正弦波来实现对交流电动机的调速。

由电动机上的转子位置检测装置（如光电编码器）测得转子角位置 θ，经正弦信号发生器可得三个正弦波位置信号分别为

$$a = \sin\theta$$
$$b = \sin(\theta - 120°)$$
$$c = \sin(\theta + 120°)$$

用这三个正弦波位置信号去控制定子绕组的电流，使得

$$i_u = I\sin\theta$$
$$i_v = I\sin(\theta - 120°)$$
$$i_w = I\sin(\theta + 120°)$$

式中，I 为定子交流电流幅值。

交流永磁同步电动机转矩表达式为

$$T = KI\Phi$$

式中，K 为比例系数；Φ 为有效磁通。

转矩表达式与直流电动机的转矩表达式一样，不同的是，直流电动机转矩正比于电枢电流，而交流永磁同步电动机的转矩正比于定子交流的幅值。图 4-24 所示为交流永磁同步电动机矢量变频控制原理图。

在图 4-24 中，速度指令 U_n^* 与速度反馈信号 U_n 经比较后通过速度调节器 ASR 输出转矩指令 T^*，T^* 与电流幅值指令 I^* 成正比，指令 I^* 在交流电流指令发生器中与正弦位置信号相乘，输出交流电流指令 i_u^*、i_v^* 和 i_w^*，再通过电流调节器 ACR 得到 u_u^*、u_v^* 和 u_w^* 电压指令，然后经 SPWM 控制及驱动电路中的六个大功率晶体管。

交流电流指令获得的方法是将转子位置 θ 数据作为地址输入到存有正弦位置信号的 ROM 地址中，经正弦波发生器，得到三个正弦波位置信号 a、b、c，和电流幅值指令 I^* 相乘，即得到交流电流指令。

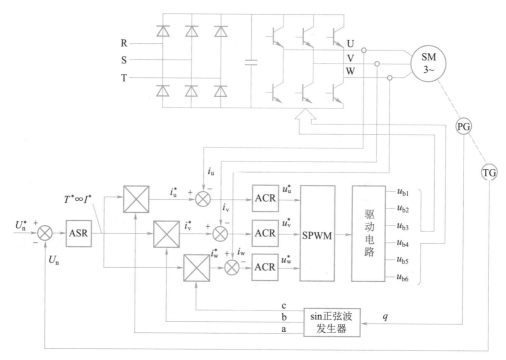

图 4 – 24　交流永磁同步电动机矢量变频控制原理图

思考与练习

一、选择题

1. 交流伺服电动机正转时，若控制信号消失，则电动机将会（　　）。

A. 立刻停止转动　　　　　　　　B. 以原转速继续转动

C. 转速逐渐加大　　　　　　　　D. 转速逐渐减小

2. 闭环伺服系统工程使用的执行元件是（　　）。

A. 直流伺服电动机　　　　　　　B. 交流伺服电动机

C. 步进电动机　　　　　　　　　D. 电液脉冲电动机

3. 下列分类中，不属于交流伺服驱动系统驱动的电动机是（　　）。

A. 无刷电动机　　　　　　　　　B. 交流永磁同步电动机

C. 步进电动机　　　　　　　　　D. 笼型异步电动机

4. 当交流伺服电动机正在旋转时，如果控制信号消失，则电动机将会（　　）。

A. 立即停止转动　　　　　　　　B. 以原转速继续转动

C. 转速逐渐加大　　　　　　　　D. 转速逐渐减小

二、判断题

（　　）1. 从减小伺服驱动系统的外形尺寸和提高可靠性的角度来看，采用直流伺服驱动比采用交流伺服驱动更合理。

（　　）2. 伺服系统的执行机构常采用直流或交流伺服电动机。

（　　）3. 异步型交流伺服电动机由变频电源供电时，可方便地获得与频率成正比的可变转速。

（　　）4. 数控机床的伺服系统多采用感应式（或异步式）交流伺服电动机。

三、填空题

1. 交流伺服电动机可分为_____和_____。

2. 同步型交流伺服电动机可分为_____、_____等多种类型。

3. 交流伺服电动机的速度控制可分为_____和_____。

4. 交流伺服电动机的控制方式有 3 种，分别是_____、_____和_____。

四、简答题

1. 三相交流永磁同步伺服电动机如何进行调速？

2. SPWM 指的是什么？控制正弦波与三角调制波经 SPWM 后，输出的信号波形是什么形式？请分析该波形经六个大功率晶体管驱动后，为何具有三相正弦交流电的特性。

 本章小结

本章作为本教材的主体内容之一，主要是让学生掌握伺服系统的驱动与执行功能以及电动机在数控机床上的应用。其主要内容有数控机床中伺服系统的组成分类以及对它的要求；步进电动机的结构、工作原理、特点及其选用；交、直流伺服电动机的结构、工作原理、特点及其选用。

第5章　数控机床的典型机械结构

教学提示:

本章主要介绍数控机床各主要组成部件的典型机械结构的性能要求与特点、结构组成和工作原理、调整与维护及各部件与机构的分类等。重点介绍数控机床的主轴系统、进给传动系统和机床支承件的典型机械结构。

教学要求:

通过本章学习，在数控机床的主轴系统中要了解对主轴的要求，熟悉主轴的传动方式、主轴支承结构、原理及其选用与调整；了解主轴的主轴准停装置和主轴内刀具的自动卡紧装置；了解数控机床进给传动系统齿轮传动装置的调整方法；熟悉滚珠丝杠螺母副与静压丝杠螺母副的特点和工作原理，各种类型导轨的特点、结构和工作原理；了解数控机床支承件的要求、各种数控机床的床身结构和立柱结构。

本章知识导读:

从本质上讲，数控机床与普通机床一样，也是一种将金属材料切削加工成各种不同零件的设备。因此，在许多场合，普通机床的结构模式仍然适用于数控机床。早期的数控机床，包括目前部分改造、改装的数控机床，就是通过对普通机床的进给系统进行革新、改造而形成的。

然而随着现代制造业的迅速发展，现代数控机床的机械结构必须从对普通机床局部改进的方法、思路中走出来，逐步发展形成自己独特的结构特点；只有这样才能适应数控机床高性能、高精度、高速度、高柔性化和模块化的发展趋势；满足现代制造业对生产效率、加工精度和安全环保等方面的要求。

5.1　数控机床的机械结构概述

5.1.1　数控机床机械结构的主要组成

数控机床是按照预先编好的程序进行加工的，在加工过程中不需要人工干预，故要求数控机床的结构精密、完善且能长时间稳定可靠的工作，以满足重复加工过程。随着数控机床的发展，对数控机床的生产率、加工精度和使用寿命提出了更高的要求。传统机床的某些基本结构限制着数控机床技术性能的发挥，因此，现代数控机床在机械结构上有许多地方与普通机床存在着显著不同。

数控机床的机械结构仍然继承了普通机床的构成模式，其零部件的设计方法也同样类似于普通机床。但近年来，随着进给驱动、主轴驱动和 CNC 的发展，为适应高生产效率的需要，现今的数控机床有着独特的机械结构，除机床基础件外，主要由以下各部分组成。

（1）主传动系统。

（2）进给传动系统。

（3）实现某些部件动作与辅助功能的系统和装置，如液压、气动、润滑、冷却等系统，排屑、防护等装置，刀架和自动换刀装置，自动托盘交换装置。

（4）特殊功能装置，如刀具破损监控装置，对刀仪、精度检测和监控装置等。机床基础件通常是指床身、底座、立柱、横梁、滑座、工作台等，它们是整台机床的基础和框架。机床的其他零部件固定在基础件上，或工作时在其导轨上运动。

5.1.2 数控机床机械结构的特点

为了保证高精度、高效率的加工，数控机床的结构应具有以下特点并达到以下要求。

1. 高刚度

因为数控机床要在高速、重切削条件下工作，因此数控机床的床身、工作台、主轴、立柱、刀架等主要部件，均需有很高的刚度，工作中应无变形和振动。例如，床身各部分合理分布加强肋，以承受重载与重切削力；主轴在高速下运转，应具有较高的径向转矩和轴向推力；工作台与拖板应具有足够的刚性，以承受工件质量，并使工作平稳；刀架在切削加工中应平稳而无振动等；接触刚度也应受到足够重视，主轴轴承、滚动导轨、滚珠丝杠副等必须进行预紧，以加大实际受力面积。

2. 高灵敏度

数控机床在自动状态下工作，精度要求比普通机床高，因而运动部件应具有高灵敏度。导轨部件通常采用滚动导轨、塑料导轨和静压导轨等，以减少摩擦力，在低速运动时无爬行现象。数控机床的工作台、刀架等部件的移动，由步进、直流或交流伺服电动机驱动，经滚珠丝杠传动。主轴既要在高刚度、高速下回转，又要有高灵敏度，因而多数采用滚动轴承和静压轴承。

3. 高抗振性

数控机床的一些运动部件，除了应具有高刚度、高灵敏度外，还应具有高抗振性。在高速、重切削情况下应无振动，以保证加工工件的高精度和低表面粗糙度。另外，特别要避免切削时的谐振。

4. 热变形小

为保证部件的运动精度，要求数控机床的主轴、工作台、刀架等运动部件的发热量小，以防止产生热变形。

5. 高精度保持性

在高速、强力切削下满载工作时，为保证数控机床长期具有稳定的加工精度，要求数控机床具有较高的精度保持性，故要正确选择有关零件的材料，防止使用中的变形和快速磨损。另外还要采取一些工艺性措施，如淬火、磨削导轨、粘贴抗磨塑料导轨等，以提高运动部件的耐磨性。

6. 高可靠性

数控机床在连续工作条件下要有较高的可靠性。数控机床要最大限度地预防运动部件、频繁动作的刀库和换刀机构等部件的故障，以便使数控机床能长期而可靠地工作。

思考与练习

一、判断题

（　　）1. 为减小摩擦、消除传动间隙和获得更高的加工精度，更多地采用了高效传动部件，如滚珠丝杠副和滚动导轨、消隙齿轮传动副等。

（　　）2. 刚度不是影响机床抗振性的重要因素。

（　　）3. 为适应连续的自动化加工和提高加工生产率，数控机床机械结构具有较高的静、动态刚度和阻尼精度，以及较高的耐磨性，而且热变形小。

（　　）4. 为了改善劳动条件、减少辅助时间、改善操作性、提高劳动生产率，采用了刀具自动夹紧装置、刀库与自动换刀装置及自动排屑装置等辅助装置。

（　　）5. 影响机床刚度的主要因素是机床各构件、部件本身的刚度和它们之间的接触刚度。

（　　）6. 机床刚度是机床基本技术性能之一。

二、填空题

1. 数控机床的机械部分一般由_____、_____、基础支承件、辅助装置组成。

2. 数控机床要在高速和重载荷条件下工作，因此，机床的床身、立柱、主轴、工作台、刀架等主要部件，均具有很高的_____，工作中应无_____或_____。

3. 工作台、刀架等部件的移动，由_____驱动，经_____传动，减少了进给系统所需要的驱动扭矩，提高了_____和_____。

4. 为了保证机床部件的运动精度，要求各运动部件的_____要小，以防止热变形。

5. 为提高运动部件的耐磨性，除正确选择材料外，还应采取一些工艺措施，如_____、_____和_____等。

6. 数控机床的机械部分由于采用了高性能的无级变速主轴及伺服传动系统，故传动结构大为简化，传动链也大大_____。

7. 机床刚度根据所受载荷力的不同，可分为_____和_____。

8. 刚度是影响机床_____的重要因素。

9. 数控机床机械结构具有＿＿＿＿＿＿＿、＿＿＿＿＿＿＿、高灵敏度、小的热变形等特点。

三、问答题

1. 简述数控机床机械结构的主要特点。
2. 减少数控机床热变形的措施有哪些？

5.2 数控机床主轴系统

5.2.1 数控机床对主轴系统的性能要求

数控机床主轴系统是数控机床的主运动传动系统，它是数控机床的重要组成部分之一。数控机床主轴运动是机床成形运动之一，它的运动精度、转速范围、传递功率和动力特性，决定了数控机床的加工精度、加工效率和加工工艺能力。数控机床的主轴系统除应满足普通机床主传动要求外，还必须满足以下性能要求。

1. 具有更大的调速范围，并实现无级调速

为了保证在加工时能选用合理的切削用量，充分发挥刀具的性能，要求数控机床主轴系统有更高的转速和更大的调速范围。对于可自动换刀的数控机床，工件一次装夹要完成多个工序的加工，所以为了适应各种工序和各种加工材质的要求，主传动的调速范围还应进一步扩大。

2. 具有较高的精度与刚度，传动平稳，噪声低

数控机床加工精度的提高，与主轴系统的精度密切相关。为此，应提高传动件的制造精度与刚度。例如，齿轮齿面采用高频感应加热淬火增加其耐磨性；最后一级采用斜齿轮传动，使传动平稳；采用高精度轴承及合理的支承跨距等以提高主轴组件的刚性。

3. 具有良好的抗振性和热稳定性

数控机床一般既要进行粗加工，又要进行精加工。加工时由于断续切削、加工余量不均匀、运动部件不平衡以及切削过程中的自激振动等原因引起的冲击力或交变力的干扰，使主轴产生振动，影响加工精度和表面粗糙度，严重时甚至会破坏刀具或工件，使加工无法进行。主轴系统的发热可能导致所有零部件产生热变形，降低传动效率，破坏零部件之间的相对位置精度和运动精度而造成加工误差。因此，要求主轴组件要有较高的固有频率、较好的动平衡、保持合适的配合间隙并进行循环润滑等。

5.2.2 主轴的传动方式

数控机床的主轴传动要求有较大的调速范围，以保证加工时能选用合理的切削用量，从而获得最佳的生产率、加工精度和表面质量。数控机床的变速是按照控制指令自动进行的，因此变速机构必须适应自动操作的要求。大多数数控机床采用无级变速系统，其主轴传动系统主要有以下几种传动方式。

1. 调速电动机直接驱动主轴传动方式

这种传动方式的结构简图如图 5－1（a）所示，主轴传动由电动机直接带动主轴旋转，结构紧凑，大大简化了主轴箱体与主轴的结构，有效地提高了主轴部件的刚度。但主轴的调

速及转矩的输出和电动机的输出特性一致，输出的转矩小，电动机发热对主轴的精度影响较大。数控机床实际连接情况如图 5-1（b）所示。

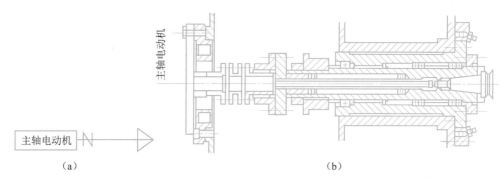

图 5-1　调速电动机直接驱动主轴传动

（a）结构简图；（b）连接示意图

调速电动机一般采用直流或交流主轴伺服电动机实现主轴的无级变速。直流主轴电动机为他励式直流电动机，交流主轴电动机为笼型感应式交流电动机。电动机的输出轴通过精密联轴器直接与主轴连接。

近年来出现了一种新式的内装式电动机主轴（简称电主轴），即主轴与电动机转子合为一体。其优点是主轴组件结构紧凑、质量轻、惯量小，可改善启动、停止的响应特性，并利于控制振动和噪声；缺点是电动机运转产生的热量易使主轴产生热变形。因此，温度控制和冷却是使用内装电动机主轴的关键问题。图 5-2（a）所示为内装式电动机主轴示意简图，图 5-2（b）所示为内装式电动机主轴实形图。内装式电动机主轴的最高转速可达 20 000 r/min。

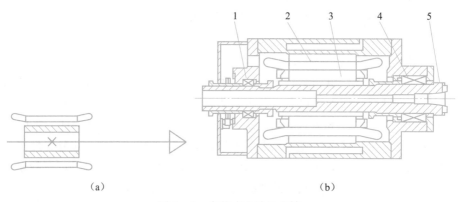

图 5-2　内装式电动机主轴

（a）结构简图；（b）连接示意图

1—后轴承；2—定子；3—转子；4—前轴承；5—主轴

2. 具有变速齿轮的传动方式

这是大、中型数控机床采用较多的一种变速方式，其结构简图如图 5-3 所示，在无级变速的基础上配以齿轮变速，使之成为分段无级调速。通过几对齿轮降速，可扩大调速范围，增大输出扭矩，以满足主轴输出转矩特性的要求。部分小型数控机床也采用这种传动方式，以获得强力切削时所需的转矩。齿轮变速传动方式常用的变速操纵方法有液压拨叉变速和电磁离合器变速两种。

1）液压拨叉变速

图5-4所示为三位液压拨叉的工作原理图，其工作原理如下所述。

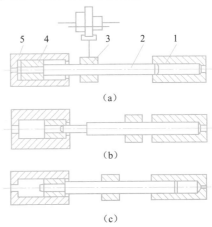

图5-4 三位液压拨叉工作原理图
1，5—液压缸；2—活塞杆；3—拨叉；4—套筒

图5-3 变速齿轮传动方式

（1）当1通油、5卸荷时，滑移齿轮在最左侧，如图5-4（a）所示；

（2）当5通油、1卸荷时，滑移齿轮在最右侧，如图5-4（b）所示；

（3）当1、5同时通油时，套筒仍在最右侧，活塞杆左侧小直径圆柱体顶入套筒内，滑移齿轮在中间位置，如图5-4（c）所示。

液压拨叉变速必须在主轴停车之后才能进行，但停车时拨叉带动齿轮块移动又可能产生"顶齿"现象。因此，常在主传动系统中增设一台微电动机，它在拨叉移动齿轮块的同时带动各传动齿轮做低速回转，使移动齿轮与主动齿轮顺利啮合。液压拨叉变速需附加一套液压装置，将电信号转换为电磁阀动作，再将压力油分至相应液压缸，因而增加了复杂性。

2）电磁离合器变速

电磁离合器是利用电磁效应接通或切断运动的器件，它便于实现自动操纵，并有诸多的系列产品可供选用，因而在自动装置中得到了广泛应用。电磁离合器的缺点是体积大，易使机械件磁化。在数控机床主传动中，使用电磁离合器能简化变速机构，通过安装在各传动轴上离合器的吸合与分离，形成不同的运动组合传动路线以实现主轴变速。在数控机床中常使用无滑环摩擦片式电磁离合器和啮合式电磁离合器（也称为牙嵌式电磁离合器）。

3．通过带传动的传动方式

如图5-5所示，带传动方式主要用于转速较高、变速范围不大的数控机床，其结构简单、安装调试方便，且在一定条件下能满足转速与转矩的输出要求，可避免齿轮传动时引起的振动与噪声。在数控机床上一般采用多楔带和同步齿形带。

1）多联V带

图5-6（a）所示为多联V带。多联V带是一次成形，不会因长度不一致而受力不均，因而承载能力比多根V带（截面积之和相同）高。同样的承载能力，多联V带的截面积比多根V带小，因而质量较轻，耐挠曲性能高，允许的带轮最小直径小，线速度高。多联V带综合了V带和平带的优点，与带轮的接触好，负载分配均匀，运转平稳，振动小，发热少，但在安装时需要较大的张紧力，使主轴和电动机承受较大的径向负载。多联V带有双联

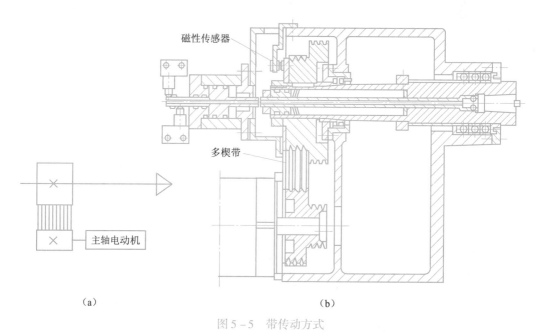

图 5 - 5　带传动方式

（a）结构简图；（b）加工中心主轴带传动结构示意图

和三联两种，每种都有不同的截面，如图 5 - 6（b）～图 5 - 6（d）所示，要根据所传递的功率查有关图表来选择不同规格的截面。

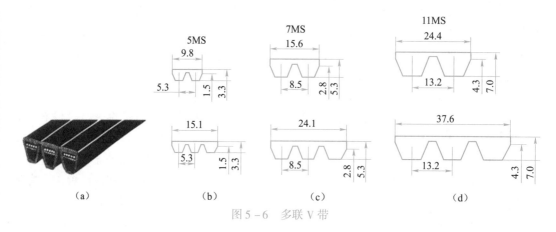

图 5 - 6　多联 V 带

2）同步齿形带传动

如图 5 - 7（a）所示，同步齿形带传动是一种综合了带、链传动优点的新型传动方式。带的工作面及带轮外圆上均制成齿形，通过带轮与轮齿相嵌合，做无滑动的啮合传动。带内采用了承载后无弹性伸长的材料作强力层，以保持带的节距不变，使主、从动带轮可做无相对滑动的同步传动。

与一般带传动相比，同步齿形带传动具有以下优点：无滑动，传动比准确；传动效率高，可达 98% 以上；传动平稳，噪声小；使用范围较广，速度可达 50 m/s，速比可达 10 左右，传递功率由几瓦至数千瓦；维修保养方便，不需要润滑。同步齿形带传动的缺点：安装时中心距要求严格，带与带轮的制造工艺比较复杂，成本高。

同步齿形带根据齿形的不同分为梯形齿和圆弧形齿，如图5-7（c）和图5-7（d）所示。梯形齿同步带在传递功率时由于应力集中在齿根部位，使功率传递能力下降，且与轮齿啮合时受力状况不好，会产生较大的噪声与振动，一般仅在转速不高的运动传动或小功率的动力传动中使用；而圆弧形同步齿形带均化了应力，改善了啮合条件，因此在数控机床上需要用带传动时，总是优先考虑采用圆弧形同步齿形带。

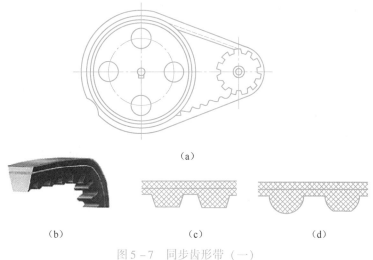

图5-7 同步齿形带（一）

（a）同步齿形带传动；（b）齿形带；（c）梯形齿；（d）圆弧齿

同步齿形带的带轮在结构上与平带带轮基本相似，但在它的轮缘表面需制出轮齿。为防止在工作时齿形带脱落，一般在小带轮两边装有挡边，如图5-8（a）所示；或在带轮的不同侧边上装有挡边，如图5-8（b）所示；当带轮轴垂直安装时，两带轮一般都需要有挡边，或至少主动轮的两侧和从动轮的下侧装有挡边，如图5-8（c）所示。

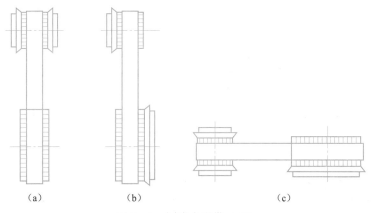

图5-8 同步齿形带（二）

（a）小带轮两边有挡边；（b）带轮的不同侧边上有挡边；（c）两带轮都有挡边

5.2.3 主轴组件

机床的主轴组件是机床的重要部件之一。机床加工时，主轴带动工件或刀具直接参与表面的成形运动中，所以主轴组件的精度、刚度与热变形对加工质量和生产效率等有着重要的影响。主轴组件由主轴、主轴支承、装在主轴上的传动件和密封件等组成。对于具有自动换刀装置的数控机床，为实现刀具在主轴上的自动装卸，还必须有刀具的自动装夹装置、主轴准停装置和主轴孔的清洁装置等结构。

1. 对主轴组件的性能要求

1) 回转精度高

主轴的回转精度是指装配后，在无载荷、低速转动的条件下，主轴安装工件或刀具部位的定心表面（如车床轴端的定心短锥、锥孔，铣床轴端的 7∶24 锥孔等）的径向和轴向跳动。回转精度取决于各主要部件如主轴、轴承、壳体孔等的制造、装配和调整精度。工件转速下的回转精度还取决于主轴的转速、轴承的性能、润滑剂和主轴组件的平衡。

2) 刚度大

主轴组件的刚度是指受外力作用时，主轴组件抵抗变形的能力。主轴组件的刚度越大，主轴受力的变形越小。主轴组件的刚度不足，在切削力及其他力的作用下，主轴将产生较大的弹性变形，不仅会影响工件的加工质量，还会破坏齿轮、轴承的正常工作条件，使其加快磨损、降低精度。主轴部件的刚度与主轴结构尺寸、支承跨距、所选用的轴承类型及配置形式、轴承间隙的调整、主轴上传动部件的位置等有关。

3) 抗振性强

轴组件的抗振性是指切削加工时，主轴保持平稳地运转而不发生振动的能力。主轴组件抗振性差，工作时容易产生振动，不仅会降低加工质量，而且限制了机床生产率的提高，使刀具耐用度下降。提高主轴抗振性必须提高主轴组件的静刚度，常采用较大阻尼比的前轴承，以及在必要时安装阻尼（消振）器，使主轴远远大于激振力的频率。

4) 温升低

主轴组件在运转中，温升过高会引起两方面的不良结果：一是主轴组件和箱体因热膨胀而变形，使得主轴的回转中心线和机床其他件的相对位置发生变化，直接影响加工精度；其次是轴承等元件会因温度过高而改变已调好的间隙和破坏正常润滑条件，影响轴承的正常工作，严重时甚至会发生"抱轴"现象。数控机床在解决温升问题时，一般采用恒温主轴箱。

5) 耐磨性好

主轴组件必须有足够的耐磨性，以便能长期的保持精度。主轴上易磨损的地方是刀具或工件的安装部位以及移动式主轴的工作表面。为了提高耐磨性，主轴的上述部位应该淬硬或者经过氮化处理，以提高其硬度增加耐磨性。主轴轴承也需有良好的润滑，以提高其耐磨性。

2. 主轴组件的类型

主轴组件按运动方式可分为五类。

（1）只做旋转运动的主轴组件。这类主轴组件结构较为简单，如车床、铣床和磨床等的主轴组件即属于这一类。

（2）既有旋转运动又有轴向进给运动的主轴组件，如钻床和镗床等的主轴组件。其中主轴组件与轴承装在套筒内。主轴在套筒内做旋转主运动，套筒在主轴箱的导向孔内做直线进给运动。

（3）既有旋转运动又有轴向调整移动的主轴组件。属于这一类的主轴组件有滚齿机、部分立式铣床等的主轴组件。主轴在套筒内做旋转运动，并可根据需要随主轴套筒一起做轴向调整移动。当主轴组件工作时，用其中的夹紧装置将主轴套筒夹紧在主轴箱内，提高主轴部件的刚度。

（4）既有旋转运动又有径向进给运动的主轴组件。属于这一类的有卧式镗床的平旋盘主轴组件等。当主轴做旋转运动时，装在主轴前端平旋盘上的径向滑块可带动刀具做径向进给运动。

（5）既做旋转运动又做行星运动的主轴组件，如某些新式内圆磨床砂轮主轴组件。

3. 主轴

主轴是主轴组件的重要组成部分。它的结构尺寸和形状、制造精度、材料及其热处理，对主轴组件的工作性能都有很大的影响。主轴结构随主轴系统设计要求的不同而有各种形式。

1）主轴的主要尺寸参数

主轴的主要尺寸参数包括：主轴直径、内孔直径、悬伸长度和支承跨距。评价和考虑主轴主要尺寸参数的依据是主轴的刚度、结构工艺性和主轴组件的工艺适用范围。

（1）主轴直径。主轴直径越大，刚度越高，但使得轴承和轴上其他零件的尺寸相应增大。轴承的直径越大，同等级精度轴承的公差值也越大，要保证主轴的旋转精度就越困难，且极限转速下降。主轴前支承轴颈的直径可根据主电动机功率和机床种类进行初估，主轴后端支承轴颈的直径可为 0.7~0.8 的前支承轴颈直径值，前、后轴颈的差值越小，则主轴的刚度越高，工艺性能也越好。主轴直径的实际尺寸要在主轴组件结构设计时确定。

（2）主轴内孔直径。主轴的内孔可用来通过棒料，用于通过刀具夹紧装置固定刀具、传动气动或液压卡盘等。主轴孔径越大，可通过的棒料直径也越大，机床的使用范围就越广，同时主轴的质量也越轻。主轴的孔径大小主要受主轴刚度的制约，为保证主轴的刚度，一般取主轴的孔径与主轴直径之比为 0.3~0.5。

（3）悬伸长度。主轴的悬伸长度对主轴的刚度影响很大，悬伸长度越短，则主轴刚度越大。主轴的悬伸长度与主轴前端结构的形状尺寸、前轴承的类型、组合形式和轴承的润滑与密封有关。

（4）主轴的支承跨距。主轴组件的支承跨距对主轴刚度和支承刚度均有很大的影响。主轴的支承跨距存在着最佳跨距，此时可使主轴组件前端位移最小。机床的主轴组件由于受结构限制以及要保证主轴组件的重心落在两支承点之间，实际的支承跨距要大于最佳跨距。

2）主轴轴端结构

主轴的轴端用于安装夹具和刀具。要求夹具和刀具在轴端定位精度高，连接定位刚度好，装卸方便，同时使主轴悬伸长度短等。主轴端部结构形状都已标准化。图 5-9 所示为车、铣、磨三种主要数控机床主轴轴端的结构形式。

4. 主轴支承

1）主轴轴承

主轴轴承是主轴组件的重要组成部分，它的类型、结构、配置、精度、安装、调整、润滑和冷却都会直接影响主轴组件的工作性能。主轴轴承按所承受的载荷可分为径向轴承、推力（轴向）轴承和径向推力轴承。在数控机床上常用的主轴轴承有滚动轴承和滑动轴承。

（1）滚动轴承。滚动轴承摩擦阻力小，可以预紧，润滑维护简单，能在一定的转速范围和载荷变动下稳定地工作，有专业化工厂生产，选购维修方便。但与滑动轴承相比，滚动轴承的噪声大，滚动体数目有限，刚度是变化的，抗振性略差并且对转速有很大的限制。由

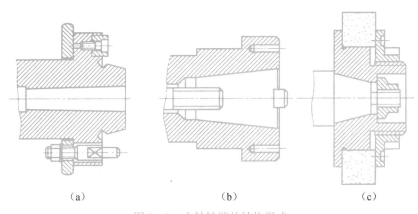

（a）　　　　　　　　　（b）　　　　　　　　　（c）

图 5 - 9　主轴轴端的结构形式

（a）车床主轴端部；（b）镗、铣床主轴端部；（c）磨床主轴端部

于滚动轴承有许多优点，加之制造精度的提高，在一般情况下，数控机床应尽量采用滚动轴承。只有当要求加工表面粗糙度数值很小、主轴又是水平的机床时，才用滑动轴承，或者主轴前支承用滑动轴承，后支承和推力轴承用滚动轴承。

　　滚动轴承根据滚动体的结构分为球轴承、圆柱滚子轴承和圆锥滚子轴承等。线接触的滚子轴承比点接触的球轴承刚度高，但在一定温升下允许的转速较低。圆锥滚子轴承由于滚子大端面与内圈挡边之间为滑动摩擦，发热较多，故转速受到限制。

　　为了降低温升，提高转速，可以使用空心滚子轴承。这种轴承用整体保持架，把滚子之间的空隙占满，润滑油被迫从滚子的中孔通过，冷却滚子，从而可以降低温升，提高转速。但是这种轴承必须用油润滑，而不能采用脂润滑。用油循环润滑带来了回油和漏油问题，特别是立式主轴和装在套筒内的主轴这个问题更难解决，因此限制了它的使用。

　　主轴轴承主要根据精度、刚度和转速来选择。在数控机床上常见的主轴轴承如图 5 - 10 所示。下面简述几种常用的数控机床主轴轴承的结构特点及适用范围。

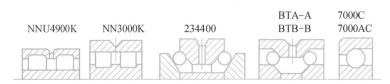

图 5 - 10　常用的主轴轴承

　　① 双列圆柱滚子轴承。图 5 - 11 所示为双列圆柱滚子轴承，其内孔为 1：12 的锥孔，与主轴的锥形轴颈相配合，轴向移动内圈可把内圈胀大，以消除间隙或预紧。这种轴承只能承受径向载荷，多用于载荷较大、刚度要求较高、中等转速的地方。

　　图 5 - 11（a）所示为特轻型双列圆柱滚子轴承，轴承代号为 NN3000K（旧代号为 3182100）系列，其滚道挡边开在内圈上，滚动体、保持架与内圈成为一体，外圈可分离。

　　图 5 - 11（b）所示为超轻型双列圆柱滚子轴承，轴承代号 NNU4900K（旧代号 4482900）系列，其滚道挡边开在外圈上，滚动体、保持架与外圈成为一体，内圈可分离，可将内圈装上主轴后再精磨滚道，以便进一步提高精度。同样孔径下，超轻型比特轻型的外径小些。

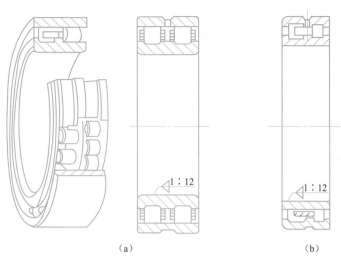

图 5 – 11　双列圆柱滚子轴承

（a）特轻型双列圆柱滚子轴承；（b）超轻型双列圆柱滚子轴承

② 双向推力角接触球轴承。如图 5 – 12 所示，这种轴承用于承受轴向载荷，一般与双列圆柱滚子轴承相配套使用。轴承由左、右内圈 1 和 5，外圈 3，左、右两列滚珠 2 和 4，保持架和隔套 6 组成。修磨隔套 6 的厚度就能消除间隙和预紧。它的公称外径与同孔径的双列圆柱滚子轴承相同，但外径公差带在零线的下方，与壳体之间有间隙，故不承受径向载荷，专作推力轴承使用。其接触角有 60°的，编号为 234400。

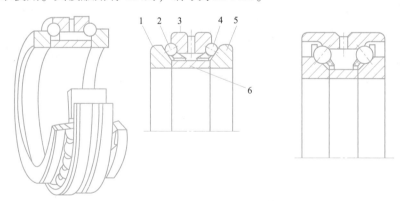

图 5 – 12　双向推力角接触球轴承

1—左内圈；2—左滚珠；3—外圈；4—右滚珠；5—右内圈；6—隔套

推力轴承应安装在主轴前支承内，原因是数控机床的坐标原点常设定在主轴前端。为了减少热膨胀造成的坐标原点位移，应尽量缩短坐标原点至推力轴承之间的距离。

③ 角接触球轴承。如图 5 – 13 所示，这种轴承既可以承受径向载荷，又可承受轴向载荷，多用于高速主轴，随接触角的不同有所区别。常用的接触角有两种：$\alpha = 25°$ 和 $\alpha = 15°$。其中 $\alpha = 25°$ 的轴向刚度较高，但径向刚度和允许的转速略低，多用于车、镗、铣加工中心等主轴；$\alpha = 15°$ 的转速可更高些，但轴向刚度较低，常用于轴向载荷较小、转速较高的磨床主轴或不承受轴向载荷的车、镗、铣主轴后轴承。在 $\alpha = 25°$ 的角接触球轴承中，属特轻型的代号为 7000AC 型（旧代号为 46100 型），属超轻型的代号为 7190AC 型（旧代号为 46900

型）；在 $\alpha = 15°$ 的角接触球轴承中，属特轻型的代号为 7000C 型（旧代号为 3610 型），属超轻型的代号为 7190C 型（113 代号为 1036900 型）。

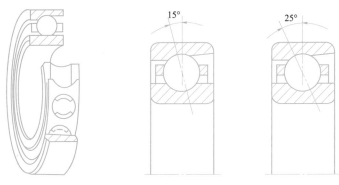

图 5 – 13　角接触球轴承

角接触球轴承的滚动体和滚道间为点接触，刚度较低，为了提高刚度和承载能力，常用多联组配的办法。图 5 – 14（a）～图 5 – 14（c）所示为三种基本组配方式，分别为背靠背、面对面和同向组配，代号分别为 DB、DF 和 DT。这三种组配方式两个轴承都能共同承受径向载荷。背靠背和面对面组配都能承受双向轴向载荷；同向组配则只能承受单向轴向载荷。背靠背与面对面相比，支承点（接触线与轴线的交点）间的距离 AB 前者比后者大，因而能产生一个较大的抗弯矩，即支承刚度较大。运转时，轴承外圈的散热条件比内圈好，因此，内圈的温度将高于外圈，径向膨胀的结果将使轴承的过盈加大。轴向膨胀对于背靠背组配将使过盈减小，于是可以补偿一部分径向膨胀；而对于面对面组配，将使过盈进一步增加。基于上述分析，主轴受有弯矩，又属高速运转，因此主轴轴承必须采用背靠背组配，面对面组配常用于丝杠轴承。在上述三类组配的基础上，可派生出各种三联、四联甚至五联组配。例如图 5 – 14（d）所示为三联组配，相当于一对同向与第三个背靠背组配，代号为 TBT。

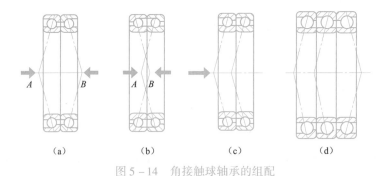

图 5 – 14　角接触球轴承的组配

（a）背靠背；（b）面对面；（c）同向；（d）三联组配

（2）滑动轴承。滑动轴承在数控机床上最常使用的是静压滑动轴承。静压滑动轴承的油膜压强是由液压泵从外界供给的，与主轴转与不转、转速的高低无关（忽略旋转时的动压效应）。它的承载能力不随转速而变化，而且无磨损，启动和运转时摩擦阻力矩相同，所以液压轴承的刚度大，回转精度高，但静压轴承需要一套液压装置，成本较高。

液体静压轴承装置主要由供油系统、节流器和轴承三部分组成，其工作原理如图 5 – 15所示。在轴承的内圆柱表面上，对称地开了 4 个矩形油腔 2 和回油槽 5，油腔与回油槽之间的圆弧面成为周向封油面4，封油面与主轴之间有 0.02 ~ 0.04 mm 的径向间隙。系统的压力油经各节流器降压后进入各油腔。在压力油的作用下，将主轴浮起而处在平衡状态。油腔内的压力油经封油边流出后，流回油箱。当主轴受到外部载荷 F 的作用时，主轴轴颈产生偏移，这时上下油腔的回油间隙发生变化，上腔回油量增大，而下腔回油量减少。根据液压原理中节流器的流量 q 与节流器两端的压强差 P 之间的关系式 $q = KP$ 可知，当节流器进油口的压强保持不变时，流量改变，节流器出油口的压强也随之改变。因此，上腔压强 P_1 下降，下腔压强 P_3 增大，若油腔面积为 A，当 $A（P_3 - P_1）= F$ 时，平衡了外部载荷 F，这样主轴轴心线始终保持在回转中心轴线上。

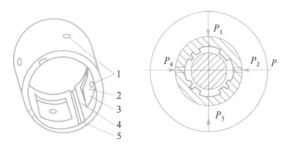

图 5 – 15　静压轴承

1—进油孔；2—油腔；3—轴向封油面；4—周向封油面；5—回油槽

2）主轴轴承的配置

主轴轴承的结构配置主要取决于主轴转速和主轴刚度的要求。在数控机床上主轴轴承的轴向定位采用的是前端支承定位，这样前支承受轴向力，前端悬臂量小，主轴受热时向后端延伸，使前端变形小、精度高。主轴轴承结构配置形式主要有以下两种。

（1）适应高刚度要求的轴承配置形式。如图 5 – 16（a）所示，主轴前支承采用双列圆柱滚子轴承和角接触球轴承组合，后支承采用调心双列圆柱滚子轴承或两个角接触球轴承，此配置形式使主轴的综合刚度较好，可满足强力切削的要求，普遍应用于各类加工中心和数控铣床。如图 5 – 16（b）所示，采用双列和单列圆锥滚子轴承作为主轴的前、后支承，其径向和轴向刚度高，可承受重载荷，安装与调整性能好，但限制了主轴转速和精度的提高，适用于中等精度、低速与重载的数控机床主轴。

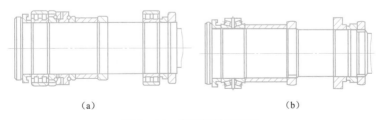

（a）　　　　　　　　　　　　　　　（b）

图 5 – 16　高刚性轴承配置

（2）适应高速要求的轴承配置形式。如图 5 – 17（a）所示，主轴前支承采用三个高精度的角接触球轴承组合，后支承也采用两个角接触球轴承。角接触球轴承具有较好的高速性能，但承载能力小，因而适用于高速、轻载和精密的数控机床主轴。如果要满足提高后支承刚性和适应主轴热胀时后端能自由移动的要求，后支承可采用双列圆柱滚子轴承，如图 5 – 17（b）所示。

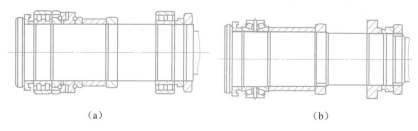

（a）   （b）

图 5 – 17　高速主轴轴承配置

在数控机床上，主轴轴承精度要求较高，采用 P3、P4、P5 等级精度。一般情况下，主轴前支承的滚动轴承精度比后支承的滚动轴承精度要高一级。

3）主轴轴承润滑方式

在数控机床上，主轴轴承的润滑方式有油脂润滑、油液循环润滑、油雾润滑和油气润滑等。

（1）油脂润滑。这是目前数控机床主轴轴承上最常用的润滑方式，特别是在前支承轴承上更是常用。主轴轴承油脂加入量通常为轴承空间容积的 10%，切忌随意填满。油脂过多会加剧主轴发热。

（2）油液循环润滑。主轴转速在 6 000～8 000 r/min 之间的数控机床的主轴，一般采用油液循环润滑方式。由油温自动控制箱控制的恒温油液，经油泵打到主轴箱，通过主轴箱的分油器把恒温油喷射到各轴支承轴承和传动齿轮上，以带走它们所产生的热量。这种方式的润滑和降温效果都很好。

（3）油雾润滑。油雾润滑方式是将油液经高压气体雾化后从喷嘴成雾状喷到需要润滑部位的润滑方式。由于雾状油液吸热性好，又无油液搅拌作用，所以常用于高速主轴（速度为 8 000～13 000 r/min）的润滑。但是，油雾容易吹出，污染环境。

（4）油气润滑。油气润滑方式是针对高速主轴开发的新型润滑方式。它是用极微量的油（8～16 min 约 0.03 cm³ 油）润滑轴承，以抑制轴承发热。

4）影响主轴旋转精度的因素

采用滚动轴承的主轴部件，影响其旋转精度的主要因素有：滚动轴承、支承孔、主轴及与主轴部件安装调整有关的零件的制造精度和装配质量。

（1）轴承制造误差的影响。轴承制造误差主要是：轴承内、外圈滚道的偏心引起的滚道的径向跳动；轴承滚道的圆度误差和波纹度引起的滚道的形状误差；滚道的端面跳动；滚动体直径不一致和形状误差等引起主轴的径向跳动和轴向窜动。

（2）轴承间隙的影响。

（3）主轴的制造误差的影响。主轴制造误差主要是：主轴轴颈的圆度、主轴轴肩对主轴轴线的垂直度、主轴轴颈的轴线与主轴定位面轴线之间的偏心距等的误差，可引起主轴回转的径向跳动和轴向窜动。

（4）主轴箱支承孔制造误差的影响。主轴箱支承孔制造误差主要是：孔的圆柱度、孔阶与孔轴线的垂直度以及前后两个孔的同轴度等误差，可引起主轴回转的径向跳动和挠动。

5. 自动换刀数控机床主轴内刀具的自动卡紧吹屑装置

在带有刀库并使用回转刀具的自动换刀数控机床中，为实现刀具在主轴上的自动装卸，主轴上必须有刀具的自动卡紧机构。图5-18所示为自动换刀数控加工中心机床主轴卡紧机构。刀杆采用7:24的大锥度锥柄和主轴锥孔配合定心，保证了刀具回转中心每次装卡后与主轴回转中心同轴。大锥度的锥柄不仅有利于定心，也为松卡带来方便。标准的刀具卡头5（拉钉）是拧紧在刀柄内的。当需要卡紧刀具时，活塞1的右端无油压，叠形弹簧3的弹簧力使活塞1向右移至图5-18所示位置。拉杆2在弹簧3的压力下向右移至图5-18所示位置。钢球4被迫收拢，卡紧在卡头5的环槽中。通过钢球，拉杆把卡头5向右拉紧，使刀杆锥柄的外锥面与主轴锥孔的内锥面相互压紧，这样，刀具就被卡紧在主轴上。放松刀具时，液压油进入活塞1的右端，油压使活塞1左移，推动拉杆2向左移动。此时，叠形弹簧被压缩，钢球4随拉杆一起向左移动，当钢球移至主轴孔径较大处，便松开卡头5，刀具连同卡头5被机械手取下。当机械手刀具从主轴中拔出后，在活塞杆孔的右端接有压缩空气，压缩空气通过活塞杆和拉杆的中心孔把主轴孔吹净，使刀柄锥面和主轴锥孔紧密贴合，保证刀具的正确定位。当机械手重新将新刀装入后，活塞1右端液压油卸压，重复刀具卡紧过程。刀杆卡紧机构使用弹簧卡紧，液压放松，可保证在工作中如果突然停电，刀杆不会自行松脱。行程开关7和8用于发出卡紧和放松刀杆的信号。

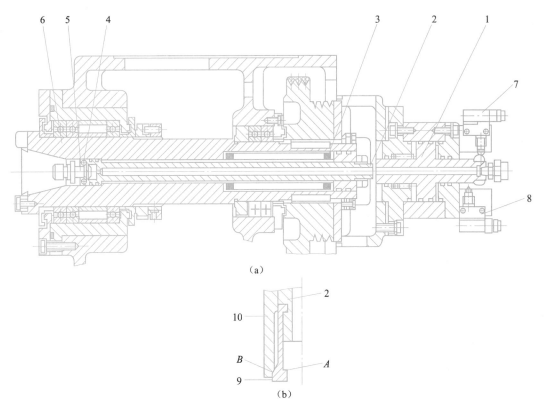

（a）

（b）

图5-18　自动换刀数控加工中心机床主轴卡紧机构

1—活塞；2—拉杆；3—叠形弹簧；4—钢球；5—卡头；6—主轴；7，8—行程开关；9—弹力卡爪；10—卡套

用钢球4拉紧刀杆，这种拉紧方式的缺点是接触应力太大，易将主轴孔和刀杆压出坑。新式的刀杆已改用弹力卡爪，它由两瓣组成，装在拉杆2的左端，如图5-18（b）所示。卡套10与主轴是固定在一起的。卡紧刀具时，拉杆2带动弹力卡爪9上移。卡爪9下端的

外周是锥面 B，与卡套 10 的锥孔配合，锥面 B 使卡爪 9 收拢，卡紧刀杆。松开刀具时，拉杆带动弹力卡爪下移，锥面 B 使卡爪 9 放松，使刀杆可以从卡爪 9 中退出。这种卡爪与刀杆的结合面 A 和拉力垂直，故卡紧力较大；卡爪与刀杆为面接触，接触应力较小，不易压溃刀杆。目前，采用这种刀杆拉紧机构的加工中心逐渐增多。

6. 主轴准停装置

在装有自动换刀装置的数控机床上，主轴部件设有准停装置，其作用是使主轴每次都能准确地停止在固定的周向位置上，以保证换刀时主轴上的端面能对准刀夹上的键槽，同时使每次装刀时刀夹与主轴的相对位置保持不变，提高刀具的重复安装精度，从而提高加工时孔径的一致性。主轴的准停装置主要有机械方式和电气方式两种。

机械准停装置中较典型的 V 形槽定位盘准停机构如图 5-19 所示。带有 V 形槽的定位盘与主轴端面保持一定的位置关系，以实现定位。当执行准停控制指令时，首先使主轴降速至某一可以设定的低速转动，然后当无触点开关有效信号被检测到后，立即使主轴电动机停转并断开主轴传动链。此时主轴电动机与主传动件依惯性继续空转，同时定位液压缸定位销伸出，并压向定位盘。当定位盘 V 形槽与定位销对正时，由于液压缸的压力，定位销插入 V 形槽，这时 LS2 准停到位信号有效，表明准停动作完成。这里 LS1 为准停释放信号。采用这种准停方式时，必须有一定的逻辑互锁，即当 LS2 有效后，才能进行下面的诸如换刀等动作；而只有当 LS1 有效时，才能启动主轴电动机正常运转。上述准停控制通常可由数控系统所配的可编程控制器完成。

如图 5-20 所示，主轴部件采用的是电气准停装置，其工作原理：带动主轴旋转的多楔带轮 1 的端面上装有一个厚垫片 4，垫片上装有一个体积很小的永久磁铁 3，在主轴箱箱体主轴准停的位置上装有磁传感器 2。当机床需要停车换刀时，数控系统发出主轴停转指令，主轴电动机立即降速，当主轴以最低转速慢转几转，永久磁铁 3 对准磁传感器 2 时，后者发出准停信号。此信号经放大后，由定向电路控制主轴电动机准确地停止在规定的周向位置上，可以保证主轴准停的重复精度在 ±1° 范围内。

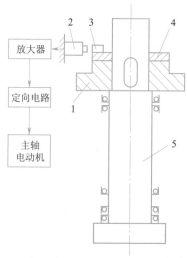

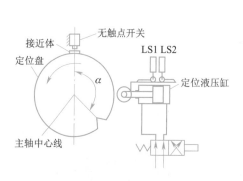

图 5-19　V 形槽定位盘准停机构结构示意图

图 5-20　主轴准停装置工作原理图

1—多楔带轮；2—磁传感器；3—永久磁铁；

4—垫片；5—主轴

思考与练习

一、选择题

1. 数控加工中心的主轴部件上设有准停装置，其作用是（　　）。

A. 提高加工精度

B. 提高机床精度

C. 保证自动换刀，提高刀具重复定位精度，满足一些特殊工艺要求

D. 减少摩擦

2. 在下列特点中，（　　）不是数控机床主传动系统具有的特点。

A. 转速高、功率大　　　　　　　　B. 变速范围窄

C. 主轴变换迅速可靠　　　　　　　D. 主轴组件的耐磨性高

3. 为了保证数控机床能满足不同的工艺要求，并能够获得最佳切削速度，主传动系统的要求是（　　）。

A. 无级调速　　　　　　　　　　　B. 变速范围宽

C. 分段无级变速　　　　　　　　　D. 变速范围宽且能无级变速

4. 除（　　）外，其他三个原因都会引起加工中心的主轴噪声。

A. 电动机与主轴传动带过紧　　　　B. 碟形弹簧位移量较小

C. 齿轮啮合间隙不均匀或齿轮损坏　D. 传动轴承损坏或传动轴弯曲

5. 下列四种准停方式中，（　　）不属于电气准停方式。

A. 由带 V 形槽的定位盘和定位用的液压缸配合动作实现主轴准停

B. 通过主轴电动机内置安装或在机床主轴上直接安装一个光电编码器来实现主轴准停

C. 通过在主轴后部安装发磁体，在主轴箱上安装磁传感器来实现主轴准停

D. 数控系统控制方式实现主轴准停

6. 数控车床对主轴的要求是（　　）。

A. 宽范围转速连续可调　　　　　　B. 恒功率范围宽

C. 配有编码器　　　　　　　　　　D. 以上都是

二、判断题

（　　）1. 数控机床主传动系统是用来实现机床主运动的，它将主电动机的原动力变成可供主轴上刀具切削加工的切削力矩和切削速度。

（　　）2. 数控机床主传动系统的作用就是产生不同的主轴切削速度，以满足不同的加工条件要求。

（　　）3. 数控机床为了完成 ATC（刀具自动交换）的动作过程，必须设置主轴准停机构。

（　　）4. 一般，中、小型数控机床的主轴部件多采用成组高精度滚动轴承。

（　　）5. 主轴端部用于安装刀具或夹持工件的夹具。

（　　）6. 数控机床主轴传动方式中，带传动主要用于低扭矩要求的小型数控机床中。

（　　）7. 电主轴通常安装在高速数控机床上。

（　　）8. 车床的主轴为空心，前端有莫氏锥度孔，用于安装顶尖或心轴。

（　　）9. 加工中心主轴系统由主轴电动机、主轴传动系统和主轴组件组成。

（　　）10. 加工中心常用大流量冷却液冲刷或用压缩空气吹扫的方法实现排屑。

（　　）11. 使用液压拨叉变速的主传动系统必须在主轴启动后变速。

三、填空题

1. 数控机床主轴传动方式有_____传动、_____传动和_____传动三种。

2. 加工中心主轴除要求精度和刚度较高外，还需设计有_____、_____和主轴孔内_____。

3. 高速主轴的驱动多采用_____主轴，这种主轴结构紧凑、重量轻、惯性小，有利于提高主轴启动或停止时的_____。

4. 高速主轴选用的轴承主要是_____轴承和_____轴承。

5. 数控机床主传动系统是用来_____的，它将主电动机的原动力变成可供主轴上刀具切削加工的_____。

6. 数控机床的主传动系统包括_____、_____和主轴组件等。

7. 数控机床为了完成 ATC 的动作过程，必须设置_____机构。

8. 通常主轴准停机构有 2 种方式，即_____与_____。

9. 标准机床主轴端部有_____的锥孔。

10. 数控机床对主传动系统的要求：_____、_____、宽调速。

四、问答题

1. 数控机床对主传动系统有哪些要求？

2. 主传动方式有哪几种？各有什么特点？

3. 加工中心主轴轴承配置形式有几种？各适用于什么场合？

4. 试述主轴准停装置的作用、定向的原理及定向的方式。

5.3　数控机床进给传动系统

5.3.1　对进给传动机构的要求

数控机床的进给传动系统常用伺服进给系统来工作。伺服进给系统的作用是根据数控系统传来的指令信息，进行放大以后控制执行部件的运动，不仅要控制进给运动的速度，而且还要精确控制刀具相对于工件的移动位置和轨迹。一个典型的数控机床闭环控制的进给系统，通常由位置比较装置、放大部件、驱动单元、机械进给传动机构和检测反馈元件等几部分组成。其中，数控机床的机械进给传动机构是指将伺服电动机的旋转运动变为工作台或刀架直线进给运动的整个机械传动链，主要包括减速装置、丝杠螺母副、导向部件及其支承件

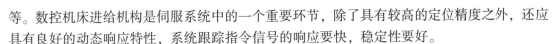

等。数控机床进给机构是伺服系统中的一个重要环节，除了具有较高的定位精度之外，还应具有良好的动态响应特性，系统跟踪指令信号的响应要快，稳定性要好。

为确保数控机床进给系统的传动精度、系统的稳定性和动态响应特性，对进给机构提出了无间隙、低摩擦、低惯量、高刚度、高谐振率以及有适宜阻尼比等要求。为达到这些要求，主要采取以下措施。

（1）尽量采用低摩擦的传动，如采用静压导轨、滚动导轨和滚珠丝杠等，以减少摩擦力。

（2）选用最佳的传动比，以提高机床分辨率，使工作台尽可能大地加速，以达到跟踪指令，使系统折算到驱动轴上的转动惯量尽量小的要求。

（3）缩短传动链以及用预紧的办法提高传动系统的刚度。如采用电动机直接驱动丝杠，应用预加负载的滚动导轨和滚珠丝杠副，丝杠支承设计成两端向固定的，并可用预拉伸的结构等办法来提高传动系统的刚度。

（4）尽量消除传动间隙，减少反向死区误差。如采用消除间隙的联轴器、采用有消除间隙措施的传动副等。

5.3.2 齿轮传动装置

在数控机床进给伺服系统中采用齿轮传动的目的：一是将高转速、低扭矩的伺服电动机的输出，改变为低转速、大转矩的执行件的输出；二是使滚珠丝杠和工作台的转动惯量在系统中占有较小比率。此外，对于开环系统，还可以保证所要求的运动精度。若齿轮传动副存在间隙，会使进给运动反向滞后于指令信号，造成反向死区而影响其传动精度和系统的稳定性，常用的消除齿轮间隙的方法有以下几种。

1. 直齿圆柱齿轮传动副

1）偏心套调整法

图5-21所示为偏心套消隙结构，电动机1通过偏心套2安装到机床壳体上，通过转动偏心套就可以调整两齿轮的中心距，从而消除齿侧间隙。

2）轴向垫片调整法

如图5-22所示，在加工相啮合的齿轮1和齿轮2时，将分度圆柱面制成带有小锥度的圆锥面，使其在齿厚和齿轮的轴向稍有变化。调整时，只需要改变垫片3的厚度使齿轮2做轴向移动，调整两齿轮的轴向相对位置从而消除齿侧间隙。

以上两种方法的特点是结构简单，能传递较大转矩，传动刚度较好，但齿侧间隙调整后不能自动补偿，故又称为刚性调整法。

3）双片齿轮错齿调整法

图5-23（a）所示为双片齿轮周向可调弹簧错齿消隙结构。两个相同齿数的薄齿轮1和2与另一个宽齿轮啮合，两薄齿轮可相对回转。在两个薄齿轮1和2的端面上均匀分布着4个螺孔，用于安装凸耳3和8。齿轮1的端面还有另外4个通孔，凸耳8可以在其中穿过。弹簧4的两端分别钩在凸耳3和调节螺钉7上。通过螺母5调节弹簧4的拉力，调节完毕后用螺母6锁紧。弹簧的拉力使薄齿轮错位，即两个薄齿轮的左右齿面分别贴在宽齿轮槽的左右齿面上，从而消除了齿侧间隙。

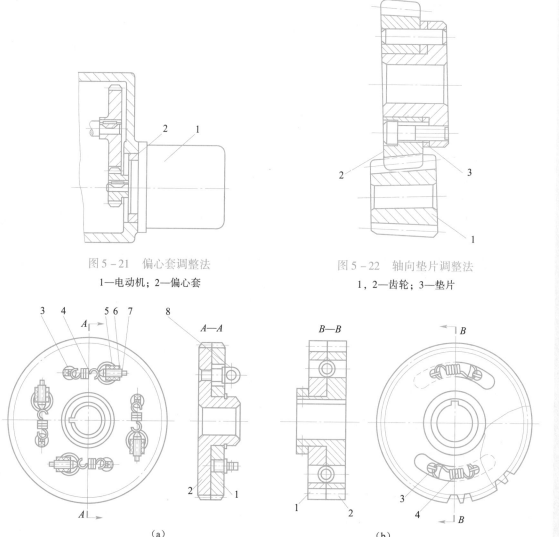

图 5 - 21　偏心套调整法　　　　　　图 5 - 22　轴向垫片调整法

1—电动机；2—偏心套　　　　　　　1，2—齿轮；3—垫片

（a）　　　　　　　　　　　　　　（b）

图 5 - 23　双片齿轮周向可调弹簧错齿消隙结构

1，2—薄齿轮；3，8—凸耳或短柱；4—弹簧；5，6—螺母；7—螺钉

图 5 - 23（b）所示为双片齿轮周向弹簧错齿消隙结构。两片薄齿轮 1 和 2 套装在一起，每片齿轮各开有两条周向通槽。齿轮的端面上装有短柱 3，用来安装弹簧 4。装配时为使弹簧 4 具有足够的拉力，两个薄齿轮的左、右面分别与宽齿轮的左、右面贴紧，以消除齿侧间隙。

采用双片齿轮错齿法调整间隙结构，在齿轮传动时，由于正向和反向旋转分别只有一片齿轮承受转矩，因此承载能力有限。而且弹簧的拉力要能克服最大转矩，否则起不到消隙作用，故称为柔性调整法。这种结构装配好后能自动消除（补偿）齿侧间隙，可始终保持无间隙啮合，是一种常见的无间隙齿轮传动结构，适用于负荷不大的传动装置中。

2．斜齿圆柱齿轮传动副

1）轴向垫片调整法

如图 5 - 24 所示，其原理与错齿调整法相同。斜齿轮 1 和 2 的齿形拼装在一起加工，装配时在两薄片齿轮之间装入已知厚度为 t 的垫片 4，使薄片齿轮 1 和 2 的螺旋面错开，其左右两面分别与宽齿轮 3 的齿面贴紧，消除了齿侧间隙。这种结构的齿轮承载能力较小，调整费时，且不能自动补偿消除齿侧间隙。

2）轴向压簧调整法

如图 5-25 所示，该结构消隙原理与轴向垫片调整式相似，所不同的是齿轮 2 右面的弹簧 5 的压力使两个薄片齿轮的齿面分别与宽齿轮 3 的左右齿面贴紧，以消除齿侧间隙。弹簧 5 的压力可通过螺母 4 来调整。压力的大小要调整合适，压力过大会加快齿轮磨损，压力过小则达不到消隙的作用。这种结构能自动消除齿轮间隙，使齿轮始终保持无间隙啮合，但其只适用于负载较小的场合，并且结构的轴向尺寸较大。

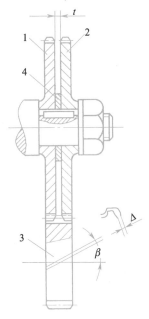
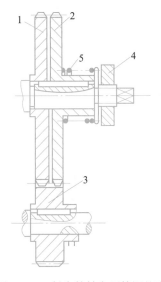

图 5-24　斜齿轮轴向垫片调整法　　　　　图 5-25　斜齿轮轴向压簧调整法

1，2，3—齿轮；4—垫片　　　　　　　　1，2，3—齿轮；4—螺母；5—弹簧

3. 锥齿轮传动副

锥齿轮同圆柱齿轮一样，可用上述类似的方法来消除齿侧间隙，通常采用的调整方法是轴向压簧调整法和周向弹簧调整法。

1）轴向压簧调整法

如图 5-26 所示，两个啮合着的锥齿轮 1 和 2，锥齿轮 1 的传动轴 5 上装有压簧 3。锥齿轮 1 在弹簧力的作用下可稍做轴向移动，从而消除齿侧间隙，弹簧力的大小由螺母 4 调节。

2）周向弹簧调整法

如图 5-27 所示，将一对啮合锥齿轮中的一个齿轮做成大小两片 1 和 2，在大片上制有三个圆弧槽，而在小片的端面上制有三个凸爪 6，凸爪 6 伸入大片的圆弧槽中。弹簧 4 一端顶在凸爪 6 上，而另一端顶在镶块 3 上，利用弹簧力使大、小片锥齿轮稍微错开，从而达到消除齿侧间隙的目的。

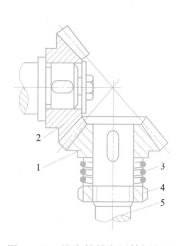

图 5 – 26　锥齿轮轴向压簧调整法

1，2—锥齿轮；3—压簧；4—螺母；5—传动轴

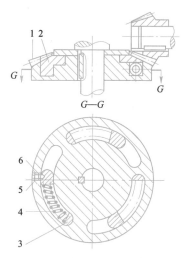

图 5 – 27　锥齿轮周向弹簧调整法

1，2—锥齿轮；3—镶块；4—弹簧；

5—螺钉；6—凸爪

4. 齿轮齿条传动副

在大型数控机床（如大型数控龙门铣床）中，工作台的行程很大，其进给运动不宜采用滚珠丝杠副来实现，因太长的丝杠易下垂，将影响丝杠的传动精度和工作性能，故常采用齿轮齿条传动。

当驱动负载较小时，可采用双齿轮错齿调整法，分别与齿条齿槽左、右两侧面贴紧，从而消除齿侧间隙。如图 5 – 28 所示，进给运动由轴 2 输入，通过两对斜齿轮将运动传给轴 1 和 3，然后由两个直齿轮 4 和 5 接传动齿条，带动工作台移动。轴 2 上两个斜齿轮的螺旋线方向相反，如果通过弹簧在轴 2 上作用一个轴向力 F，则会使斜齿轮产生微量的轴向移动，这时轴 1 和轴 3 便以相反的方向转过微小的角度，使齿轮 4 和 5 分别与齿条的两齿面贴紧，消除了齿侧间隙。

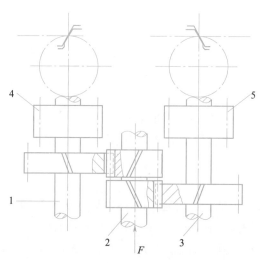

图 5 – 28　齿轮齿条消除齿侧间隙

1，2，3—轴；4，5—齿轮

5. 蜗杆蜗轮传动副

当数控机床上要实现回转进给运动或大降速比的传动要求时，常采用蜗杆蜗轮传动副。蜗杆蜗轮传动副的啮合侧隙对传动和定位精度影响很大，为提高传动精度，可用双导程蜗杆来消除或调整传动副的间隙。如图 5-29 所示，双导程蜗杆齿的左、右两侧面具有不同的导程 $t_左$、$t_右$，而同一侧的导程是相等的，因此该蜗杆的齿厚从蜗杆的一端向另一端均匀地逐渐增厚或减薄，故双导程蜗杆又称为变齿厚蜗杆，即可用轴向移动蜗杆的办法来消除或调整蜗杆蜗轮副之间的啮合间隙。

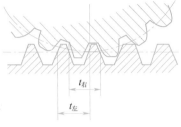

图 5-29 双导程蜗杆齿形

5.3.3 丝杠螺母副

丝杠螺母副是将旋转运动转换为直线运动的传动装置。在数控机床上，常用的是滚珠丝杠螺母副和静压丝杠螺母副。

1. 滚珠丝杠螺母副

1）滚珠丝杠螺母副的工作原理、特点及类型

滚珠丝杠螺母副的结构原理如图 5-30 所示，它由丝杠、螺母、滚珠、反向器（滚珠循环反向装置）和内、外滚道等组成。丝杠 3 和螺母 2 上都有半圆弧形的螺旋槽，它们套装在一起时形成滚珠的螺旋滚道，在滚道内装满滚珠 4。当丝杠旋转时，带动滚珠在滚道内既自转又沿螺纹滚道滚动，从而使螺母（或丝杠）轴向移动。为防止滚珠从滚道端面掉出，在螺母的螺旋槽上设有滚珠回程反向引导装置，从而形成滚珠流动的闭合循环回路滚道，使滚珠能够返回循环滚动。

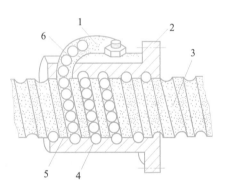

图 5-30 滚珠丝杠螺母副
1—反向器；2—螺母；3—丝杠；4—滚珠；
5—内滚道；6—外滚道

滚珠丝杠螺母副的特点如下：

（1）摩擦损失小、传动效率高。

（2）丝杠螺母预紧后，可以完全消除间隙，传动精度高、刚度好。

（3）运动平稳性好，不易产生低速爬行现象。

（4）磨损小、使用寿命长、精度保持性好。

（5）不能自锁，有可逆性，既能将旋转运动转换为直线运动，也能将直线运动转换为旋转运动，可满足一些特殊要求的传动场合。当立式使用时，应增加平衡或制动装置。

滚珠丝杠副通常可根据多种方式进行分类。如按制造方法的不同分为普通滚珠丝杠副和滚轧滚珠丝杠副；按螺母形式可分为单侧法兰盘双螺母型、单侧法兰盘单螺母型、双法兰盘双螺母型、圆柱双螺母型、圆柱单螺母型、简易螺母型等；按螺旋滚道型面分为单圆弧型面和双圆弧型面；按滚珠的循环方式可分为外循环式和内循环式。

2）滚珠丝杠螺母副的结构

各种不同结构滚珠丝杠副的主要区别体现在螺旋滚道型面的形状、滚珠的循环方式、轴向间隙的调整及预加负载的方法等方面。

（1）螺旋滚道型面的形状及其主要尺寸应注意以下几个方面。

① 单圆弧型面。如图5-31（a）所示，通常滚道半径稍大于滚珠半径。滚珠与滚道型面接触点法线和丝杠轴线的垂直线间的夹角称为接触角。对于单圆弧型面的螺纹滚道，接触角是随轴向负荷的大小而变化的。当接触角增大后，传动效率、轴向刚度以及承载能力随之增大。

（a）   （b）

图5-31 螺旋滚道形状

（a）单圆弧型面；（b）双圆弧型面

② 双圆弧型面。如图5-31（b）所示，当偏心决定后，只在滚珠直径滚道内相切的两点接触，接触角不变。双圆弧交接处有一小空隙，可容纳一些润滑油脂或杂物，这对滚珠的流动有利。从有利于提高传动效率和承载能力及流动畅通等要求出发，接触角应选大些，但接触角过大将使得制造困难（磨滚道型面），故建议取45°。

（2）采用滚珠循环方式时应考虑以下几方面。

① 外循环式。图5-32（a）所示为插管式，用一弯管作为返回管道，弯管的两端插在与螺纹滚道相切的两个孔内，用弯管的端部引导滚珠进入弯管，完成循环，其结构工艺性好，但管道凸出于螺母体外，从而使得径向尺寸较大。图5-32（b）所示为螺旋槽式，在螺母的外圆上铣有螺旋槽，槽的两端钻出通孔并与螺纹滚道相切，安装上挡珠器，挡珠器的舌部切断螺旋滚道，迫使滚珠流向螺旋槽的孔中而完成循环。

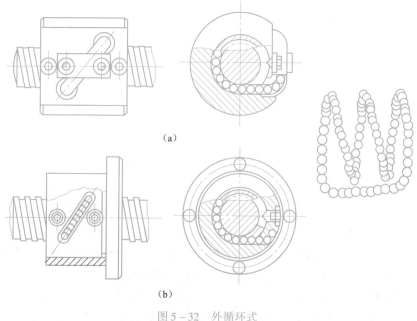

（a）

（b）

图5-32 外循环式

（a）插管式；（b）螺旋槽式

外循环式结构、制造工艺简单，使用较广泛。其缺点是滚道接缝处很难做得平滑，影响滚珠滚动的平稳性，且噪声较大。

② 图5-33所示为内循环滚珠丝杠副，在螺母外侧孔中装有接通相邻滚道的圆柱凸键式反向器，反向器上铣有S形回珠槽，以迫使滚珠翻越丝杠的齿顶而进入相邻滚道，实现循环。一般一个螺母上装有2~4个反向器，反向器彼此沿螺母圆周等分分布，轴向间隔为螺距。内循环式径向尺寸紧凑，刚性好，因其返回轨道较短，故摩擦损失小。缺点是反向器加工困难。

3）滚珠丝杠螺母副轴向间隙的调整和施加预紧力的方法

滚珠丝杠螺母副的轴向间隙，是负载在滚珠与滚道型面接触点的弹性变形所引起的螺母位移量和螺母原有间隙的总和。为了保证滚珠丝杠螺母副的传动刚度和反向传动精度，必须消除其轴向间隙。消除间隙和预紧的方法通常采用双螺母结构，其原理是使两个螺母间产生相对轴向位移，使两个螺母中的滚珠分别贴紧在螺旋滚道的两个相反侧面上，以达到消除间隙、产生预紧力的目的。滚珠丝杠螺母副用预紧方法消除轴向间隙时，应注意预紧力不宜过大，预紧力过大会使摩擦阻力增大，从而降低传动效率、缩短使用寿命。

常用的双螺母消除轴向间隙的结构形式有以下三种。

（1）垫片调隙式。如图5-34所示，通常用螺钉来连接滚珠丝杠两个螺母的凸缘，并在凸缘间加垫片，调整垫片的厚度使螺母产生轴向位移，即可消除间隙和产生预紧力。这种方法结构简单，可靠性好，刚度高，但调整费时，且在工作中不能随时调整。

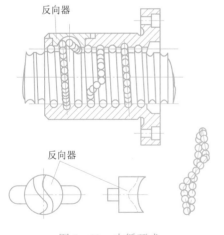

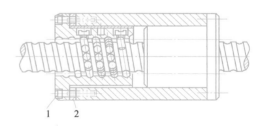

图5-33　内循环式　　　　　　　　图5-34　垫片式消隙

1—螺钉；2—调整垫片

（2）螺纹调隙式。如图5-35所示，两个螺母以平键3与螺母座相连，其中左螺母的外端有凸缘，而右螺母的外端制有螺纹，在套筒外用圆螺母1和锁紧螺母2固定着。旋转圆螺母1时，即可消除间隙，并产生预拉紧力，调整好后再用锁紧螺母2把它锁紧。这种结构调整方便，可以在使用过程中随时调整，但预紧力大小不易准确控制。

（3）齿差调隙式。如图5-36所示，在两个螺母的凸缘上各制有齿数为z_1、z_2的圆柱齿轮，其齿数相差一个齿，分别与紧固在套筒两端的内齿圈相啮合。调整时，先取下两端的内齿圈，根据间隙的大小，将两个螺母分别同方向转动若干相同的齿数，然后再合上内齿圈，则两个螺母便产生相对角位移，从而使螺母在轴向相对移近距离达到消除间隙的目的。若两螺母分别在同方向转动的齿数为 z，滚珠丝杠的导程为 P，则相对两螺母的轴向位移量（即消除间隙量）$S = zP/（z_1、z_2）$。这种调整方法能精确调整预紧量，调整方便可靠，但结构较复杂，尺寸较大，多用于高精度的传动。

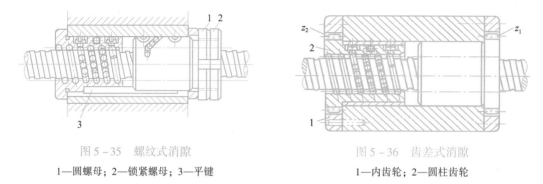

图 5 – 35　螺纹式消隙　　　　　　　　　　　图 5 – 36　齿差式消隙

1—圆螺母；2—锁紧螺母；3—平键　　　　　　1—内齿轮；2—圆柱齿轮

4）滚珠丝杠螺母副的支承与制动

（1）支承方式。为了提高传动刚度，不仅应合理确定滚珠丝杠螺母副的结构和参数，而且螺母座的结构、丝杠两端的支承形式对机床的连接刚度也有很大影响。滚珠丝杠常用的支承方式有以下几种。

① 一端装推力轴承。如图 5 – 37（a）所示，这种安装方式的承载能力小，轴向刚度低，仅适合于短丝杠。一般用于数控机床的调节环节和升降台式数控铣床的垂直坐标中。

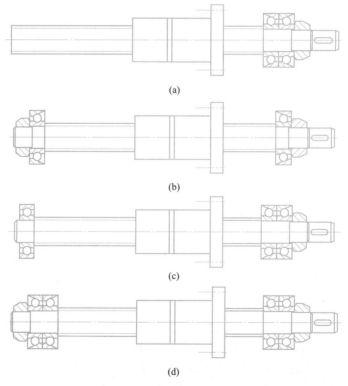

(a)

(b)

(c)

(d)

图 5 – 37　滚珠丝杠在机床上的支承方式

（a）一端装推力轴承；（b）一端装推力轴承，另一端装向心球轴承；

（c）两端装推力轴承；（d）两端装推力轴承和向心球轴承

② 一端装推力轴承，另一端装向心球轴承。如图 5 – 37（b）所示，用于丝杠较长的情况。这种方式轴向刚度小，只适用于对刚度和位移精度要求不高的场合。

③ 两端装推力轴承。如图 5 – 37（c）所示，当热变形造成丝杠伸长时，其一端固定，另一端能做微量的轴向浮动，可减少丝杠热变形的影响。适用于对刚度和位移精度要求较高的场合，多用于较长丝杠。

④ 两端装推力轴承和向心球轴承。如图 5 – 37（d）所示，两端均采用一双角接触球轴承支承并施加预紧，使丝杠具有较大的刚度，这种方式还可使丝杠的温度变形转化为推力轴承的预紧力，这种方式适用于长丝杠。

（2）制动方式。滚珠丝杠螺母副的传动效率很高，但不能自锁，当用在垂直传动或水平放置的高速大惯量传动中，必须装有制动装置。常用的制动方法有超越离合器、电磁摩擦离合器或者使用具有制动装置的伺服驱动电动机。

2. 静压丝杠螺母副

1）工作特点和应用

静压丝杠螺母副（简称静压丝杠，或静压螺母，或静压丝杠副）是在丝杠和螺母的螺纹间维持一定厚度，且具有一定刚度的压力油膜，当丝杠转动时，即通过油膜推动螺母移动，或做相反的转动。静压丝杠螺母副主要应用在高精度和大、重型机床上，在数控机床上也有广泛的应用。静压丝杠的特点如下：

（1）摩擦因数小，仅为 0.000 5，比滚珠丝杠的摩擦损失还小。因启动力矩很小，故有利于保证传动灵敏性，避免爬行，提高和长期保持运动精度。

（2）因油膜层具有一定的刚度，故可大大减小反向时的传动间隙。

（3）油膜层可以吸振，且由于油液不断地流动，故可减少丝杠因其他热源引起的热变形，有利于提高机床的加工精度和减小表面粗糙度。

（4）油膜层界于丝杠螺纹和螺母螺纹之间，对于丝杠的传动误差能起到"均化"作用，其丝杠的传动误差可比丝杠本身的制造误差还小。

（5）承载能力与供油压力成正比，而与转速无关。提高供油压力即可提高承载能力。

（6）机床需要一套供油系统，且静压系统对于油液的清洁程度要求较高。

（7）有时需考虑必要的安全措施，以防止供油突然中断时造成不良后果。

2）工作原理

静压丝杠螺母副是在丝杠和螺母的螺旋面之间通入压力油，使其间保持一定厚度和一定刚度的压力油膜，因而丝杠和螺母之间为液体摩擦的传动副。如图 5 – 38 所示，螺母的螺旋面两侧开有油腔，在丝杠和螺母的螺纹根部均开有回油槽，由螺母两端回油，然后通过其他装置将油导回油箱。

液压泵供出的压力油经精密过滤后，经节流器进入油腔，则丝杠受到螺母螺纹两侧面油腔内压力油的压力作用。当无外载荷时，螺母两侧的间隙相等，因此压力油从两侧油腔流出的流量相等，故两侧油腔中的压力也相等，此时丝杠螺纹处于螺母螺纹的中间位置，呈平衡状态。当丝杠副受轴向力时，受压一侧的间隙减小，由于节流器的作用，使其油腔压力增大；相反一侧的间隙增大，其油腔压力降低，因而形成油膜压力差，以平衡轴向力。

3）结构类型

（1）按油腔开在螺纹面上的形式和节流控制方式的不同，静压丝杠有以下三种。

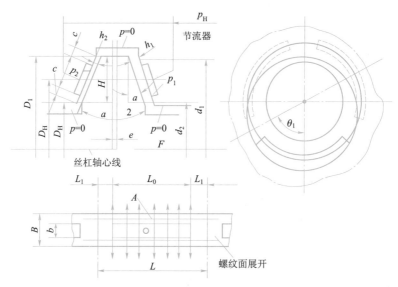

图 5 – 38　静压螺母工作原理

① 集中阻尼节流式。在螺纹面中径上开一条连通的螺旋沟槽油腔，每一侧油腔使用一个节流器控制。这种形式的静压丝杠基本上不能承受径向载荷和颠覆力矩。

② 分散阻尼节流式。在螺纹面每侧中径上开 3 ~ 4 个油腔，每个油腔用一个节流器控制。这种形式的静压丝杠具有一定的径向承载能力和抗颠覆力矩能力，但节流器的数目较多，结构较复杂，制造和安装困难。

③ 分散集中阻尼节流式。在螺纹面每侧中径上开 3 ~ 4 个油腔，将分布于同侧同方向上的油腔用一个节流器控制。这种形式的静压丝杠具有一定的径向承载能力和抗颠覆力矩能力，节流器的数目较少（一般 6 ~ 8 个节流器），制造和安装较方便，使用可靠。

（2）按节流形式不同，静压丝杠有以下两种。

① 毛细管节流式（属于固定节流）。其结构简单、调试方便、使用可靠、性能稳定、制造简便，主要用于中、小型机床，目前国内应用较多。但此种节流方式对油液的清洁程度要求较高，且油温超过 40℃时，油膜刚度有下降的趋势。

② 薄膜双面反馈式（属于可变节流）。其油膜刚度较高，适用于大型重载机床。此种节流方式对油液的清洁程度要求较低。由于薄膜的制造精度不易保证、调整费时，往往会影响使用，故目前国内应用得较少。

3. 静压蜗杆蜗母条传动副

1）工作原理

蜗杆蜗母条机构是丝杠螺母副机构的一种特殊形式。蜗杆可看作长度很短的丝杠，其长径比很小。蜗母条则可看作一个很长的螺母沿轴向剖开后的一部分，其包容角常在 90° ~ 120°之间。静压蜗杆蜗母条机构的工作原理同静压丝杠螺母副，如图 5 – 39 所示。

2）结构形式

按供油方式，可分为定压供油和定量供油，定量供油一般采用两个油泵或双联泵等定量供油方式或用溢流阀加节流器。按油腔开设位置，可分为油腔开在蜗杆上和开在蜗母条上两种，但两者都从静压蜗杆进油。按配油方式，可分为蜗杆径向配油和蜗杆轴向配油。

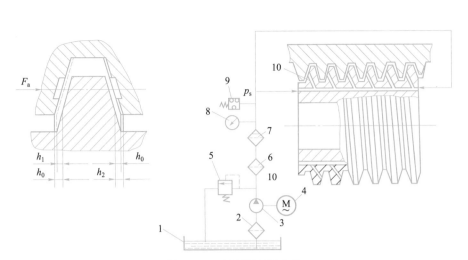

图 5 – 39 静压蜗杆蜗母副

1—油箱；2—滤油器；3—液压泵；4—电动机；5—溢流阀；6—粗滤油器；

7—精滤油器；8—压力表；9—压力继电器；10—节流阀

3）传动方式

蜗杆蜗母条机构在数控机床上，常用的传动方式有以下两种。

（1）蜗杆箱固定，蜗母条固定在运动件上。如图 5 – 40 所示，伺服电动机 4 和进给箱 3 置于机床床身或其他部件上，并通过联轴器 2 使蜗杆轴产生旋转运动。蜗母条 1 与运动部件（如工作台）相连，以获得往复直线运动。这种传动方案常应用于龙门式铣床的移动工作台进给驱动机构中。

（2）蜗母条固定，蜗杆箱固定在运动件上。如图 5 – 41 所示，伺服电动机 4 和进给箱 3 与蜗杆箱 5 相连，使蜗杆旋转。蜗母条固定不动，蜗杆箱与运动部件（如立柱、溜板等）相连，这样行程长度可大大超过运动部件的长度。这种传动方式经常用于桥式镗、铣床桥架进给驱动机构中。

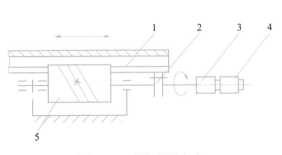

图 5 – 40 蜗杆箱固定式

1—蜗母条；2—联轴器；3—进给箱；

4—伺服电动机；5—蜗杆

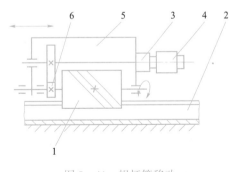

图 5 – 41 蜗杆箱移动

1—蜗杆；2—蜗母条；3—进给箱；4—伺服电动机；

5—蜗杆箱；6—变速齿轮

思考与练习

一、选择题

1. 滚珠丝杠预紧的目的是（　　）。

A. 增加阻尼比，提高抗振性
B. 提高运动平稳性
C. 消除轴向间隙和提高传动刚度
D. 加大摩擦力，使系统能自锁

2. 数控机床进给系统采用齿轮传动副时，为了提高传动精度应该有消除（　　）措施。

A. 齿轮轴向间隙
B. 齿顶间隙
C. 齿侧间隙
D. 齿根间隙

3. 数控机床进给系统减少摩擦阻力和动静摩擦之差，是为了提高数控机床进给系统的（　　）。

A. 传动精度
B. 运动精度和刚度
C. 快速响应性能和运动精度
D. 传动精度和刚度

4. 当滚珠丝杠副预紧力大小不要求准确，但希望随时调节时，预紧方式宜选用（　　）。

A. 双螺母垫片预紧
B. 双螺母齿差预紧
C. 双螺母螺纹预紧
D. 单螺母变位导程预紧

5. 某滚珠丝杠比较长，但负载不大，轴向刚度要求也不高，则可采用的安装支承方式是（　　）。

A. 仅一端装推力轴承
B. 一端装推力轴承，一端装向心轴承
C. 两端装推力轴承
D. 两端装推力轴承和向心轴承

6. 滚珠丝杠副消除轴向间隙的目的主要是（　　）。

A. 提高反向传动精度
B. 增大驱动力矩
C. 减少摩擦力矩
D. 提高使用寿命

7. 滚珠丝杠副采用双螺母齿差调隙方式时，如果最小调整量为 0.002 5 mm，齿数 $z_1 = 61$，$z_2 = 60$，则滚珠丝杠的导程为（　　）。

A. 4 mm
B. 6 mm
C. 9 mm
D. 12 mm

8. 滚珠丝杠的基本导程减小，可以（　　）。

A. 提高精度
B. 提高承载能力
C. 提高传动效率
D. 加大螺旋升角

9. 滚珠丝杠副的公称直径 d_0 应取为（　　）。

A. 小于丝杠工作长度的 1/30
B. 大于丝杠工作长度的 1/30
C. 根据接触角确定
D. 根据螺旋升角确定

10. 数控机床中采用双导程蜗杆传动是为了（　　　）。

A. 提高传动效率　　　　　　　　　B. 增加预紧力

C. 增大减速比　　　　　　　　　　D. 消除或调整传动副的间隙

11. 齿轮的消隙可以采用（　　　）结构。

A. 螺纹式　　　　　　　　　　　　B. 偏心环式

C. 齿差式　　　　　　　　　　　　D. 无间隙式

12. 以下哪个不属于滚珠丝杠螺母副的组成部分？（　　　）

A. 螺母　　　　　　　　　　　　　B. 滚珠

C. 丝杠　　　　　　　　　　　　　D. 轴承

13. 数控车床的进给机械一般采用（　　　）传动

A. 滚珠丝杠　　　　　　　　　　　B. 齿轮齿条

C. 开合螺母　　　　　　　　　　　D. 齿轮副

14. 某数控机床平均切削进给速度 $v_s = 0.3$ m/min，丝杠导程 $L_0 = 6$ mm，此时丝杠的转速 $n = $（　　　）r/min。

A. 30　　　　　　　　　　　　　　B. 50

C. 10　　　　　　　　　　　　　　D. 80

15. 滚珠丝杠运动不灵活，但噪声尚可，其主要原因是（　　　）。

A. 润滑不良　　　　　　　　　　　B. 伺服电动机故障

C. 轴向予加载荷太大　　　　　　　D. 联轴器松动

16. 数控机床与普通机床的主机最大不同是数控机床的主机采用（　　　）。

A. 数控装置　　　　　　　　　　　B. 滚动导轨

C. 滚珠丝杠　　　　　　　　　　　D. 伺服系统

二、判断题

（　　　）1. 滚珠丝杠螺母副的作用是将回转运动转换为直线运动。

（　　　）2. 数控机床传动丝杠反方向间隙是不能补偿的。

（　　　）3. 进给运动是以保证刀具相对位置关系为目的的。

（　　　）4. 由于数控机床进给系统经常处于自动变向状态，故不应采取措施消除齿轮传动中的间隙。

（　　　）5. 由于数控机床进给系统经常处于自动变向状态，齿轮副的侧隙会造成进给运动反向时丢失指令脉冲，并产生反向死区，从而影响加工精度，因此必须采取措施消除齿轮传动中的间隙。

（　　　）6. 滚珠丝杠虽然传动效率高，精度高，但不能自锁。

（　　　）7. 主轴机械部分和主轴驱动部分的故障均会引起主轴的异常噪声及振动。若异常噪声及振动出现在减速过程中，则表明主轴的驱动部分有故障。

（　　　）8. 用润滑脂对滚珠丝杠进行润滑时，需每半年更换润滑脂一次。

三、填空题

1. 滚珠丝杠螺母副运动具有＿＿＿＿＿＿＿，不能自锁，立式使用时应增加＿＿＿＿＿＿装置。

2. 为防止系统快速响应特性变差，在传动系统各个环节，包括滚珠丝杠、轴承、齿轮、蜗轮蜗杆，其至联轴器和键连接都必须采取相应的_____措施。

3. 数控机床进给系统中的机械传动装置是指将驱动旋转运动变为工作台直线运动的整个机械传动链，包括_____、_____及_____等。

4. 滚珠的循环方式有两种，滚珠在返回过程中与丝杠脱离接触的为_____，滚珠在循环过程中与丝杠始终接触的为_____。

5. 滚珠丝杠的传动间隙是_____，为消除间隙，常采用_____结构，具体结构型式有_____调隙式、_____调隙式和_____调隙式。

6. 数控机床蜗杆蜗轮传动副间隙的消除措施通常是采用_____结构。

7. 为减小摩擦、消除传动间隙和获得更高的加工精度，更多地采用了高效传动部件，如_____和_____。

8. 滚珠丝杠循环方式有_____和_____。

9. 滚珠丝杠的螺纹滚道按照法向截面的不同分为_____和_____。

四、问答题

1. 滚珠丝杠螺母副的特点有哪些？它是如何工作的？常用间隙调整方法有哪些？

2. 对进给伺服系统的基本要求是什么？

3. 滚珠丝杠螺母副的工作原理及特点是什么？何为内循环和外循环方式？

4. 丝杠支承有哪几种？特点是什么？各适用于什么情况？

5. 试述滚珠丝杠螺母副消除间隙及预加载荷的方法。

6. 试述静压蜗杆蜗母条传动副的工作原理。

7. 数控机床的齿轮传动副为什么要消除齿侧间隙？直齿圆柱齿轮传动常用的消隙措施有哪几种？

5.4 导　轨

在机床的进给传动系统中，导轨起着导向和支承的作用，即支承运动部件并保证其能在外力作用下准确地沿着规定的方向运动。

5.4.1 对导轨的基本要求及其分类

在一对导轨中，与支承件连成一体固定不动的导轨，称为支承导轨，与运动部件连成一体的导轨称为动导轨。导轨的精度和性能对数控机床的加工精度、承载能力、使用寿命以及对伺服系统的性能都有着很大的影响。因此，在数控机床上对导轨有以下要求。

1）导向精度高

导向精度保证部件运动轨迹的准确性。导向精度受导轨结构形状、组合方式、制造精度和导轨间隙的调整等的影响。

2）良好的耐磨性

耐磨性好使导轨的导向精度得以长久保持，使用寿命长。耐磨性受到导轨副材料、硬度、润滑和载荷的影响。

3）足够的刚度

导轨要有足够的刚度，保证在载荷作用下不产生过大的变形，从而保证各部件间的相对位置和导向精度。刚度受到导轨结构和尺寸的影响。

4）具有低速运动的平稳性

运动部件在导轨上低速运动时易产生"爬行"现象，将会造成被加工表面的表面粗糙度值增大，故要求导轨低速运动平稳。影响导轨低速运动平稳性的主要因素有摩擦性质、润滑条件和传动系统的刚度。

5）工艺性好

导轨应结构简单，工艺性和经济性好，便于制造、装配、调整和维修。

为防止低速爬行，提高运动精度和定位，数控机床普遍采用了摩擦因数小，动、静摩擦力相差甚微，运动轻便灵活的导轨副。按两导轨工作接合面的摩擦性质可分为塑料滑动导轨、滚动导轨和静压导轨等。

5.4.2 滑动导轨

滑动导轨具有结构简单、制造方便、接触刚度大的优点。但传统的滑动导轨摩擦阻力大，磨损快，动、静摩擦因数差别大，低速时易产生爬行现象，因此，在数控机床上广泛使用塑料滑动导轨。塑料导轨与其他导轨相比有以下特点：摩擦因数小，且动、静摩擦因数相差很小，能防止低速爬行现象；化学稳定性、抗振性好；耐磨性好，且具有良好的自润滑性；结构和工艺简单，成本低，维护修理方便等。数控机床上使用的塑料导轨主要有贴塑导轨和涂塑导轨。

1）贴塑导轨

如图5-42所示，贴塑导轨是在动导轨上粘接上一层塑料导轨软带，通常与支承导轨上的铸铁导轨或淬硬钢导轨相配合使用。塑料导轨软带是由聚四氟乙烯为基体，加入合金粉和氧化物等多种填充剂制成的复合材料。由于材料较软，因此其承载能力较低，尺寸稳定性较差，容易被硬物划伤，需要有良好的密封防护措施。塑料导轨软带有各种厚度规格，长和宽可裁剪，采用粘贴的方法固定。

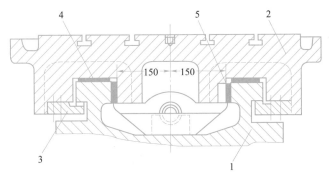

图5-42 塑料导轨

1—床身；2—工作台；3—下压板；4—导轨软带；5—贴有导轨软带的槽条

2）涂塑导轨

涂塑导轨是在动导轨和支承导轨之间采用涂塑或注塑的方法制成的塑料导轨。涂塑的材料是环氧型耐磨涂层，以环氧树脂和二硫化钼为基体，加入增塑剂，混合成液状或膏状为一组份和以固化剂为另一组份的双组份塑料涂层。当导轨间隙调整好后，将两组材料按比例混合好，注涂于动导轨涂层面上，固化成塑料导轨面。涂塑导轨材料有良好的可加工性，固化时体积不收缩，尺寸稳定，也具有良好的摩擦特性和耐磨性，抗压强度比聚四氟乙烯导轨软带高，常用于重型机床和不易用导轨软带的复杂配合型面。

3）金属导轨

塑料导轨常用在导轨副的动导轨上，与其相配的金属导轨有铸铁和镶钢两种，组成铸铁 – 塑料导轨副或镶钢 – 塑料导轨副。

（1）铸铁导轨。常用铸铁导轨的材料是灰铸铁，如 HT200 和 HT300。为了提高耐磨性，还应用有耐磨铸铁，如孕育铸铁、高磷铸铁及合金铸铁等。铸铁导轨经表面淬火硬度一般为 50~55HRC，淬火层深度规定经磨削后应保留 1.0~1.5 mm。

（2）镶钢导轨。镶钢导轨是机床导轨的常用形式之一，其材料常用 TiOA、GCr15 或 38CrMnAl 等，一般采用中频淬火或渗氮淬火方式，淬火硬度为 58~62 HRC，渗氮层厚度为 0.5 mm。镶钢导轨的硬度高、耐磨性好，但其制造工艺复杂，加工困难，安装费时，成本较高，为便于处理和减少变形，可把钢导轨分段钉接在床身上。

（3）有色金属材料导轨。用于镶装导轨的还有有色金属板材料，主要有锡青铜 ZQSn6 – 6 – 3 和铝青铜 ZQAl9 – 4。这种导轨耐磨性高，可以防止撕伤，保证运动的平稳性，提高运动精度，多用于重型机床的动导轨上，与铸铁的支承导轨相搭配。

4）滑动导轨的结构及其组合形式

导轨的刚度大小、制造工艺性、间隙的调整方法、摩擦损耗性能以及导轨的精度保持性等，在很大程度上取决于导轨的横截面形状。滑动导轨的常见截面形状如图 5 – 43 所示。

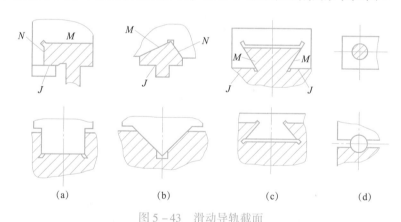

图 5 – 43   滑动导轨截面

（a）矩形导轨；（b）三角形导轨；（c）燕尾槽导轨；（d）圆柱形导轨

（1）矩形导轨。如图 5 – 43（a）所示，制造维修方便，承载能力大，水平方向和垂直方向上的位置精度各不相关，新导轨导向精度高，但侧面磨损产生间隙后不能自动补偿，影响导向精度，必须设置间隙调整机构。

（2）三角形导轨。如图 5 – 43（b）所示，三角形导轨有两个导向面，同时控制了垂直方向和水平方向的导向精度，导向精度高，导轨磨损后能靠自重下沉，自动补偿消除间隙。

（3）燕尾槽导轨。如图 5 – 43（c）所示，结构紧凑，能承受颠覆力矩，但刚性较差，摩擦阻力较大，制造检修不方便，适用于导向精度不太高的情况。

（4）圆柱形导轨。如图5-43（d）所示，制造容易，可以做到精密配合，但对温度变化较敏感，磨损后调整间隙困难，在数控机床上应用较少。

以上截面形状的导轨有凸形（上图）和凹形（下图）两类。凹形导轨容易存油，但也容易积存切屑和尘粒，因此适用于具有良好防护的环境。凸形导轨有利于排放污物，但不易存油，需要有良好的润滑条件。

直线运动导轨一般由两条导轨组成，不同的组合形式是为了满足各类机床的工作要求。在数控机床上，滑动导轨的组合形式主要是三角形—矩形式和矩形—矩形式，有少部分结构采用燕尾式。

5）滑动导轨的间隙调整

为保证导轨的正常运动，导轨的滑动表面之间应保持适当的间隙。间隙过小会增加摩擦阻力，使运动不灵活，磨损加剧；间隙过大，又会降低导向精度，引起加工质量问题。所以导轨应具有间隙调整装置，调整方法如下：

（1）压板调整法。在导轨的垂直方向调整间隙时，一般都采用下压板来调整其底面间隙，如图5-44所示。图5-44（a）所示为修刮压板与下导轨面的接触面，这种调整方法比较麻烦费时，必须多次拆装。图5-44（b）所示为在压板与接合面之间采用垫片，修磨垫片厚度，以调整间隙；图5-44（c）所示为在压板与接合面之间采用镶条，改变镶条位置来控制底面间隙。这种结构调整方便，但刚度稍差。

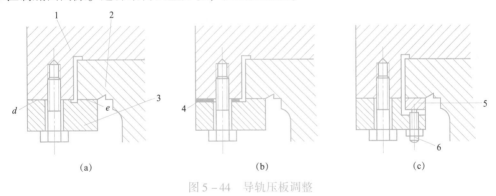

图5-44 导轨压板调整

1—床鞍；2—床身；3—压板；4—垫片；5—镶条；6—螺钉

（2）镶条调整法。对于导轨侧向间隙，常采用平镶条和斜镶条来调整。

① 平镶条。如图5-45所示，平镶条的全长厚度相等，横截面为平行四边形或矩形，

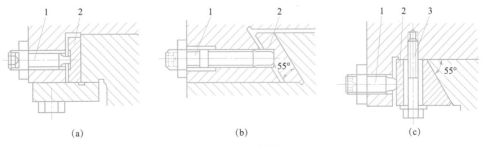

图5-45 平镶条

（a）矩形导轨；（b）燕尾槽导轨；（c）平导轨

1—调节螺钉；2—平镶条；3—紧固螺钉

通过侧面螺钉来调节平镶条的侧面间隙，由于收紧力不均匀，平镶条上各处受力不同，故很难达到各点的间隙完全一致。

② 斜镶条。如图 5-46 所示，斜镶条又称锲铁，其斜度为 1:40 或 1:100，全长厚度是变化的，可通过端部的调节螺钉使斜镶条做其纵向移动来调整间隙。斜镶条在全长上支承，由于楔形的增压作用会产生过大的横向压力，也会引起运动部件（如工作台或滑鞍等）的横向位移，因此在调整时应注意。

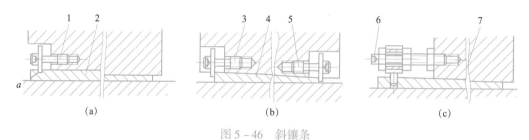

图 5-46 斜镶条

(a) 导轨的单向调整；(b) 导轨的双向调整；(c) 定位螺钉对导轨的单向调整

1, 3, 5, 6—调节螺钉；2, 4, 7—斜镶条

5.4.3 滚动导轨

滚动导轨的滚动体可采用滚珠、滚柱或滚针等。滚珠导轨的承载能力小，刚度低，适用于运动部件重量不大、切削力和抗颠覆力矩都较小的机床。滚柱导轨的承载能力和刚度大，适用于载荷较大的机床。滚针导轨的滚针尺寸小，结构紧凑，适用于导轨尺寸受到限制的机床。

滚动导轨摩擦因数小，动、静摩擦因数相接近，且不受运动速度变化的影响，因而运动轻便灵活，所需驱动功率小；摩擦发热少，磨损小，润滑容易，精度保持性好；低速运动平稳性好，不易出现爬行现象，移动精度和定位精度高；可通过预紧提高其刚度。适用于要求移动部件运动平稳、灵敏，以及实现精密定位的场合，在数控机床上得到了广泛的应用。滚动导轨的缺点是抗振性较差，结构复杂，制造较困难，成本高，对脏物较为敏感，必须有良好的防护装置。数控机床常用的滚动导轨有以下两种。

1）滚动导轨块

如图 5-47 所示，数控机床上常采用滚柱式滚动导轨块，其承载能力和刚度较大，多用于中等负荷导轨。这是一种滚动体做循环运动的滚动导轨，当移动部件运动时，滚动体沿封闭轨道做循环运动。使用时，导轨块装在运动部件上，每个导轨应至少用两块或更多块，导轨块的数目取决于导轨的长度和负载的大小。与滚动导轨块相配的支承导轨一般采用镶钢导轨，表面淬硬至 58HRC 以上。滚动导轨块由专业厂家生产，有各种规格、形式供用户选用。

2）直线滚动导轨

直线滚动导轨由专业厂家生产，又称单元直线滚动导轨，其外形和结构如图 5-48 所示。直线滚动导轨主要由导轨体、滑块、滚珠、保持器、端盖等组成。导轨体固定在不动的支承部件上，滑块固定在运动部件上，滑块中装有四组滚珠，四组滚珠各有自己的回珠孔，分别处于滑块的四角。当滑块沿导轨体移动时，滚珠在导轨体和滑块之间的圆弧直槽内滚动，当滚珠滚到滑块的端点时，就经端面挡板 4 和滑块中的回珠孔 2 从工作负荷区到非工作负荷区，然后再滚动经另一端面挡块回到工作负荷区，如此不断循环，从而把滚动体和滑块

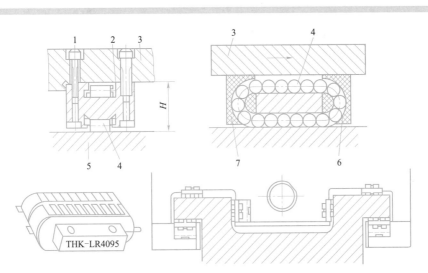

图 5－47　滚动导轨块

1—固定螺钉；2—导轨块；3—动导轨体；4—滚动体；5—支承导轨；6，7—带反回挡槽板

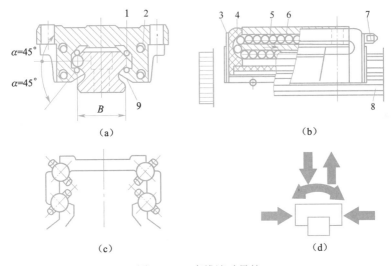

图 5－48　直线滚动导轨

（a）直线滚动导轨横截面结构图；（b）纵向结构图；（c）横向示意图；（d）受力图

1—滚珠；2—回珠孔；3，9—密封垫片；4—端面挡板；5—滚珠；6—滑块；7—油嘴；8—导轨条

之间的移动变成了滚珠的滚动。为防止灰尘和脏物进入导轨滚道，滑块两端及下部均有塑料密封垫。滑块上还有润滑注油杯，只要定期将锂基润滑脂放入润滑注油杯即可实现润滑。滑块内的四组滚珠和滚道相当于四个直线运动的角接触球轴承，当接触角为45°时，四个方向具有相同的承载能力。因此，直线滚动导轨除导向外还能承受颠覆力矩，并具有制造精度高、可高速运行、能长时间保持高精度、通过预加负载可提高刚性、具有自调的能力及安装基面许用误差大等特点。

5.4.4　静压导轨

1）静压导轨的特点和应用

静压导轨分液体静压导轨和气体静压导轨两类。

（1）液体静压导轨（简称静压导轨）是在导轨工作面间通入具有一定压强的润滑油，形成压力油膜，浮起运动部件，使导轨工作面处于纯液体摩擦状态。因此，液体静压导轨的摩擦因数极小，功率消耗少，导轨面不易磨损，精度保持性好，工作寿命长，油膜承载能力大，刚性高，且速度变化和载荷变化对液体油膜的刚性影响小，具有很强的吸振性和抗振性，导轨运行平稳，无爬行现象。其缺点是结构复杂，且需要一套过滤效果良好的液压供油系统，制造和调整都较困难，成本高，主要用于高精度、高效率的大型、重型数控机床。

（2）气体静压导轨是利用恒定压力的空气膜，使运动部件之间形成均匀分离，以得到高精度的运动。摩擦因数小，不易引起发热变形。但是，气体静压导轨会随空气压力波动而使空气膜发生变化，且承载能力小，故常用于负荷不大的场合，如数控坐标磨床和三坐标测量机。

2）静压导轨的结构形式

静压导轨按结构形式可分为开式静压导轨和闭式静压导轨两类。

开式静压导轨是指不能限制工作台从导轨上分离的静压导轨，如图 5-49 所示。开式静压导轨只能承受垂直于支承导轨方向的载荷，不能承受相反方向的载荷，并且不易达到很高的刚性，主要用于运动速度比较低的重型机床。

闭式静压导轨是指导轨设置在机座的几个面上，能够限制工作台从导轨上分离的静压导轨，如图 5-50 所示。闭式导轨承受载荷的能力小于开式导轨，但闭式静压导轨具有较高的刚性，能够承受反向载荷，因此常用于要求承受倾覆力矩的场合，在数控机床上广泛使用。

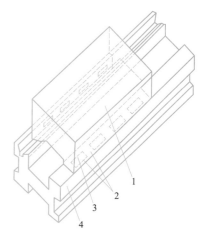

图 5-49 开式静压导轨图

1—工作台；2—油封面；
3—油腔；4—导轨座

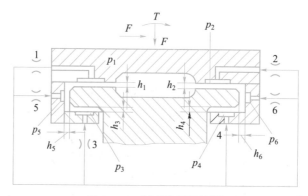

图 5-50 闭式静压导轨图

静压导轨的结构尺寸不受限制，可根据具体需要确定，但要考虑载荷的性质、大小与情况灵活选用油腔的形状、数目及配置。因此，静压导轨的设计主要是确定导轨油腔结构参数、节流器参数以及供油系统的压力、流量等参数。

3）静压导轨的供油方式

静压导轨按供油方式可分为恒压供油和恒流供油两类。

恒压供油方式中以毛细管节流和单面薄膜反馈节流用的较多，其原理同静压轴承。

恒流供油方式主要采用"一腔一泵"的静压供油系统，其导轨的每个油腔均采用一个单独的、流量恒定的油泵供油，故这种供油系统也称为多头泵恒流供油静压系统。这种静压导轨与用节流方式恒压供油的静压导轨相比优点在于：无节流阀损失而产生的油发热；流量高，易带走热量；每个油管可由 PLC 监控和诊断；重切削时，油腔油压高达 8 100 kPa，不受油通过节流阀二倍效应的影响，油膜刚度高。

5.4.5 导轨的润滑与防护

1. 导轨的润滑

数控机床导轨常用的润滑方式有油润滑和脂润滑。滑动导轨采用油润滑，滚动导轨两种方式都可采用。

1）导轨的油润滑。

数控机床的导轨采用集中供油、自动点滴式润滑。其润滑设备为集中润滑装置，主要由定量润滑泵、进回油精密滤油器、液位检测器、进给油检测器、压力继电器、递进分油器及油箱组成，可对导轨面进行定时、定量供油。

2）导轨的脂润滑。

脂润滑是将油脂润滑剂覆盖在导轨的摩擦表面上，形成黏结型固体润滑膜，以降低摩擦，减少磨损。润滑脂的种类较多，在润滑油脂中添加固态润滑剂粉末，可增强或改善润滑油脂的承载能力、时效性能和高低温性能。

2. 导轨的防护

为了防止切屑、磨粒或切削液等散落在导轨面上而引起其磨损加快、擦伤和锈蚀，导轨面上应有可靠的防护装置。导轨的防护方法有很多，常用的有刮板式、卷帘式、叠层式和柔性风琴式等，如图 5－51 所示。这些防护装置结构简单，且由专门厂家制造。

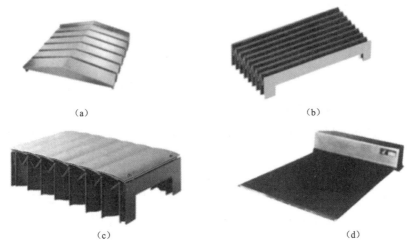

（a）　　　　　　　　　　　　（b）

（c）　　　　　　　　　　　　（d）

图 5－51　导轨防护罩

（a）钢板叠层式防护罩；（b）柔性风琴式防护罩；（c）盔甲式机床立护罩；（d）卷帘式自动伸缩防护罩

思考与练习

一、选择题

1. 静压导轨与滚动导轨相比，其抗振性（　　　）。

A. 前者优于后者　　　　　　　　　B. 后者优于前者

C. 两者一样　　　　　　　　　　　D. 不能确定

2. 目前机床导轨中应用最普遍的导轨型式是（　　　）。

A. 静压导轨　　　　　　　　　　　B. 滚动导轨

C. 滑动导轨　　　　　　　　　　　D. 贴塑导轨

3. 数控机床导轨的失效形式为（　　　）。

A. 硬粒磨损　　　　　　　　　　　B. 咬合和热焊

C. 疲劳压溃　　　　　　　　　　　D. 老化

4. 数控机床导轨润滑不良，首先会引起的故障现象为（　　　）。

A. 导轨研伤　　　　　　　　　　　B. 床身水平超差

C. 压板或镶条松动　　　　　　　　D. 导轨直线度误差

二、判断题

（　　）1. 数控机床滚动导轨经过预紧，可以显著提高刚度及移动的精度。

（　　）2. 线性滚动导轨在使用过程中通常可以调节其预紧力的大小。

（　　）3. 机床导轨是数控机床的重要部件。

（　　）4. 塑料滑动导轨比滚动导轨的摩擦系数低。

（　　）5. 床身导轨的平行度对工件母线的直线度影响较大。

三、填空题

1. 数控机床的导轨部件通常采用＿＿＿＿＿＿、＿＿＿＿＿＿、＿＿＿＿＿＿等，以减少摩擦力，使其在低速运动时无＿＿＿＿＿＿现象。

2. 数控机床的运动部件（如刀架、工作台等）都是沿着床身、立柱、横梁等基础件的导轨面运动的，因此导轨的功用就是＿＿＿＿＿＿和＿＿＿＿＿＿。

3. 数控机床的床身结构和导轨有多种形式，主要有＿＿＿＿＿＿、＿＿＿＿＿＿、滚动等。

四、问答题

1. 塑料滑动导轨、滚动导轨、静压导轨各有什么特点？各适用于什么场合？

2. 滑动导轨按截面形状可分为哪几种？分析其结构特点和使用场合。

5.5　机床支承件

机床的支承件主要是指床身、立柱、横梁、底座等基础件，其主要作用是支承安装在上面的零部件，并保证各零部件的相互位置及承受各种作用力。支承件不仅支承着主轴箱、床鞍、工作台、自动换刀装置等机床部件，而且支承件一般附有导轨，导轨主要起导向定位作用，以保证各部件正确的相对位置及运动。此外，在支承件的内部空间可存储切削液、润滑液以及放置液压装置和电气装置等。在机床加工时，支承件承受着各种进给力和动态力，如重力、切削力、摩擦力、夹紧力和惯性力等。

5.5.1　支承件的性能要求及其改善措施

1. 支承件的刚度

支承件刚度是指支承件在恒定载荷和交变载荷作用下抵抗变形的能力，前者称为静刚度，后者称为动刚度。静刚度取决于支承件本身的结构刚度和接触刚度。动刚度不仅与静刚度有关，而且与支承件系统的阻尼、固有频率等有关。支承件要有足够的刚度，即在外载荷作用下，变形量不得超过允许值。影响支承件刚度的因素有支承件的受力状态、支承件的材料和支承件的结构等因素。提高支承件刚度的方法有：

（1）改善支承件的受力状态。如使受力点靠近高刚度的支承点附近，降低弯矩和扭矩，可以降低变形量，提高支承件的刚度。

（2）采用高刚性的材料。如人造花岗岩、树脂混凝土和高质量的钢、铁材料等，提高材料的弹性模量，从而提高支承件的刚度。

（3）采用合理的结构加大接触刚度，提高支承件的刚度。整体结构的刚度大于分体的刚度。在支承件分体时，提高表面接触面积，加大预紧力，可较好地提高接触刚度。在支承件自身结构中，在材料截面面积相同的条件下，空心结构的刚度比实心结构好；封闭式结构的刚度大于开式结构的刚度；方形截面的抗弯刚度大于圆形截面的抗弯刚度，而圆形截面的抗扭刚度高于方形截面的抗扭刚度。根据受力情况，选择好截面形状，能够提高支承件的刚度。配置好加强肋板和加强肋，能显著地提高支承件的刚度。肋板连接了支承件的两壁，纵向肋板主要提高抗弯刚度，横向肋板主要提高抗扭刚度，斜向肋板兼有提高抗弯和抗扭刚度的作用。肋条被制在支承件的内壁上，主要是为了提高局部刚度，减少局部变形和薄壁振动，其结构形式如图 5-52 所示。

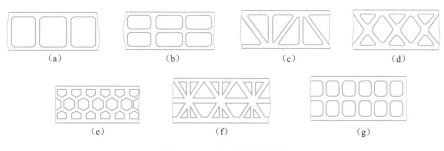

图 5-52　肋条结构形式

（a）口字形；（b）纵横肋条；（c）三角形；（d）交叉形；（e）蜂窝形；（f）米字形；（g）井字形

口字形肋条最简单；纵横肋条，直角相交，容易制造，但容易产生内应力；三角形肋条能够保证足够的刚度，多用于矩形截面床身的宽壁处；交叉形肋条，交叉布置，能提高刚度，常用于重要床身的宽壁上；蜂窝形肋条，用于平板上，由于各方面能均匀收缩，所以内应力小；井字形肋条其单元壁板的抗弯刚度接近米字形肋条，但抗扭刚度是米字形的1/2。米字形铸造困难，所以一般铸铁床身采用井字形肋条，焊接床身采用米字形肋条。肋条的高度一般不得大于支承件壁厚的5倍，肋条的厚度一般是床身壁厚的0.7~0.8倍。

（4）采用平衡和预变形的方法，降低变形量，提高刚度。如加工中心主轴箱的平衡等。

2. 支承件的抗振性

支承件的抗振性是指其抵抗受迫振动和自激振动的能力。机床在切削加工时产生振动，将会影响加工质量和刀具的使用寿命，影响机床的生产率。此外，振动常常成为机床产生噪声的主要原因之一，因此支承件应有足够的抗振性，具有合乎要求的动态特性。影响支承件抗振性的因素有：支承件的静刚度、支承件的固有频率、支承件的阻尼、支承件的支撑情况和支承件的材料等。提高支承件抗振性的措施有：

（1）采用高阻尼材料，提高抗振性。如铸铁的阻尼是钢的两倍，所以常用作支承件的材料；焊接钢的阻尼和固有频率有了大幅度的提高，工艺性比铸铁好，现在也常作为床身材料；还有如树脂黏接的混凝土、花岗岩等材料作床身底座。

（2）采用高阻尼部件，如液压导轨，提高抗振能力；也可在材料的表面涂贴阻尼材料，增大吸振能力；在支承件内填充泥芯、混凝土等阻尼材料，提高抗振性。

（3）改善支件的支承条件，如采用消振垫，加固地基，移开振源，提高抗振能力。机床支承在垫铁上时，抗振效果最差；在混凝土地基上时较好；在橡胶消振垫上则抗振效果最好。

（4）在机床设计中，把振源与支承件分开。如把电动机、传动装置、液压与冷却液装置等移出支承件，单独放置。

（5）提高支承件的静刚度就可提高动刚度，也能够加大其抗振能力。

3. 支承件的热变形

支承件应具有比较小的热变形和内应力，这对于精密机床更为重要。影响支承件热变形的因素有：支承件的结构、运动部位的发热和外面热源（如室温、切屑和电动机）等。改善支承件热变形的措施有：

（1）在机床结构方面，采用热对称结构。如卧式加工中心的框式双立柱结构、数控车床的倾斜床身、平床身和斜滑板结构、在加工中心上配有山形导轨防护罩和在机床上配有自动排屑装置等。

（2）在机床上采取热平衡措施。如在支承件上包二层隔热层，使支承件在室温变化时能保持温度场均匀。隔离热源，将热源移出支承件。

（3）在机床上采取控制温升的措施。如对机床发热部位（主轴箱、静压导轨等）采取散热、风冷和液冷等温控措施，对切削部位采用大切削液量来排除切削热，用大量冷却液循环散热和用冷却装置制冷以控制温升。

（4）采用热位移补偿，预测热变形规律，建立数学模型存入计算机中进行实时补偿。

4. 其他要求

支承件设计时还应便于排屑，吊运安全，合理安置液压、电器部件，并具有良好的工艺性等。

5.5.2 床身

床身是整个机床的基础支承件，一般用来放置导轨、主轴箱等重要部件。为了满足数控机床高速度、高精度、高生产率、高可靠性和高自动化程度的要求，其床身应具有足够高的静、动刚度及抗振性、热稳定性和精度保持性。床身设计受机床总体设计的制约，在满足总体设计要求的前提下，应尽可能做到既要结构合理、肋板布置恰当，又要保证良好的冷、热加工工艺性。

1．床身的整体结构

根据数控机床的类型不同，床身的结构有各种各样的形式。

1）数控车床的床身结构

数控车床的床身结构有平床身、斜床身、平床身斜导轨和直立床身四种类型。斜床身可以改善机床切削加工时的受力情况，还能设计成封闭的腔形结构截面，床身的刚度和排屑性好，因此在数控车床上广泛采用，如图 5 – 53 所示。

2）数控铣床、加工中心的床身结构

数控铣床、加工中心的床身结构有固定立柱式和移动立柱式两种。

（1）固定立柱式床身。一般适用于中、小型立式或卧式加工中心和数控铣床，由于床身不大，故大多采用整体结构，如图 5 – 54 所示。

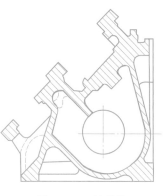

图 5 – 53　斜床身

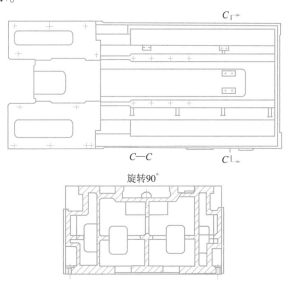

图 5 – 54　固定立柱床身

当工作台在溜板上移动时，由于床身导轨跨距较窄，致使工作台在横溜板上移动到达行程的两端时容易出现翘曲，影响加工精度。为了避免工作台翘曲，有些立式床身增设了辅助导轨来保证移动部件的刚性，如图 5 – 55 所示。

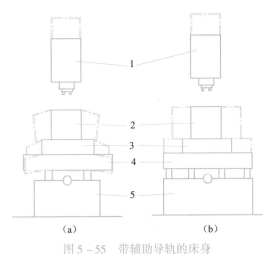

图 5 – 55　带辅助导轨的床身

（a）有翘曲现象；（b）有辅助导轨

1—主轴箱；2—工件；3—工作台；4—溜板；5—床身

（2）移动立柱式床身。移动立柱式床身通常都采用 T 形床身，它是由横置的前床身（也叫横床身）和与它垂直的后床身（也称纵床身）组成的。T 形床身可分为整体 T 形床身和前、后床身分开组装的 T 形床身。整体式床身的刚性和精度保持性都比较好，但是却给铸造和加工带来了很大不便，尤其是大、中型机床的整体床身，制造时需要有大型设备。分离式 T 形床身，铸造工艺性和加工工艺性大大改善，其前、后床身连接处要配对刮研，连接时用定位键或特别的专用定位销定位，然后沿截面四周用大螺栓固紧，如图 5 – 56 所示。这样连接的床身，在刚度和精度保持性方面，基本能满足使用要求。因此，大、中型卧式加工中心常采用分离式 T 形床身。

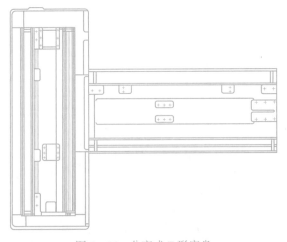

图 5 – 56　分离式 T 形床身

3）钢板焊接结构

随着焊接技术的发展和焊接质量的提高，焊接结构的床身在数控机床中应用越来越多。而轧钢技术的发展，提供了多种形式的型钢，焊接结构床身的突出优点是制造周期短，一般比铸铁结构的快 1.7 ~ 3.5 倍，省去了制作木模和铸造工序，不易出废品。焊接结构设计灵活，便于产品更新、改进结构。焊接件能达到与铸件相同，甚至更好的结构特性，可提高抗弯截面惯性矩、减小质量。采用钢板焊接结构能够按刚度要求布置肋板的形式，充分发挥壁板与肋板的承载和抗变形作用。另外，采用钢板焊接床身，其弹性模量大，有利于提高床身的固有频率。

2. 床身的截面形状

床身的截面形状受机床结构设计条件和铸造能力的制约以及各厂家习惯的影响，种类繁多。数控机床的床身通常为箱体结构，通过合理设计床身的截面形状及尺寸，采用合理布置的肋板结构可以在较小质量下获得较高的静刚度和适当的固有频率。床身中常用的几种截面肋板布置如图 5-57 所示。床身肋板通常是根据床身结构和载荷分布情况进行设计的，以满足床身刚度和抗振性要求，V 形肋有利于加强导轨支承部分的刚度；斜方肋和对角肋结构可明显增强床身的扭转刚度，并且便于设计成全封闭的箱形结构。此外，还有纵向肋板和横向肋板，分别对提高抗弯刚度和抗扭刚度有显著效果，米字形肋板和井字形肋板的抗弯刚度也较高。

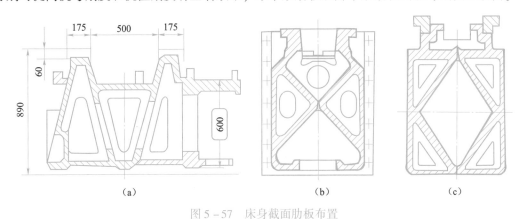

图 5-57　床身截面肋板布置

（a）V 形肋；（b）对角肋；（c）斜方肋

3. 床身箱体封砂结构

如图 5-58 所示，床身封砂结构是利用肋板隔成封闭箱体结构，将大件的泥心留在铸件中不清除，利用砂粒良好的吸振性能，可以提高结构件的阻尼比；也可以在床身内腔填充泥心和混凝土等阻尼材料，在振动时利用相对摩擦来耗散振动能量，有明显的消振作用。封砂结构降低了床身的重心，有利于床身结构的稳定性，可提高床身的抗弯和抗扭刚度。此外，填充物增加了床身的质量，从而可提高床身的静刚度。

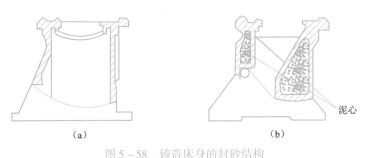

图 5-58　铸造床身的封砂结构

（a）旧结构；（b）新结构

5.5.3 立柱

1. 卧式机床的立柱结构

卧式数控机床的立柱通常采用双立柱框架结构形式，主轴箱装在双立柱的中间，可沿立柱导轨上下运动，如图 5 - 59 所示。小型卧式数控机床的立柱直接固定于床身上，而大、中型卧式数控机床的移动立柱则固定于滑座上。

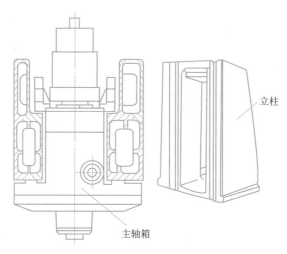

图 5 - 59　双立柱结构

卧式机床采用双立柱结构的优点如下：

（1）刚性好，当主轴承受切削力时，力的作用点在立柱中央，因此立柱受扭矩力的因素少，加之立柱的对称形状，大大加强了刚度。

（2）热对称性好，主轴箱是机床的主要热源，而它正好处在双立柱的中间，使立柱结构成为热对称结构，这就减少了热变形的影响。

（3）稳定性好，由于立柱内部肋板采用框架结构箱式布置，使立柱的抗弯、抗扭刚度，以及构件的固有频率都得到提高。

双立柱结构的缺点是：制造工艺性差，装配、调试不方便。

图 5 - 60 所示为卧式加工中心立柱的横向截面形状。

2. 立式机床的立柱结构

立式数控机床的主轴箱悬挂在立柱的一侧，立柱承受两个方向的弯矩和扭矩，为了保证刚度，立柱一般采用封闭的箱型结构，且内壁设有加强肋板，如图 5 - 61 所示。内部肋板常采用米字形的，也可以采用斜方双层壁和对角线交叉肋板，都有着很高的抗扭刚度和抗弯刚度，而且单位重量的刚度也比较高，但是铸造时较为困难，故有些立柱仍采用井字形的肋板。

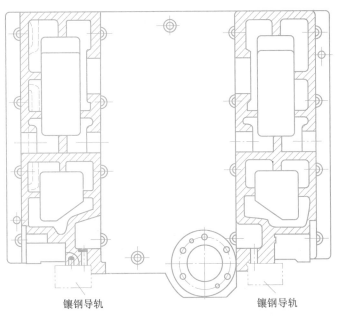

镶钢导轨　　　　　　　　　镶钢导轨

图 5 - 60　双立柱横向截面

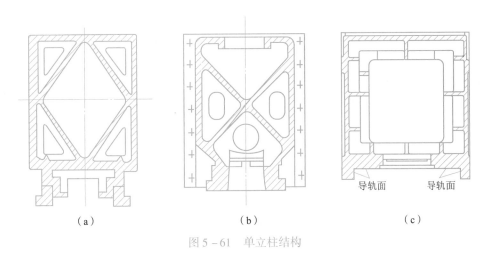

（a）　　　　　　　　（b）　　　　　　　　（c）

图 5 - 61　单立柱结构

（a）斜方双层壁肋板；（b）对角线交叉肋板；（c）井字形肋板

思考与练习

一、判断题

（　　）数控铣床立柱采用热对称结构可以减少热变形对加工件的精度影响。

二、填空题

1. 数控机床床身采用钢板的_____结构，既可以增加静刚度、减小结构质量，又可以增加构件本身的阻尼。

2. 数控机床的床身结构有_____、_____、_____和_____四种布局形式。其中多采用_____和_____两种形式。

三、问答题

1. 从提高机床支承刚度从结构上考虑，主要有哪些措施？

2. 数控车床的床身与导轨布局成斜置式有哪些好处？

 本章小结

本章作为本教材的主体内容之一，主要是让学生掌握数控机床的典型机械结构及与普通机床机械结构的区别。其主要内容有数控机床机械结构的特点；数控机床主传动系统，包括主轴、轴承、主轴准停、切屑清除和润滑与密封等；数控机床进给传动系统，包括滚珠丝杠螺母副、齿轮传动副、联轴器和减速装置等；数控机床中导轨的作用，特别是滑动导轨、滚动导轨和静压导轨等；最后是机床的支承件部分，包含支承件的特点及作用、床身的布局形式、立柱的类型等。

第 6 章　数控机床的辅助装置

教学提示：

　　本章着重讨论加工中心的自动换刀装置，介绍数控回转工作台与分度工作台的相关知识与应用。同时本章在"液压与气动"课程基础上，重点讲述压力控制及辅助系统的组成、工作过程以及在常见数控机床上的应用，为后续数控机床的维护与维修教学内容的学习打下了基础。

教学要求：

　　通过本章学习，在加工中心的自动换刀装置部分要了解刀库的分类方法与结构特点，熟悉加工中心典型的换刀过程、自动换刀装置；在数控回转工作台与分度工作台，要理解数控回转工作台与分度工作台的构成及工作原理；最后要了解液压、气压系统、润滑系统、冷却系统的组成，以及这些系统在数控机床在加工过程中所起的作用，并掌握它们的操作使用方法。

本章知识导读：

　　辅助装置是数控机床的重要组成部分。辅助控制装置的主要作用是接收数控装置输出的开关量指令信号，经过编译、逻辑判别和运动，再经功率放大后驱动相应的电器，带动机床的机械、液压、气动等辅助装置完成指令规定的开关量动作。这些控制包括数控分度头、自动换刀装置等。

　　由于可编程逻辑控制器（PLC）具有响应速度快，性能可靠，易于使用、编程和修改程序并可直接启动机床开关等特点，现已广泛应用于数控机床的辅助控制装置中。

6.1　加工中心自动换刀装置

　　加工中心有立式、卧式和龙门式等多种，其自动换刀装置的形式更是多种多样。换刀的原理及结构的复杂程度也各不相同，除利用刀库进行换刀外，还有自动更换主轴箱、自动更换刀库等形式。利用刀库实现换刀是目前加工中心大量使用的换刀方式。由于有了刀库，机床只要一个固定主轴夹持刀具，有利于提高主轴刚度。独立的刀库大大增加了刀具的储存数量，有利于扩大机床的功能，并能较好地隔离各种影响加工精度的干扰。

刀库换刀按换刀过程中有无机械手参与分成有机械手换刀和无机械手换刀两种情况。有机械手的系统在刀库配置、与主轴的相对位置及刀具数量上都比较灵活，换刀时间短；无机械手组成的自动换刀装置（Automatic Tool Changer，ATC）是加工中心的重要组成部分。加工中心上所需要更换的刀具较多，从几把到几十把，甚至上百把，故通常使用刀库形式，其结构比较复杂，自动换刀装置种类繁多。由于加工中心上自动换刀比较多，故对自动换刀装置的技术要求十分严格，如要求定位精度高、动作平稳、工作可靠以及精度保持性等，这些要求都与加工中心的性能息息相关。

各种加工中心自动换刀装置的结构取决于机床的型式、工艺范围以及刀具的种类和数量等。换刀装置主要可以分为五种基本形式，即转塔式、180°回转式、回转插入式、二轴转动式和主轴直接式。自动换刀的刀具可紧固在专用刀夹内，每次换刀时将刀夹直接装入主轴。

1. 转塔式换刀装置

用转塔实现换刀是最早的自动换刀方式。如图 6-1 所示，转塔是由若干与铣床动力头（主轴箱）相连接的主轴组成。在运行程序之前将刀具分别装入主轴，需要哪把刀具时，转塔就转到相应的位置。

这种装置的缺点是主轴的数量受到限制。当使用数量多于主轴数的刀具时，操作者必须卸下已用过的刀具，并装上后续程序所需要的刀具。转塔式换刀并不是拆卸刀具，而是将刀具和刀夹一起换下，所以这种换刀方式很快。目前 NC 钻床等还在使用转塔式刀库。

2. 180°回转式换刀装置

最简单的换刀装置是180°回转式换刀装置，如图 6-2 所示，接到换刀指令后，机床控制系统便将主轴控制到指定换刀位置。与此同时，刀具库运动到适当位置，换刀装置回转并同时与主轴、刀具库的刀具相配合，拉杆卸下主轴刀具，换刀装置将刀具从各自的位置上取下。换刀装置回转 180°并将主轴刀具与刀具库刀具带走。换刀装置回转的同时，刀具库重新调整其位置，以接收从主轴取下的刀具。接下来，换刀装置将要换上的刀具与卸下的刀具分别装入主轴和刀具库。最后，换刀装置转回原"待命"位置。至此，换刀完成，程序继续运行。

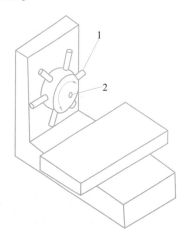

图 6-1 转塔式换刀装置

1—主轴；2—转塔式动力头

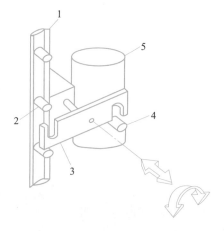

图 6-2 180°回转式换刀装置

1—刀具库；2—刀具库中的刀具；3—180°回转换刀机构；

4—主轴中的刀具；5—动力头

这种换刀装置的主要优点是结构简单，涉及的运动少，换刀快。其主要缺点是刀具必须存放在与主轴平行的平面内，与侧置后置刀库相比，切屑及切削液易进入刀夹，因此必须对刀具另加防护。若刀夹锥面上有切屑会造成换刀误差，甚至可能损坏刀夹与主轴。有些加工中心使用了传递杆，并将刀具库侧置。当换刀指令被调用时，传递杆将刀库的刀具取下，转到机床前方，并定位于与换刀装置配合的位置。180°回转式换刀装置既可用于卧式机床，也可用于立式机床。

3. 回转插入式换刀装置

回转插入式换刀装置（最常用的形式之一）是回转式换刀装置的改进形式。回转插入机构是换刀装置与传递杆的组合。图6-3所示为回转插入式换刀装置的工作原理，应用在卧式加工中心上的这种换刀装置的结构设计与180°回转式换刀装置基本相同。当接到换刀指令时，主轴移至换刀点，刀库转到适当位置，使换刀装置从其槽内取出欲换上的刀具。换刀装置转动并从位于机床一侧的刀具库中取出刀具，换刀装置回转至机床的前方，在该位置将主轴上的刀具取下，回转180°将欲换下的刀具装入主轴。与此同时，刀库移至适当位置以接收从主轴取下的刀具。换刀装置转到机床的一侧，并将从主轴取下的刀具放入刀具库的槽内。这种装置的主要优点是刀具存放在机床的一侧，避免了切屑造成的主轴或刀夹损坏的可能性。与180°回转式换刀装置相比，其缺点是换刀过程中的动作多，换刀所用的时间长。

4. 二轴转动式换刀装置

图6-4所示为二轴转动式换刀装置的工作原理。这种换刀装置可用于侧置或后置式刀库，其结构特点最适用于立式加工中心。接到换刀指令，换刀机构从"等待"位置开始运动，夹紧主轴上的刀具并将其取下，转至刀库，并将刀具放回刀库。从刀库中取出欲换上的刀具，转向主轴，并将刀具装入主轴，然后返回"等待"位置，换刀完成。

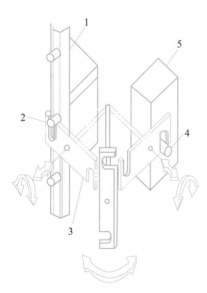

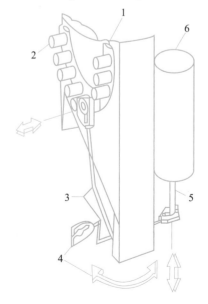

图6-3 回转插入式换刀装置的工作原理　　　图6-4 二轴转动式换刀装置的工作原理

1—刀库；2—刀库中的刀具；　　　　　　　1—刀库；2—刀库中的刀具；

3—回转插入式换刀机构；　　　　　　　　3—换刀机构转动铰接；4—两轴转动换刀机构；

4—动力头；5—主轴中的刀具　　　　　　　5—主轴中的刀具；6—动力头

5．主轴直接式换刀装置

主轴直接式换刀装置不同于其他形式的换刀装置。在这种装置中，要么刀库直接移到主轴位置，要么主轴直接移至刀库。

对于立式加工中心，小型机床一般是刀库移动实现换刀；一些大型机床，换刀过程与上述有所不同，由于大型机床的刀库太大，移动不方便，所以是主轴移动实现卸、装刀具，或使用机械手实现换刀。

6.1.1　加工中心刀库的形式

加工中心利用刀库实现换刀，这是目前加工中心大量使用的换刀方式。由于有了刀库，加工中心只需要一个固定主轴夹持刀具，有利于提高主轴刚度。独立刀库大大增加了刀具的储存数量，有利于扩大加工中心的功能，并能较好地隔离各种影响加工精度的干扰因素。

按照换刀过程有无机械手参与刀库换刀，分成有机械手换刀和无机械手换刀两种情况。在有机械手换刀的过程中，使用一个机械手将加工完毕的刀具从主轴中拔出，与此同时，另一机械手将在刀库中待命的刀具从刀库中拔出，然后两者交换位置，完成换刀过程。无机械手换刀时，刀库中刀具存放方向与主轴平行，刀具放在主轴可到达位置换刀时，主轴箱移到刀库换刀位置上方，利用主轴 Z 向运动将加工用完的刀具插入刀库中要求的空位处，然后刀库中待换刀具转到待命位置，主轴 Z 向运动将待用刀具从刀库中取出，并将刀具插入主轴。有机械手的系统在刀库配置、与主轴的相对位置及刀具数量上都比较灵活，换刀时间短。无机械手方式结构简单，只是换刀时间较长。

加工中心刀库的形式很多，结构也各不相同，最常用的有鼓（盘）式刀库、链式刀库、伞形刀库和斗笠式刀库、格子盒式刀库。

1）鼓式刀库

鼓式刀库有下列两种形式。

（1）刀具轴线与鼓轴线平行的鼓式刀库，如图 6-5 所示，刀具环形排列，分径向取刀（见图 6-5（a））和轴向取刀（见图 6-5（b））两种形式。这种鼓式刀库结构简单，应用较多，适用于刀库容量较少的情况。为增加刀库空间的利用率，可采用双环或多环排列刀具的形式。但鼓（盘）直径增大，转动惯量就增加，选刀时间也较长。

（2）刀具轴线与鼓盘轴线不平行的鼓式刀库，图 6-6 所示为刀具轴线与鼓盘轴线成夹角为锐角的刀库及换刀过程。图 6-7 所示为刀具轴线与鼓盘轴线夹角为直角的刀库。这种鼓式刀库占据空间较大，使刀库安装位置及刀库容量受到限制，故应用较少。但应用这种刀库可减少机械手换刀动作，可简化机械手结构。

2）伞形刀库和斗笠式刀库

图 6-8 所示为伞形刀库，刀库容量有 16、20 和 24 把等几种，采用电动凸轮传动。刀库中的刀具轴线是垂直的，靠重力挂在刀夹中，常用于立式加工中心中。换刀时，主轴移到刀库上方直接换刀，不用机械手。图 6-9 所示为斗笠式刀库，刀库容量、挂刀方法、换刀方式及传动都与伞形刀库类似。

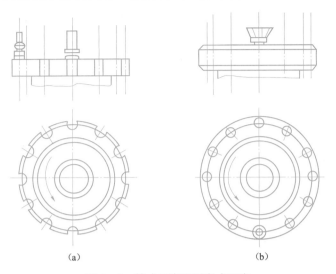

(a) (b)

图 6-5 鼓式刀库和圆盘式刀库

(a) 径向取刀形式；(b) 轴向取刀形式

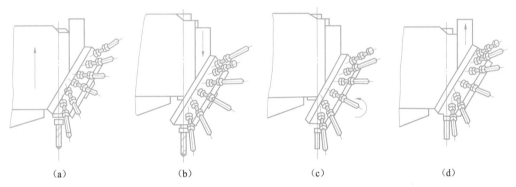

(a) (b) (c) (d)

图 6-6 刀库安装在主轴箱上的直接换刀过程

(a) 退离工件；(b) 刀库拔刀；(c) 刀库选刀；(d) 刀库插刀

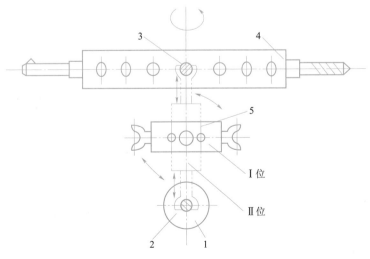

图 6-7 两手伸缩的回转式单臂双手机械手

1—机床主轴；2—主轴中刀具；3—刀库中刀具；4—刀库；5—机械手

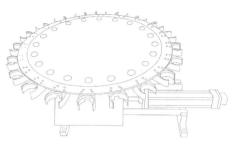

图6-8 伞形刀库

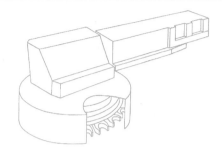

图6-9 斗笠式刀库

3) 链式刀库

图6-10 所示为链式刀库，它的结构紧凑，通常采用轴向取刀，刀库容量较大，链环可根据机床的布局配置成各种形状。如图6-10（a）、（b）所示，也可将换刀位置的刀座凸出以利于换刀。如图6-11 所示一般刀具数量在30~120 把时，可采用链式刀库。

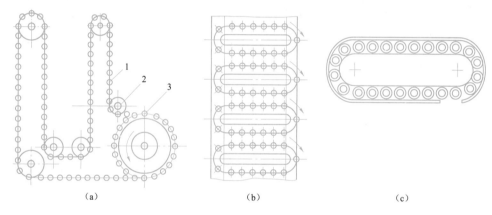

（a）   （b）   （c）

图6-10 链式刀库

（a）单环链刀库；（b）多环链刀库；（c）链条式刀库示意图

1—刀座；2—滚轮；3—主动链轮

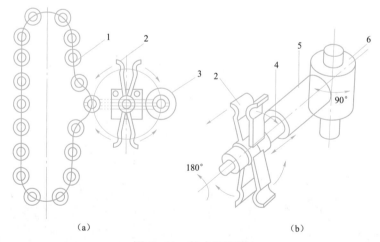

（a）   （b）

图6-11 剪式机械手

（a）刀库刀座轴线与机床主轴轴线平行；（b）刀库刀座轴线与机床主轴轴线垂直

1—刀库；2—剪式手爪；3—机床主轴；4—伸缩臂；5—伸缩与回转机构；6—手臂摆动机构

图 6 - 10（c）所示为另一种链条式刀库的示意图。换刀时刀具轴线要转过 90°角，刀对刀的换刀时间为 1.8 ~ 2.5 s，采用电动凸轮驱动，其刀库容量也较大。

4）格子盒式刀库

图 6 - 12 所示为固定型格子盒式刀库。刀具分几排直线排列，由纵、横向移动的取刀机械手完成选刀运动，将选取的刀具送到固定的换刀位置刀座上，由换刀机械手交换刀具。由于刀具排列密集，因此空间利用率高、刀库容量大。

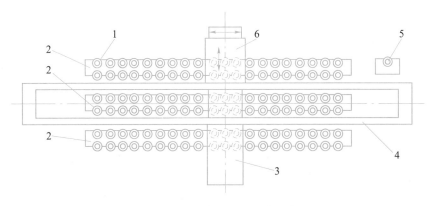

图 6 - 12　固定型格子盒式刀库

1—刀座；2—刀具固定板架；3—取刀机械手横向导轨；4—取刀机械手纵向导轨；5—换刀位置刀座；6—换刀机械手

除上面介绍的几种刀库形式之外，还有直线式刀库、多盘式刀库等。

6.1.2　几种典型换刀过程

1．无机械手换刀

无机械手换刀的方式是利用刀库与机床主轴的相对运动实现刀具交换的，图 6 - 13 所示为 VMC650B 加工中心斗笠式刀库的换刀过程。

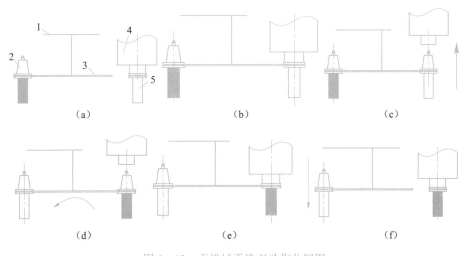

（a）　　　　　　　　　（b）　　　　　　　　　（c）

（d）　　　　　　　　　（e）　　　　　　　　　（f）

图 6 - 13　无机械手换刀动作分解图

1—导轨轴；2—待装刀具；3—刀库；4—主轴；5—刀杆

（1）机床将进行换刀时，主轴4停在换刀位置等候。

（2）刀库的气缸将刀盘沿着导轨轴1推往主轴中心的位置，刀库3的夹爪松开夹住刀杆5。与此同时，主轴内刀杆自动夹紧装置放松刀具。

（3）在刀盘夹爪夹住被卸刀杆5后，主轴上升。

（4）刀盘转动，按照程序指令要求将选好的待装刀具2转到主轴中心的下方位置。同时，压缩空气将主轴锥孔吹净。

（5）主轴4下降使待装刀具2插入主轴锥孔，主轴内有夹紧装置将刀杆拉紧。

（6）机床将要进行退刀时，主轴4静止不动，气缸则再次把刀库3沿着导轨轴1退回原来的第一位置。完成换刀动作，开始下一工步的加工。

这种换刀机构不需要机械手，结构简单、紧凑。由于交换刀具时机床不工作，所以不影响加工精度，但会影响机床的生产率。其次受刀库尺寸限制，装刀数量不能太多。这种换刀方式常用于小型加工中心。

2．机械手换刀

采用机械手进行刀具交换的方式应用最为广泛。这是因为机械手换刀具有很大的灵活性，而且可以减少换刀时间。机械手的结构形式是多种多样的，因此换刀运动也有所不同。下面以TH65 100卧式镗铣加工中心为例来说明采用机械手换刀的工作原理。

该机床采用的是链式刀库，位于机床立柱左侧。由于刀库中存放刀具的轴线与主轴的轴线垂直，故而机械手需要有三个自由度。机械手沿主轴轴线的插拔刀动作由液压缸来实现。90°的摆动送刀运动及180°的换刀动作分别由液压马达实现。其换刀分解动作如图6-14所示。

动作Ⅰ：抓刀伸出，抓住刀库上的待换刀具，刀库刀座上的锁板拉开。

动作Ⅱ：机械手带着待装刀具绕竖直轴逆时针转90°，与主轴轴线平行，另一个抓刀爪抓住主轴上的刀具，主轴将刀杆松开。

动作Ⅲ：机械手前移，将刀具从主轴锥孔内拔出。

动作Ⅳ：机械手后退，将新刀具装入主轴，主轴将刀具锁住。

动作Ⅴ：抓刀爪缩回，松开主轴上的刀具。机械手绕竖直轴顺时针转90°，将刀具放回刀库的相应刀座上，刀库上的锁板合上。

动作Ⅵ：抓刀爪缩回，松开刀库上的刀具，恢复到原始位置。

3．带刀套机械手换刀

VP1050换刀机械手如图6-15所示。套筒1由气缸带动做垂直方向运动，实现对刀库中刀具的抓刀，滑座2由气缸作用在两条圆柱导轨上水平移动，用于将刀库刀夹上的刀具（或换刀臂上的刀具）移到换刀臂上（或移到刀库刀夹上）。换刀臂可以上升、下降及180°旋转实现主轴换刀。换刀臂的上下运动由气缸实现，回转运动由齿轮齿条机构实现。换刀过程如下。

1）取刀

套筒1下降（套进刀把）→滑座2前移至换刀臂（将刀具从刀库中移到换刀臂）→换刀臂3的刀号更新（换刀臂的刀号登记为刀链的刀号，此过程在数控系统内部由PLC程序完成，用于刀库的自动管理）→套筒1上升（套筒脱离刀把）→滑座2移进刀库（恢复初始预备状态）。

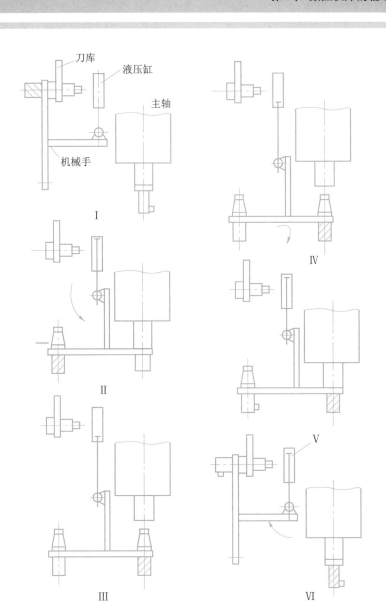

图 6 – 14 机械手换刀分解动作示意图

2）换刀

主轴 6 运动至还（换）刀参考点（运动顺序为先 Z 轴，后 X 轴，将刀柄送入换刀臂外侧爪）→主轴抓刀爪 7 松开→换刀臂 3 下降（从主轴上取下刀具）→换刀臂 3 旋转（刀具转至刀库侧）→换刀臂 3 上升（换刀臂刀爪与刀库刀爪对齐）→滑座 2 前移（套筒 1 对正刀柄）→套筒 1 下降（套进刀柄）→滑座 2 移进刀库（刀具从换刀臂进刀库）→换刀臂 3 的刀号设置为 0（换刀臂刀号为空白，由数控系统 PLC 完成）→套筒上升（脱离刀把）→换刀完成。

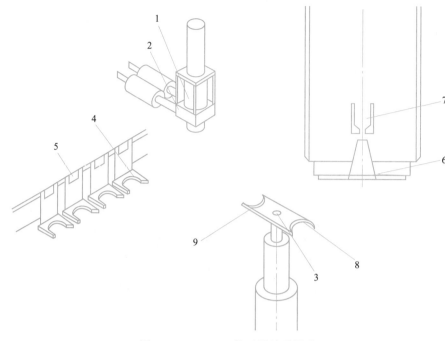

图 6 - 15　VP1050 换刀机械手原理

1—套筒；2—滑座；3—换刀臂；4—弹簧刀夹；5—刀号；6—主轴；
7—主轴抓刀爪；8—换刀臂外侧爪；9—换刀臂内侧爪

思考与练习

一、选择题

1. 在采用 ATC 后，数控加工的辅助时间主要用于（　　）。

A. 工件的安装及调整　　　　　　　　B. 刀具的装夹及调整

C. 刀库的调整　　　　　　　　　　　D. 换刀及调整

2. 加工中心的主轴换刀装置是采用（　）方式将刀具拉紧的。

A. 碟簧　　　　　　　　　　　　　　B. 气动

C. 液压　　　　　　　　　　　　　　D. 磁铁

3. 在刀库中每把刀具在不同的工序中不能重复使用的选刀方式是（　　）。

A. 顺序选刀　　　　　　　　　　　　B. 任意选刀

C. 软件选刀　　　　　　　　　　　　D. 硬件选刀

4. 加工中心的（　　）是加工中心多工序加工的必要保证，由刀库、机械手等部件组成。

A. 主轴部件　　　　　　　　　　　　B. 数控系统

C. 自动换刀系统   D. 检测装置

二、判断题

（ ）1. 刀具在刀库中的位置是固定不变的。

（ ）2. 盘式刀库又称为固定寻址换刀。

（ ）3. 为减少换刀时间，盘式刀库在进行换刀时采用就近原则换刀。

（ ）4. 加工中心机械手换刀时速度太快，造成振动，可通过调整调速阀来控制。

三、填空题

1. 刀库的型式很多，结构也各不相同，加工中心最常用的刀库有＿＿＿＿＿＿刀库和＿＿＿＿＿＿刀库两种。

2. 按数控装置的刀具选择指令，从刀库中挑选所需要刀具的操作过程称为＿＿＿＿＿＿。常用的选刀方式有＿＿＿＿＿＿和＿＿＿＿＿＿两种。

3. 数控机床的自动换刀装置中，实现刀库与机床主轴之间传递和装卸刀具的装置称为＿＿＿＿＿＿。

4. 刀具交换方式通常分为无机械手换刀和有机械手换刀两大类。无机械手换刀是利用刀库与主轴的＿＿＿＿＿＿实现刀具交换。

5. 有机械手换刀的换刀步骤有＿＿＿＿＿＿、＿＿＿＿＿＿、＿＿＿＿＿＿、和＿＿＿＿＿＿五种。

6. 数控加工中心机床的刀架分为＿＿＿＿＿＿和＿＿＿＿＿＿两大类。

四、问答题

1. 数控机床为什么要安装自动换刀装置？对自动换刀装置有哪些要求？

2. 加工中心自动换刀装置有哪几种基本形式？

3. 刀库有哪几种类型？各有什么特点？各种选刀方式有哪些不同？

6.2　数控回转工作台

为了扩大数控机床的加工性能，适应某些零件加工的需要，数控机床的进给运动，除 X、Y、Z 三个坐标轴的直线进给运动外，还可以有绕 X、Y、Z 三个坐标轴的圆周进给运动，分别为 A、B、C 轴。数控机床的圆周进给运动一般由数控回转工作台（简称数控转台）来实现。数控回转工作台的进给运动除了可以实现圆周运动之外，还可以完成分度运动。例如，加工分度盘的轴向孔，若采用间歇分度转位结构进行分度，由于其分度数有限，因而带来极大的不便，若采用数控回转工作台进行加工就比较方便。

数控回转工作台主要用于数控镗床和铣床，其外形和通用工作台几乎一样，但它的驱动是伺服系统的驱动方式。它可以与其他伺服进给轴联动。数控回转工作台的主要作用是根据数控装置发出的指令脉冲信号，完成圆周进给运动，进行各种圆弧加工或曲面加工，它也可以进行分度工作。数控回转工作台分为开环和闭环两种。

6.2.1　开环数控回转工作台

图 6-16 所示为自动换刀数控立式镗铣床数控回转工作台的结构。

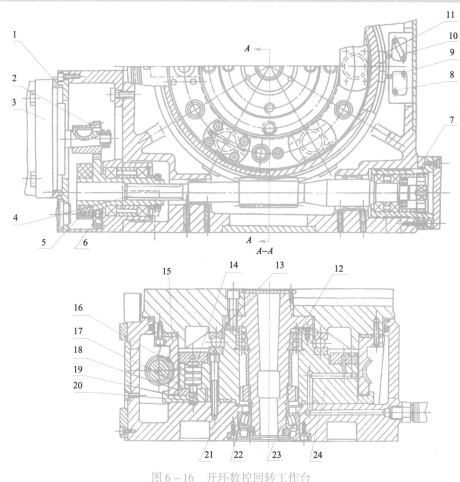

图 6-16 开环数控回转工作台

1—偏心环；2，6—齿轮；3—电动机；4—蜗杆；5—垫圈；7—调整环；8，10—微动开关；

9，11—挡块；12，13—轴承；14—液压缸；15—蜗轮；16—柱塞；17—钢球；

18，19—夹紧瓦；20—弹簧；21—底座；22—圆锥滚子轴承；23—调整套；24—支座

步进电动机 3 输出轴上的齿轮 2 与齿轮 6 啮合，啮合间隙由偏心环 1 来消除。齿轮 6 与蜗杆 4 用花键结合，花键结合间隙应尽量小，以减小对分度精度的影响。蜗杆 4 为双导程蜗杆，可以用轴向移动蜗杆的方法来消除蜗杆 4 和蜗轮 15 的啮合间隙。调整时，只要将调整环（两个半圆环垫片）的厚度尺寸改变，便可使蜗杆沿轴向移动。

蜗杆 4 的两端装有滚针轴承，左端为自由端，可以伸缩；右端装有两个角接触球轴承，承受蜗杆的轴向力。蜗轮 15 下部的内、外两面装有夹紧瓦 18 和 19，数控回转台的底座 21 上固定的支座 24 内均匀分布着六个液压缸 14。液压缸 14 上端进压力油时，柱塞 16 下行，通过钢球 17 推动夹紧瓦 18 和 19 将蜗轮夹紧，从而将数控转台夹紧，实现精确分度定位。

当需要数控转台实现圆周进给运动时，控制系统发出指令，使液压缸 14 上腔的油液流回油箱，在弹簧 20 的作用下把钢球 17 抬起，夹紧瓦 18 和 19 就松开蜗轮 15。柱塞 16 到上位发出信号，功率步进电动机启动并按指令脉冲的要求，驱动数控转台实现圆周进给运动。当转台做圆周分度运动时，先分度回转再夹紧蜗轮，以保证定位的可靠，并提高承受负载的能力。

由于数控转台是根据数控装置发出的指令脉冲信号来控制转位角度的，没有其他的定位元件。因此，对开环数控转台的传动精度要求高，传动间隙应尽量小。

数控转台设有零点。当进行"回零"操作时，先快速回转运动至挡块 11，压合微动开关 10，发出"快速回转"变为"慢速回转"的信号；再由挡块 9 压合微动开关 8，发出"慢速回转"变为"点动步进"的信号；最后由功率步进电动机停在某一固定的通电相位上，从而使转台准确地停靠在零点位置上。

数控转台的圆导轨采用大型推力轴承 13，使回转灵活。径向导轨由滚子轴承 12 及圆锥滚子轴承 22 保证回转精度和定位精度。调整轴承 12 的预紧力，可以消除回转轴的径向间隙。调整轴承 22 的调整套 23 的厚度，可以使圆导轨有适当的预紧力，保证导轨有一定的接触刚度。

这种数控转台可做成标准附件，回转轴可以水平安装也可以垂直安装，以适应不同工件的加工要求。

6.2.2 闭环数控回转工作台

闭环数控回转台的结构和开环数控回转台大致相同，其区别在于闭环数控回转台有转动角度的测量元件（圆光栅或圆感应同步器）。测量结果经反馈与指令值进行比较，按闭环原理进行工作，使转台分度精度更高。

图 6 – 17 所示为闭环数控转台的结构图，它由传动系统、间隙消除装置及蜗轮夹紧装置等组成。

数控回转工作台是由电液步进电动机 1 驱动，经齿轮 2 和 4 带动蜗轮 8，通过蜗杆 10 使工作台回转。为了尽量消除反向间隙和传动间隙，通过调整偏心环 3 来消除齿轮 2 和 4 的啮合侧隙。齿轮 4 与蜗杆 9 是靠楔形拉紧圆柱销来连接的。这种连接方式能消除轴与套的配合间隙。蜗杆 9 采用螺距渐厚蜗杆，通过移动蜗杆的轴向位置来调节间隙。这种蜗杆的左右两侧具有不同的螺距，因此，蜗杆齿厚从头到尾逐渐增厚。但由于同一侧的螺距是相同的，所以仍能保持正确的啮合。调整时松开螺母 7 的锁紧螺钉使压块 6 与调整套松开，然后转动调整套 11 带动蜗杆 9 做轴向移动，调整后锁紧调整套 11 和楔形圆柱销 5。蜗杆的左右两端都有双列滚针轴承支承，左端为自由端，可以伸缩以消除温度变化的影响；右端装有两个推球轴承，能进行轴向定位。

当工作台静止时，必须处于锁紧状态。为此，在蜗轮底部装有八对夹紧块 12 及 13，并在底座上均布着八个小液压缸 14，夹紧液压缸 14 的上腔通入压力油，使活塞向下运动，通过钢球 17 撑开夹紧块 12 及 13，将蜗轮夹紧。当工作台需要回转时，数控系统发出指令，夹紧液压缸 14 上腔的油流回油箱，钢球 17 在弹簧 16 的作用下向上抬起，夹紧块 12 和 13 松开蜗轮，这时蜗轮和回转工作台可按照控制系统的指令做回转运动。

数控回转工作台的脉冲当量是指数控回转工作台每个脉冲所回转的角度（度/脉冲），现在尚未标准化。现有的数控回转工作台的脉冲当量有小到 0.001°/脉冲，也有大到 2°/脉冲，设计时应根据加工精度的要求和数控回转工作台的直径大小来决定。通常，加工精度越高，脉冲当量应选得越小；数控回转工作台的直径越大，脉冲当量应选得越小。但也不能盲目追求过小的脉冲当量。脉冲当量 δ 选定之后，根据步进电动机的脉冲步距角就可决定减速齿轮蜗杆副的传动比：

$$\delta = \frac{z_1 z_3}{z_2 z_4} \theta$$

式中，z_1、z_2 分别为主动、被动轮齿数；z_3、z_4 分别为蜗杆头数和蜗杆齿数。

在决定 z_1、z_2、z_3、z_4 时，要满足传动比的要求，同时也要考虑到结构的限制。

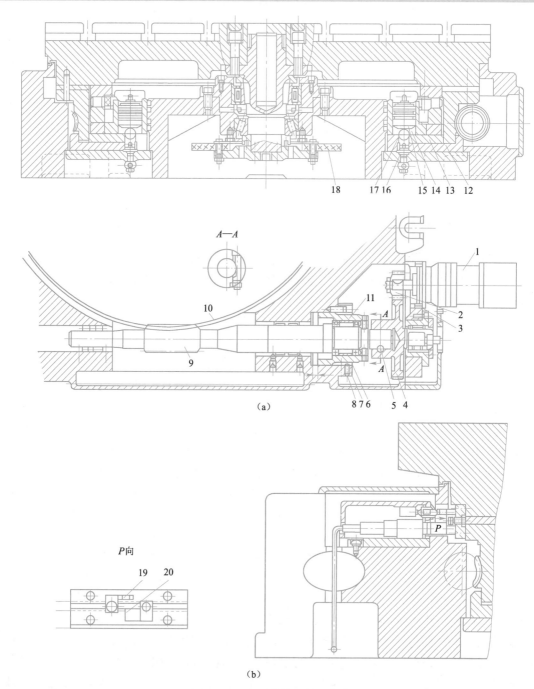

图 6 - 17　闭环数控回转工作台

1—电动机；2，4—齿轮；3—偏心环；5—圆柱销；6—压块；7—螺母；8—蜗轮；9，10—蜗杆；11—调整套；
12，13—夹紧块；14—液压缸；15—液压缸活塞；16—弹簧；17—钢球；18—圆光栅；19—螺纹套；20—调整螺母

　　数控回转工作台的导轨面由大型滚柱轴承支承，并由圆锥滚柱轴承及双列向心圆柱滚子轴承保持回转中心的准确。数控回转工作台设有零点，当它做回零运动时，先用挡铁压下限位开关，使工作台降速，然后由圆光栅或编码器发出零位信号，使工作台准确地停在零位。数控回转工作台可以做任意角度的回转和分度，也可以做连续回转进给运动。

6.2.3 双蜗杆回转工作台

图 6 – 18 所示为双蜗杆传动结构，用两个蜗杆分别实现对蜗轮的正、反向传动。蜗杆 2 可做轴向调整（通过旋转安装在轴上的螺母，迫使其左侧的调整套做轴向移动），使两个蜗杆分别与蜗轮的左右齿面接触，尽量消除正反传动间隙。调整垫 3、5 用于调整锥齿轮的啮合和间隙。双蜗杆传动虽然较双导程蜗杆及平面圆柱齿轮包络蜗杆传动结构复杂，但普通蜗轮、蜗杆制造工艺简单，承载能力比双导程蜗杆大。

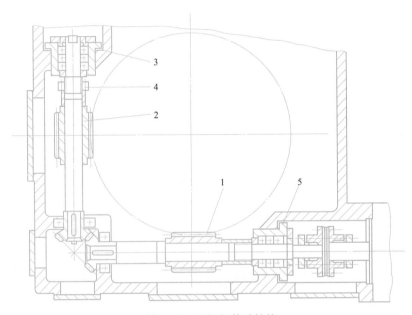

图 6 – 18　双蜗杆传动结构

1—轴向固定蜗杆；2—轴向调整蜗杆；3，5—调整垫；4—锁紧螺母

思考与练习

一、判断题

（　　）1. 数控回转工作台只能进行回转运动，不能进行分度。

（　　）2. 数控回转工作台外形与通用的一样，驱动是伺服系统。

（　　）3. 回转工作台根据工作要求分为数控转台和分度台。

二、填空题

1. 回转工作台分为分度台和数控转台，其中在加工中参与切削的是＿＿＿＿＿＿。

2. 既能使工作台进行圆周进给，又能完成分度运动的工作台叫＿＿＿＿＿＿。

3. 数控回转工作台分为＿＿＿＿＿＿和＿＿＿＿＿＿两种。

6.3　分度工作台

分度工作台的分度和定位按照控制系统的指令自动进行，每次转位回转一定的角度（如90°、60°、45°、30°等），为满足分度精度的要求，要使用专门的定位元件。常用的定位元件有插销定位、反靠定位、齿盘定位和钢球定位等几种。分度工作台只能完成分度运动，不能实现圆周进给，它的分度只限于某些规定的角度。

6.3.1　齿盘定位的分度工作台

1. 齿盘定位的分度工作台工作原理

齿盘定位的分度工作台能达到很高的分度定位精度，能承受很大的外载，定位刚度高，精度保持性好。实际上，由于齿盘啮合脱开相当于两齿盘对研过程，故也用于组合机床和其他专用机床。THK6370型自动换刀数控卧式镗铣床齿盘定位分度工作台的结构，主要由一对分度齿盘、液压缸、活塞、液压电动机、蜗杆副和减速齿轮副组成。分度转位动作包括以下几个方面。

（1）工作台抬起，齿盘脱离啮合，完成分度前的准备工作。

（2）回转分度。

（3）工作台下降，齿盘重新啮合，完成定位夹紧。

2. 多齿盘的特点

（1）定位精度高。大多数多齿盘采用向心多齿结构，它既可以保证分度精度，同时又可以保证定心精度，而且不受轴承间隙及正反转的影响，一般定位精度可达±3″，高精度的多齿盘定位精度可在±0.3″以内，同时，重复定位精度既高又稳定。

（2）承载能力强、定位刚度好。由于是多齿同时啮合，一般啮合率不低于90%，每齿啮合长度不少于60%。

（3）齿面的磨损对定位精度的影响不大，随着不断的磨合，定位精度不仅不会下降，而且有可能提高，因而使用寿命也较长。

（4）适用于多工位分度。由于齿数的所有因数都可以作为分度工位数，因此，一种多齿盘可以用于分度数目不同的场合。

多齿盘分度工作台除了具有上述优点外，也有以下不足之处。

（1）其主要零件——多齿端面齿盘的制造比较困难，其齿形及形位公差要求很高，而且成对齿盘的研磨工序很费工时，一般要研磨几十小时以上，因此生产率低、成本也较高。

（2）在工作时动齿盘要下降、转位、定位及夹紧，因此，多齿盘分度工作台的结构也相对要复杂些。但是从综合性能来衡量，由于它能使一台加工中心的主要指标（即加工精度）得到保证，因此，目前在卧式加工中心上仍在采用。

3. 多齿盘的分度角度

多齿盘的分度可实现分度角度为

$$\theta = 360°/z$$

式中，θ 为可实现的分度数（整数）；z 为多齿盘齿数。

6.3.2 鼠牙齿盘分度工作台

鼠牙齿盘式分度工作台是由工作台面、底座、压紧液压缸、鼠牙齿盘、伺服电动机、同步带轮和齿轮转动装置等零件组成的，如图6-19所示。鼠牙齿盘是保证分度精度的关键零件，每个齿盘的端面带有数目相同的三角形齿，当两个齿盘啮合时，能够自动确定轴向和径向的相对位置。

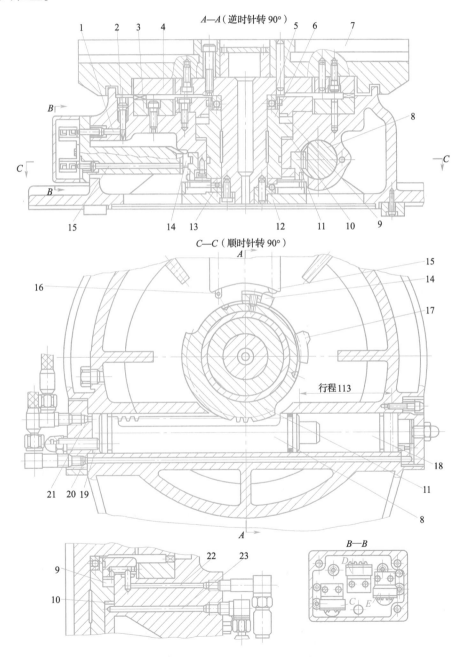

图6-19 鼠牙齿盘分度工作台

1，2，15—推杆；3，4—鼠牙齿盘；5，13—推力轴承；6—活塞；7—工作台；8—齿条活塞；9—液压缸上腔；10—液压缸下腔；11—齿轮；12—内齿轮；14，17—挡块；16—止动块；18—油腔；19—分度油缸左腔；20，21，22，23—油孔机床需要分度工作时，数控装置就发出指令，电磁铁控制液压阀，使压力油经孔23进入到工作台7中央的夹紧液压缸下腔10，推动活塞6向上移动，经推力轴承5和13将工作台7抬起，上下两个鼠牙齿盘4和3脱离啮合，与此同时，在工作台7向上移动的过程中，带动内齿轮12向上套入齿轮11，完成分度前的准备工作。

当工作台7上升时，推杆2在弹簧力的作用下向上移动，使推杆1能在弹簧作用下向右移动，离开微动开关S2，使S2复位，控制电磁阀使压力油孔21进入分度油缸左腔19，推动齿条活塞8向右移动，带动与齿条相啮合的齿轮11做逆时针方向转动。由于齿轮11已经与内齿轮12相啮合，分度台也将随着转过相应的角度，回转角度的近似值将由微动开关和挡块17控制。开始回转时，挡块14离开推杆15使微动开关S1复位，通过电路互锁，始终使工作台处于上升位置。

当工作台转到预定位置附近，挡块17通过止动块16使微动开关S3工作，控制电磁阀开启，使压力油孔22进入到压紧液压缸上腔9。活塞3带动工作台7下降，上鼠牙齿盘4与下鼠牙齿盘3在新的位置重新啮合，并定位压紧。液压缸下腔10的回油经节流阀可限制工作台的下降速度，保持齿面不受冲击。

当分度工作台下降时，通过推杆2及1的作用启动微动开关S2，分度液压缸由腔18通过油孔20进压力油，活塞齿条8退回。齿轮11顺时针方向转动时带动挡块17及14回到原处，为下一次分度工作做好准备。此时，内齿轮12已同齿轮11脱开，工作台保持静止状态。

总结以上鼠牙齿盘式分度工作台的分度运动，其具体工作过程可分为以下三个步骤。

1. 分度工作台抬起

数控装置发出分度指令，工作台中央的压紧液压缸下腔通过油孔进压力油，活塞向上移动，通过钢球将分度工作台抬起，两齿盘脱开，抬起开关发出抬起完成信号。

2. 工作台回转分度

当数控装置接收到工作台抬起完成信号后，立即发出指令让伺服电动机旋转，通过同步齿形带及齿轮带动工作台旋转分度，直到工作台完成指令规定的旋转角度后，电动机停止旋转。

3. 分度工作台下降，并定位夹紧

当工作台旋转到位后，由指令控制液压电磁阀换向，使压紧液压缸上腔通过油孔进入压力油。活塞带动工作台下降，鼠牙齿盘在新的位置重新啮合，并定位夹紧。夹紧开关发出夹紧完成信号，液压缸下腔的回油经过节流阀，以限制工作台下降的速度，保护齿面不受撞击。

鼠牙齿盘式分度工作台做回零运动时，其工作过程基本与上面的相同。当工作台回转挡铁压下工作台零位开关时，伺服电动机减速并停止。

鼠牙齿盘式分度工作台与其他分度工作台相比，具有重复定位精度高、定位刚度好和结构简单等优点。鼠牙齿盘的磨损小，而且随着使用时间的延长，定位精度还会有进一步提高的趋势。因此，它在数控机床上得到了广泛应用。

6.3.3 定位销式分度工作台

图6-20所示是自动换刀数控卧式镗铣床的分度工作台。分度工作台2位于长方形工

台 11 的中间，在不单独使用分度工作台 2 时，两个工作台可以作为一个整体工作台来使用。这种工作台的定位分度主要靠定位销和定位孔来实现。在工作台 2 的底部均匀分布着八个削边圆柱定位销 8，在工作台上底座 12 有一个定位孔衬套 7 以及供定位销移动的环形槽。其中只能有一个定位销 8 进入定位衬套 7 中，而其余七个定位销则都在环形槽中。因为八个定位销在圆周上均匀分布，之间间隔为 45°，因此工作台只能做二、四、八等分的分度运动。

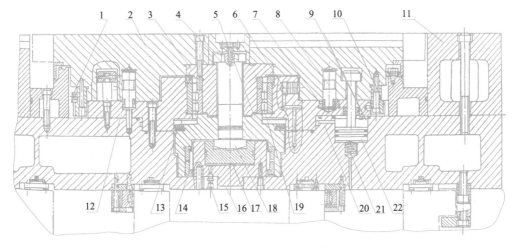

图 6 - 20　定位销式分度工作台

1—螺杆；2—分度工作台；3—锥套；4—螺钉；5—支座；6—消除间隙液压缸；7—定位衬套；8—定位销；

9—锁紧液压缸；10—大齿轮；11—长方形工作台；12—上底座；13—止推轴承；14—滚针轴承；

15—管道；16—中央液压缸；17、22—活塞；18—螺柱；19—圆柱滚子轴承；20—下底座；21—弹簧

分度时，数控装置发出指令，由电磁阀控制下底座 20 上的六个均匀分布锁紧液压缸 9 中的压力油经环形槽流向油箱，活塞 22 被弹簧 21 顶起，工作台 2 处于松开状态。与此同时，消除间隙液压缸 6 卸荷，压力油经管道 15 流入中央液压缸 16，使活塞 17 上升，并通过螺柱 18 由支座 5 把止推轴承 13 向上抬起，顶在底座 12 上，通过螺钉 4、锥套 3 使工作台 2 抬起。固定在工作台面上的定位销 8 从定位套 7 中拔出，做好分度前的准备工作。

工作台 2 抬起之后，数控装置发出指令使液压电动机转动，驱动两对减速齿轮，带动固定在工作台 2 下面的大齿轮 10 回转，进行分度。在大齿轮 10 上每 45° 间隔设置一挡块，分度时，工作台先快速回转，当定位销即将进入规定位置时，挡块碰撞第一个限位开关，发出信号使工作台减速。当挡块碰撞第二个限位开关时，工作台停止回转，此刻，相应的定位销 8 正好对准定位孔衬套 7。分度工作台的回转速度由液压电动机和液压系统中的单向节流阀调节。

完成分度后，数控装置发出信号使中央液压缸 16 卸荷，工作台 2 靠自重下降。相应的定位销 8 插入定位孔衬套 7 中，完成定位工作。定位完毕后，消除间隙液压缸 6 通入压力油，活塞向上顶住工作台 2 消除径向间隙。然后使锁紧液压缸 9 的上腔通入压力油，推动活塞杆 22 下降，通过活塞杆上的 T 形头压紧工作台。至此，分度工作全部完成，机床可以进行下一工位的加工。

工作台的回转轴支承是滚针轴承 14 和径向有 1：12 锥度的加长型圆锥孔双列圆柱滚子轴承 19。轴承 14 装在支座 5 内，能随支座 5 做上升或下降移动。当工作台抬起时，支座 5 所受推力的一部分由推力轴承 13 承受，这就有效地减少了分度工作台回转时的摩擦力矩，使转动更加灵活。轴承 19 内环由螺母 4 固定在支座 5 上，并可以带着滚柱在加长的外环内做 15mm 的轴向移动。当工作台回转时，它就是回转中心。

思考与练习

一、选择题

1. 当鼠牙齿盘式工作台的鼠牙盘数为 72 时，理论上可作（　　　）分度方式。

A. 1 种   B. 4 种

C. 10 种   D. 无数种

2. 分度台具有（　　　）的特点。

A. 在加工中参与切削   B. 相当于圆周进给运动坐标轴

C. 在控制和驱动上类似于伺服进给系统   D. 工件一次装夹完成多工序加工

二、判断题

（　　）1. 分度头主轴是空心轴，两端均有莫氏锥度的内锥孔。

（　　）2. 在分度头上采用两顶装夹工件，鸡心夹与拨盘和分度头主轴是通过锥度配合连接的。

（　　）3. 数控机床中的精密多齿分度盘，其分度精度可达 ±0.8″。

三、填空题

1. 分度工作台按其定位机构的不同分为＿＿＿＿＿＿和＿＿＿＿＿＿两类。

2. 只能完成分度辅助运动的工作台叫＿＿＿＿＿＿，既能使工作台进行圆周进给，又能完成分度运动的工作台叫＿＿＿＿＿＿。分度精度较高的是＿＿＿＿＿＿，这种工作台有＿＿＿＿＿＿和＿＿＿＿＿＿两种形式。

四、简答题

简述分度台和数控转台的区别。

6.4　数控机床的液压与气动系统

现代数控机床在实现整机的全自动化控制中，除电气控制外，还需配备液压和气动等辅助装置，以实现整机的自动运行功能。所用的液压和气动装置应结构紧凑、工作可靠、易于控制和调节，它们的工作原理类似，但应用范围有所不同。

6.4.1 液压系统和气压系统的组成及工作原理

液压系统与气压系统的组成和工作原理基本相同，现仅以液压系统为例来介绍。

一个完整的液压系统一般由以下几部分组成。

1. 能源部分

能源部分包括液压泵装置和蓄能器，它们能够输入压力油，把原动机的机械能转变为液体的压力能并储存起来。

2. 执行机构部分

执行机构部分包括液压油缸和液压马达等，它们用来带动运动部件，将液体压力能转变成使工作部件运动的机械能。

3. 控制调节装置

控制调节装置由各种液压控制阀组成，用于控制流体的压力、流量及流动方向，从而控制执行部件的作用力、运动速度和运动方向，也可以用来卸载，实现过载保护等。

4. 辅助部分

除上述三部分以外还有所有其他元器件，如油箱、压力表、滤油器、管路、管接头、加热器和冷却器，以及行程开关等电控元器件。

图6-21所示为常用液压系统的工作原理图。在液压系统中，各种控制阀可采用分散布局、就近安装的原则，分别装在数控机床的有关零部件上，电磁阀上贴有磁铁号码，便于用户维修。为减少液压系统的发热，液压泵采用变量泵。油箱内安装的过滤器，应定期用汽油或超声波振动清洗。

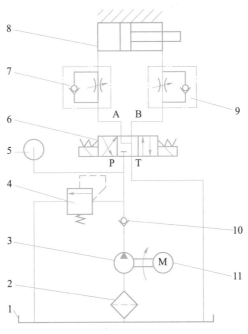

图6-21 液压系统的工作原理图

1—油池；2—过滤器；3—液压泵；4—溢流阀；5—压力表；6—三位四通电磁阀；7，9—单向节流阀；

8—液压驱动部件；10—单向阀；11—电动机

6.4.2 液压系统与气压系统的应用范围

液压传动装置以工作压力高的油为工作介质，机械结构紧凑，与其他传动装置相比，在同等体积条件下可以产生较大的力或力矩，动作平稳可靠，易于调节和控制，噪声较小，但需配置液压泵和油箱，且易产生渗漏和环境污染，常用于大、中型数控机床。

气动装置的气源容易获得，机床可以不必再单独配置动力源，装置结构简单，工作无污染，工作速度控制和动作频率高，适合完成频繁启动的辅助动作，过载时比较安全，不易发生过载时损坏器件事故，常用于功率不大、精度要求不高的中、小型数控机床。

6.4.3 液压及气压系统在数控机床中的辅助功能

在数控机床中，液压及气压系统常用来完成以下的辅助功能。
（1）自动换刀所需的动作。如机械手的伸、缩、回转和摆动及刀具的松开和夹紧动作。
（2）机床运动部件的平衡。如机床主轴箱的重力平衡、刀库机械手的平衡装置等。
（3）机床运动部件的运动、制动和离合器的控制、齿轮拨叉挂挡等。
（4）机床防护罩、板、门的自动开关。
（5）工作台的夹紧松开、交换工作台的自动交换动作。
（6）夹具的自动夹紧和放松。
（7）工件、夹具定位面和交换工作台的自动吹屑、清理定位基准面等。

6.4.4 液压系统在数控机床上的应用实例

1. 液压系统在数控车床上的应用

在数控车床上，卡盘的夹紧与松开、尾架的顶紧与退回、防护罩拉门的开关等均由液压系统来驱动控制。其工作原理如图 6-22 所示。

机床采用变量泵，系统油压调整到 3×10 MPa，压力油经滤油器进入控制油路。卡盘的夹紧与松开由二位四通阀 2 来控制，夹紧力的大小由减压阀 5 来调节。为了操作安全，在液压缸的进出油路上设置了压力继电器 7，使卡盘夹紧力达到一定值后才能发出控制指令。

尾架由三位四通换向阀 1 来控制，其顶紧力的大小由减压阀 6 来调整，调整范围为 0.5~1.5 MPa。

拉门的开关由二位四通阀 3 来控制，在油路中增加了单向阀和节流阀以调节拉门的开关速度。

图 6-22 中还包括卡盘卡爪定位面的吹净工作气路，它由压缩空气来完成。空气的通断由电磁阀 4 控制，气源需外接。

图 6-23 所示为数控车床自动定心液压动力卡盘结构图。该卡盘主要由引油导套、液压缸和卡盘三部分组成。卡盘 3 用螺钉固定在主轴（短锥定位）上，液压缸 5 固定在主轴后端。改变液压缸左、右油腔的通油状态，活塞杆 4 带动卡盘内的驱动爪 1 和卡爪 2 夹紧或放松工件，并通过行程开关 6 和 7 发出相应信号。

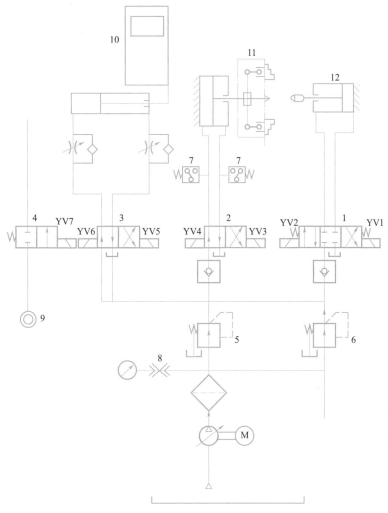

图 6-22 数控车床液压系统工作原理图

1—三位四通换向阀；2，3—二位四通阀；4—电磁阀；5，6—减压阀；7—压力继电器；

8—变量泵；9—气源；10—防护罩拉门；11—卡盘；12—尾架

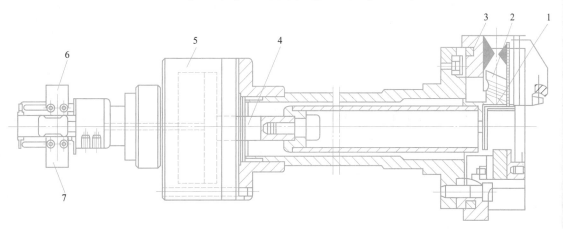

图 6-23 数控车床自动定心液压动力卡盘结构

1—驱动爪；2—卡爪；3—卡盘；4—活塞杆；5—液压缸；6，7—行程开关

2. 气压系统在加工中心机床上应用

加工中心上气动系统的设计与机床的类型、结构、要求完成的功能等有关，图6－24所示为H400型卧式加工中心主轴换刀系统气压原理图，主要用于刀具的拉紧与松开及主轴锥孔吹气。

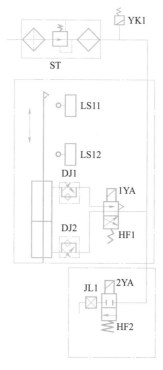

该型机床气压系统要求提供额定压力为0.7 MPa的压缩空气，压缩空气通过管道连接到气动系统调压、过滤、油雾气动三联件ST，经过气动三联件ST后，得以干燥、洁净，并加入适当润滑用油雾，然后提供给后面的执行机构使用，保证整个气压系统的稳定安全运行，避免或减少因执行部件、控制部件的磨损而降低使用寿命。YK1为压力开关，该开关在气动系统达到额定压力时发出电参量开关信号，通知机床气动系统正常工作。

在该系统中为了减小载荷变化对系统工作稳定性的影响，在气动系统设计时均采用单向出口节流的方法调节气缸的运行速度。图6－25所示为H400型卧式加工中心主轴气动结构。活塞4、5与缸体6是完成刀具拉紧与松开的执行机构。为保证机床切削加工过程的稳定、安全、可靠，刀具拉紧力应大于12 000 N。为使主轴结构紧凑、减轻质量，并且结构上要求工作缸直径不能大于150 mm，采用复合双作用气缸以达到设计要求。

图6－24 H400型卧式加工中心主轴
换刀系统气压原理图

在无换刀操作指令状态下，活塞在自动复位控制阀HF1（见图6－24）的控制下始终处于上位状态，并由感应开关LS11检测该位置信号，以保证活塞杆与拉刀杆脱离，避免主轴旋转时活塞杆与拉刀杆直接接触而摩擦损坏。主轴对刀具的拉力由碟形弹簧受压产生的弹力提供。当进行自动或手动换刀时，两位四通电磁阀HF1线圈1YA得电，缸体上腔通入高压气体，活塞向下移动，活塞杆压住拉刀杆克服弹簧弹力向下移动，直到拉刀爪松开刀柄上的拉钉，刀柄与主轴脱离。感应开关LS12检测到位信号，通过变送扩展板传送到CNC的PMC，作为对换刀机构进行协调控制的状态信号。与此同时，电磁阀HF2打开吹气清理气流，吹出高速气流清除主轴锥孔接合面上的杂物。吹气气流量的大小由节流阀JL1调节。

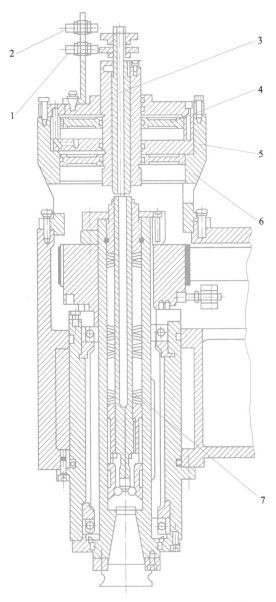

图 6-25　H400 型卧式加工中心主轴气动结构图

1—LS11 感应开关；2—LS12 感应开关；3—活塞杆；4，5—活塞；6—缸体；7—拉刀杆

思考与练习

一、判断题

（　　）数控机床的气压装置因空气黏度小，在管路中的能量损失小，适于远程传输及

控制使用。

二、填空题

1. 一个完整的液压系统一般由_____、_____、_____和_____四部分组成。

2. 液压传动装置以_____为工作介质，可以产生较大的_____，噪声_____，但需配置液压泵和油箱，且易产生渗漏和环境污染，常用于_____。

3. 气动装置装置结构简单，工作无污染，工作速度控制和动作频率_____，适合完成频繁启动的辅助动作，过载时比较安全，不易发生损坏器件事故，常用于_____。

三、简答题

1. 数控机床液压系统由哪几部分组成？
2. 液压和气压系统在数控机床上能实现哪些辅助功能？
3. 简述数控机床液压和气压装置的特点。

6.5 数控机床的润滑与冷却系统

6.5.1 数控机床的润滑系统

良好的润滑是保证数控机床稳定可靠工作的重要因素，这对于延长数控机床的使用寿命、提高切削效率等方面有着显著的作用。

1. 润滑的作用

在数控机床中润滑主要有以下几方面的作用。

1）减小摩擦、减缓磨损

在两个有相对运动的接触表面之间加入润滑油或润滑脂，可在相对运动件之间形成一层油膜，有效地避免了两表面间的直接接触，大大降低了接触表面间的摩擦系数，可以减小摩擦，实现减缓零件磨损的目的。

2）降低温度

在油泵的作用下，流动润滑油可以把摩擦产生的大量热量带走，以起到降低润滑表面温度的作用。

3）防止锈蚀

润滑油在摩擦表面形成的保护油膜，阻挡了金属与空气或其他氧化源的直接接触，并在一定程度上防止了金属零件的锈蚀。

4）形成密封

润滑脂除具有主要的润滑作用外，还有防止润滑剂流出和外界尘屑进入摩擦表面的作用，避免了摩擦、磨损的加剧。

2. 润滑的类型

按工作方式分类，数控机床的润滑可分为分散润滑和集中润滑两种。分散润滑是指在数控机床的各个润滑点用独立、分散的润滑装置进行润滑；集中润滑是指利用一个统一的润滑系统对多个润滑点进行润滑。

按润滑介质的不同，数控机床的润滑又分为油润滑和脂润滑两种，其中油润滑又分为油浴润滑（包括溅油润滑和油池润滑）、定时定量润滑、循环油润滑、油雾润滑及油气润滑等方式。

下面仅介绍上述几种油润滑方式。

1）油浴润滑方式

油浴润滑就是使轴上的回转零件（如齿轮、甩油盘等）浸入油池中，回转时将润滑油带到相应表面进行润滑。该方法简单可靠，但应注意带油零件回转速度不宜太高，浸入油池也不宜过深。

2）定时定量润滑方式

定时定量润滑无论润滑点位置高低和离油泵远近，各点的供油量稳定，由于润滑周期的长短及供油量可调整，减少了润滑油的消耗，所以易于自动报警，润滑可靠性高。图6-26所示为常见的定时定量润滑系统及配套的定时定量阀。

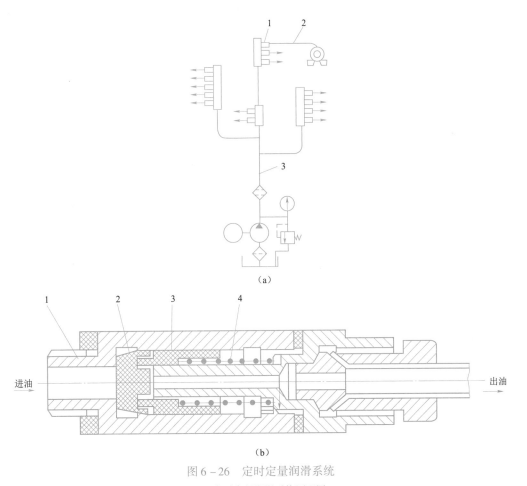

图6-26 定时定量润滑系统

（a）定时定量润滑系统原理图；

1—定量阀；2—支油管；3—主油管

（b）定时定量阀结构示意图

1—阀体；2—皮碗；3—柱塞；4—弹簧

在定时定量润滑系统中，由于供油量小、润滑油不重复使用、无热量带回油箱等原因，所以油箱体积一般较小。油箱通常由油泵、单向阀、过滤器及流量继电器等组成，流量继电器用于润滑油量少于规定值时，向数控机床提供润滑系统缺油报警信号。

3）循环油润滑方式

在数控机床上，发热量大的部件，常采用循环油润滑方式。这种润滑方式是利用油泵把油箱中的润滑油经管道和分油器等元件送到各润滑点上，用过的油液返回油箱，在返回途中或者在油箱中油液经过冷却和过滤后再供循环使用。这种润滑方式供油充足，适于润滑油压力、流量和温度的控制与调整，常用于加工中心等机床主轴箱的润滑冷却。

4）油雾润滑方式

油雾润滑是将油液经高压气体雾化后从喷嘴成雾状喷到需润滑的部位的润滑方式。由于雾状油液吸热性好，又无油液搅拌作用，所以通常用于高速主轴轴承的润滑。但是，油雾容易吹出，污染环境。

5）油气润滑方式

油气润滑方式是针对高速主轴而开发的新型润滑方式。它是利用极微量的油（8 ~ 10 min 约 0.03 cm³ 油）润滑轴承，以抑制轴承发热。

3. 数控机床的润滑系统

数控机床的润滑系统主要对主轴传动部分、轴承、滚珠丝杠及机床导轨等部件进行润滑。由于数控机床在运转过程中，既有高速的相对运动，也有低速的相对运动，既有重载的部位，也有轻载的部位，因此通常采用分散润滑与集中润滑、油润滑与脂润滑相结合的综合润滑方式，对数控机床各个需要润滑的部位进行润滑。

在数控机床的主轴传动部分中，齿轮和主轴轴承等零件转速较高，承受的载荷较大，温升剧烈，因而一般采用润滑油强制循环的方式，且在对这些零件进行润滑的同时完成对主轴系统的冷却。这些具有润滑和冷却双重作用的液压系统对液压油的过滤要求较为严格，否则将影响齿轮、轴承等零件的使用寿命。一般在这部分液压系统中采用沉淀、过滤、磁性精过滤等手段保持液压油的洁净，并要求经过规定的时间后进行液压油的清理更换。

滚珠丝杠及轴承、机床导轨是决定数控机床各个运动精度的主要部件。为了维持它们的运动精度并减少摩擦及磨损，必须采用适当的润滑。为达到良好的润滑效果，在一般情况下，滚珠丝杠、机床导轨常采用定时定量润滑方式进行润滑，而对支承丝杠的轴承采用油脂润滑。

图 6 - 27 所示为某型加工中心主轴润滑冷却系统管路示意图，为解决主轴及其传动部件的润滑与冷却，该主轴采用了循环油润滑系统。要求机床每运转 1 000 h 更换一次润滑油，当润滑油液位置低于油窗下刻度线时，需补充润滑油到油窗液位刻度线规定范围，主轴每运转 2 000 h，需要清洗过滤器。

6.5.2 数控机床的冷却系统

数控机床的冷却系统按照其作用可分为机床的冷却与切削时对刀具和工件的冷却两部分。

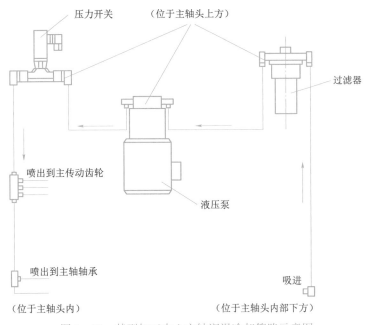

图 6 – 27　某型加工中心主轴润滑冷却管路示意图

1. 机床的冷却和温度控制

数控机床属于高精度、高效率及高投入成本的机床，为了提高生产率，数控机床一般 24 h 不停机连续工作。为保证在长时间工作状况下机床加工精度的一致性、电气及控制系统的工作稳定性和机床的使用寿命，数控机床对环境温度和各部分的发热冷却及温度控制均有相应要求。

环境温度对数控机床加工精度及工作稳定性有直接影响。对精度要求较高和整批零件尺寸一致性要求较高的加工，应保持数控机床工作环境的恒温。

数控机床的电控系统是整台机床的控制核心，其工作时的可靠性及稳定性对数控机床的正常工作起着决定性作用，并且电控系统中间的绝大部分元器件在通电工作时均产生热量，如果散热不好，容易造成整个系统的温度过高，从而影响其可靠性、稳定性及元器件的寿命。为降低整个电控系统温度，一般均在发热量大的元器件上加装散热片与采用风扇强制循环通风，但这种冷却方式具有灰尘、湿空气易进入控制箱，温度控制稳定性差的缺点。因此，在一些较高档的数控机床上一般采用专门的电控箱冷气机进行电控系统的温湿度调节。图 6 – 28 所示为电控箱冷气机的原理和结构。

在数控机床的机械部分，主轴部件及传动机构为最主要的发热源。对主轴轴承和传动齿轮等零件，特别是中等以上预紧的主轴轴承，如果工作时温度过高，很容易产生胶合磨损、润滑油精度降低等后果，所以数控机床的主轴部件及传动装置通常设有工作温度控制装置。

图 6 – 29（a）所示为加工中心主轴温控机的工作原理图。循环液压泵 2 将主轴头内的润滑油通过出油管 6 抽出，经过滤器 4 过滤送入主轴头内，温度传感器检测润滑油液的温度，并将温度信号传入温控机控制系统，控制系统根据操作者在温控机上的预设值，来控制

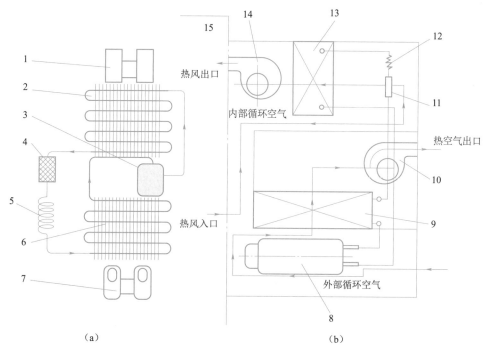

图 6 – 28　电控箱冷气机的原理和结构

(a) 原理图；(b) 结构图

1, 10—外部空气排出风机；2, 9—冷凝器盘管；3, 8—压缩机；
4, 11—干燥过滤器；5, 12—毛细管；6, 13—蒸发器盘管；7, 14—制冷空气排出风机；15—电控箱

冷却器的开关。冷却润滑系统的工作状态由压力继电器 3 检测，将此信号传送到数控系统的 PLC。数控系统把主轴传动系统及主轴的正常润滑作为主轴系统工作的充分必要条件，如果压力继电器 3 无信号发出，则数控系统 PLC 发出报警信号，且禁止主轴启动。图 6 – 29 (b) 所示为温控机操作面板。操作者可以设定油温和室温的差值，温控机根据此差值进行控制，面板上设置有循环液压泵、冷却机工作、故障等多个指示灯，供操作者识别温控机的工作状态。主轴头内高负荷工作的主轴传动系统与主轴同时得到冷却。

2. 工件切削冷却

数控机床在进行高速大功率切削时伴随大量的切削热产生，使刀具、工件和内部机床的温度上升，从而影响刀具的使用寿命、工件的加工质量和机床的精度。因此，在数控机床中，良好的工件切削冷却具有重要意义，切削液不仅具有对刀具、工件、机床的冷却作用，还起到在刀具与工件之间润滑、排屑清理和防锈等作用。图 6 – 30 所示为 HK714 型加工中心工件切削冷却系统原理图。该机床在工作过程中，可以根据加工程序的要求，由两条管道喷射切削液，不需要切削液时，可通过切削液开/关按钮或相应的 M 功能指令关闭切削液。

为了充分提高冷却效果，在一些加工中心上还采用了主轴中央通水与使用内冷却刀具的方式进行主轴和刀具的冷却。这种冷却方式在提高刀具的使用寿命、发挥机床良好的切削性能、切屑的顺利排出等方面具有较好的作用，特别是在加工深孔时效果突出，因而目前应用越来越广泛。

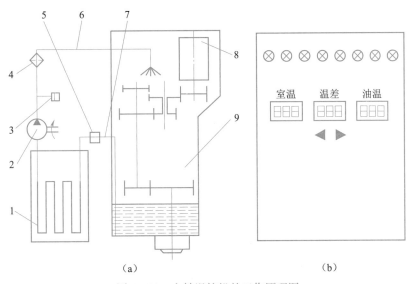

（a）　　　　　　　　　　　（b）

图 6 - 29　主轴温控机的工作原理图

（a）工作原理图；（b）操作面板图

1—冷却器；2—循环液压泵；3—压力继电器；4—过滤器；

5—温度传感器；6，7—出油管；8—主轴电动机；9—主轴头

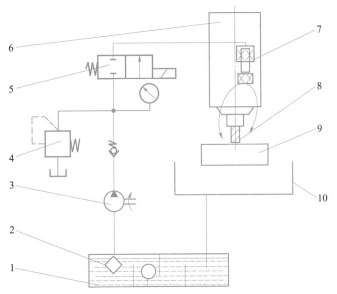

图 6 - 30　HK714 型加工中心切削冷却系统原理图

1—冷却液箱；2—过滤器；3—液压泵；4—溢流阀；5—电磁阀；6—主轴部件；

7—分流阀；8—冷却液喷嘴；9—工件；10—冷却液收集箱

思考与练习

一、填空题

1. 在数控机床中润滑剂可分为＿＿＿＿＿＿＿＿和＿＿＿＿＿＿＿＿两种类型。

2. 油润滑又分为＿＿＿＿＿＿＿、定时定量润滑、＿＿＿＿＿＿＿＿、油雾润滑及油气润滑等方式。

3. 数控机床的冷却系统按照其作用可分为＿＿＿＿＿＿＿冷却和切削时对＿＿＿＿＿＿＿＿冷却两部分。

二、简答题

1. 数控机床上有哪些润滑方式？它们各有什么特点？

2. 简述数控机床电控箱冷却机的工作过程。

 本章小结

本章主要介绍了刀库与自动换刀装置、数控回转工作台与分度工作台以及气液压系统、润滑系统等。这部分内容是熟练操作数控机床，完成机械结构简单维护与保养的理论基础知识，让学习者理解数控机床中辅助装置的重要作用。

典型数控机床简介

数控车床是目前使用最广泛的数控机床之一，特别适合于复杂形状回转类零件的加工。本章着重介绍了数控车床的工艺范围、分类、组成、布局形式、特点与发展和车削中心的应用及典型部件结构；接着介绍数控铣床的构成、分类、布局、结构、辅助装置，然后介绍了加工中心的分类、布局、发展、支承系统、对刀装置；最后从原理、特点、应用及机床主要组成结构等方面，介绍了几种广泛应用的特种机床——数控电火花成形加工机床、数控电火花线切割机床与数控激光切割机床。

教学要求：

通过本章学习，了解数控车床的工艺范围、分类、组成、布局形式、特点与发展。理解车削中心的应用及典型部件结构。了解数控铣床的概述、分类和结构特点。理解加工中心的分类、发展、支承系统、对刀装置。通过本章学习，还要了解电火花加工的原理、特点及应用范围；了解数控电火花成形加工机床的机械结构及装置；了解数控电火花线切割机床的工作原理、加工特点及主要机床结构；了解数控激光切割机床的主要组成结构、工作原理及加工特点。

本章知识导读：

自从 20 世纪中叶数控技术创立以来，它给机械制造业带来了革命性的变化。伴随着科学技术的发展，机电产品日趋精密复杂。现在数控技术已成为制造业实现自动化、柔性化、集成化生产的基础技术，现代的 CAD/CAM、FMS 和 CIMS、敏捷制造和智能制造等，都是建立在数控技术之上；同时随着产品的精度要求越来越高、更新换代的周期也越来越短，从而促进了现代制造业的发展。尤其是宇航、军工、造船、汽车和模具加工等行业，用普通机床进行加工（精度低、效率低、劳动强度大）已无法满足生产要求，从而一种新型的用数字控制的机床应运而生。这种机床是一种综合运用了计算机技术、自动控制、精密测量和机械设计等新技术的机电一体化典型产品。数控机床是一种装有程控系统（数控系统）的自动化机床。该系统能够逻辑地处理具有使用号码，或其他符合编码指令（刀具移动轨迹信息）规定的程序。具体地讲，把数字化了的刀具移动轨迹的信息输入到数控装置，经过译码、运算，从而实现控制刀具与工件相对运动，加工出所需要零件的机床，即数控机床。

7.1　数控车床概述

数控车床是目前使用最广泛的数控机床之一。通过数控加工程序的运行，主要用于加工轴类、盘类等回转体零件，特别适合于复杂形状回转类零件的加工。

7.1.1　数控车床的工艺范围

数控车床与普通车床一样，主要用于加工各种轴类、套筒类和盘类零件上的回转表面，例如内外圆柱面、圆锥面、成型回转表面及螺纹面等。但是，数控车床是将零件的数控加工程序输入到数控系统中，由数控系统通过车床 X、Z 坐标轴的伺服电动机去控制车床进给运动部件的动作顺序、移动量和进给速度，再配以主轴的转速和转向，便能加工出各种形状不同的轴类或盘类回转体零件，还可加工出高精度的曲面与端面螺纹。使用的刀具主要有车刀、钻头、绞刀、镗刀及螺纹刀具等。数控车床加工零件的尺寸精度可达 IT5～IT6，表面粗糙度可达 16 μm 以下，它是目前使用十分广泛的一种数控机床，而且其种类很多。

7.1.2　数控车床的分类

随着数控车床制造技术的不断发展，形成了产品繁多、规格不一的局面，因而也出现了几种不同的分类方法。

1．按数控系统的功能分

1）经济型数控车床

经济型数控车床，如图 7-1 所示，一般是在普通车床基础上进行改进设计的，采用步进电动机驱动的开环伺服系统，其控制部分采用单板机或单片机实现。此类车床结构简单，价格低廉，但无刀尖圆弧半径补偿和恒线速切削等功能。

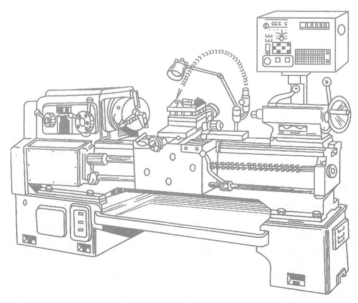

图 7-1　经济型数控车床

2）全功能型数控车床

全功能型数控车床，如图7-2所示，一般采用闭环控制系统或半闭环控制系统，具有高刚度、高精度和高效率等特点。

3）车削中心

车削中心（见图7-3）是以全功能型数控车床为主体，并配置刀库、换刀装置、分度装置、铣削动力头和机械手等，实现多工序的复合加工的机床。在工件一次装夹后，它可完成回转类零件的车、铣、钻、铰、攻螺纹等多种加工工序。车削中心的功能全面，但价格较高。

图7-2　全功能型数控车床

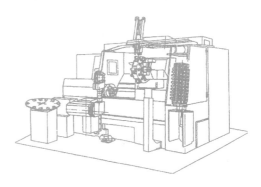

图7-3　车削中心

4）FMC车床

FMC车床实际上是一个由数控车床、机器人等构成的柔性加工单元。它能实现工件搬运、装卸的自动化和加工调整准备的自动化，如图7-4所示。

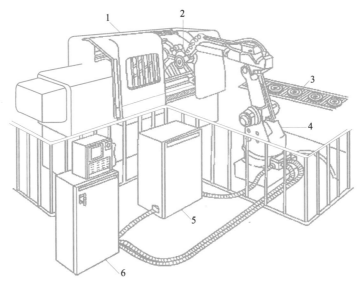

图7-4　FMC车床

1—NC车床；2—卡爪；3—工件；4—机器人；5—NC控制柜；6—机器人控制柜

2. 按主轴的配置形式分类

1）卧式数控车床

卧式数控车床是指主轴轴线处于水平位置的数控车床。

2）立式数控车床

立式数控车床是指主轴轴线处于垂直位置的数控车床。

除此之外，还有具有两根主轴的车床，称为双轴卧式数控车床或双轴立式数控车床。

3．按数控系统控制的轴数分类

1）两轴控制的数控车床

机床上只有一个回转刀架，可实现两坐标轴联动控制。

2）四轴控制的数控车床

机床上有两个独立的回转刀架，可实现四轴联动控制。

对于车削中心或柔性制造单元，还要增加其他的附加坐标轴来满足机床的功能。目前，我国使用较多的是中小规格的两坐标连续控制的数控车床。

7.1.3　数控车床的组成

数控卧式车床由以下几部分组成。

1．主机

主机是数控车床的机械部件，包括床身、主轴箱、刀架、尾座、进给机构等，图7-5所示为典型数控车床结构组成。

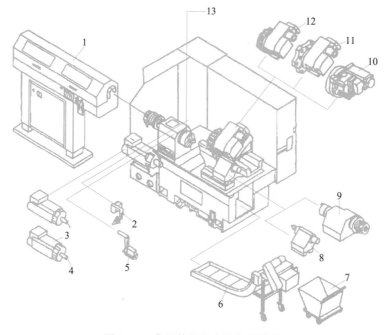

图7-5　典型数控车床结构组成图

1—自动送料机；2—接触式机内对刀仪；3—主轴电动机；4—C轴控制主轴电动机；5—工件接收器；6—排屑器；
7—集屑车；8—尾架；9—副主轴；10—动力刀架；11—VDI刀架；12—标准刀架；13—三爪自定心卡盘弹簧夹头

2．数控装置

数控装置作为控制部分是数控车床的控制核心，其主体是一台计算机。

3．伺服驱动系统

伺服驱动系统是数控车床切削工件的动力部分，主要实现主运动和进给运动。它由伺服驱动电路和驱动装置组成，驱动装置主要有主轴电动机、进给系统的步进电动机或交、直流伺服电动机等。

4. 辅助装置

辅助装置是指数控车床的一些配套部件，包括液压、气动装置及冷却系统、润滑系统和排屑装置等。

数控车床主轴安装有脉冲编码器，主轴的运动通过同步齿形带 1∶1 地传到脉冲编码器。当主轴旋转时，脉冲编码器便发出检测脉冲信号给数控系统，使主轴电动机的旋转与刀架的切削进给保持同步关系，就可以实现螺纹加工时主轴旋转 1 周、刀架 Z 向移动一个导程的运动关系。

7.1.4 数控车床的布局形式

数控车床的主轴、尾座等部件相对床身的布局形式与普通车床一样，受工件尺寸、质量、形状、生产率、精度、操纵方便运行要求、安全与环境保护要求的影响，而且刀架和导轨的布局形式有很大变化，并且布局形式直接影响数控车床的使用性能及机床的结构和外观。

根据生产率要求的不同，卧式数控车床的布局可以产生单主轴单刀架、单主轴双刀架、双主轴双刀架等不同的结构变化，如图 7－6 所示。

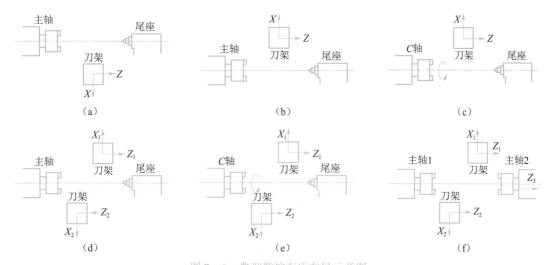

图 7－6　典型数控车床布局示意图

(a) NC2 轴，前置刀架；(b) NC2 轴，后置刀架；(c) NC3 轴，车削中心；
(d) NC4 轴，双刀架；(e) NC5 轴，双刀架；(f) NC5 轴，双刀架

在卧式数控机床布局中，刀架和导轨的布局已成为重要的影响因素。它们的位置较大地影响了机床和刀具的调整、工件的装卸、机床操作的方便性，以及机床的加工精度，并且考虑到了排屑性和抗振性。下面介绍卧式数控车床的床身导轨和刀架布局。

1. 床身导轨

床身是机床的主要承载部件，是机床的主体。按照床身导轨面与水平面的相对位置，数控卧式车床床身导轨与水平面的相对位置有几种形式，如图 7－7 所示。

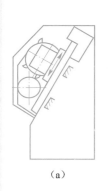 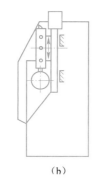 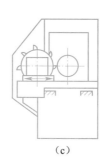 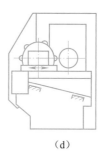 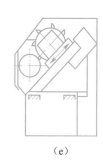

（a） （b） （c） （d） （e）

图 7 – 7　数控卧式车床床身导轨布局形式

（a）后斜床身－斜滑板；（b）直立床身－直立滑板；
（c）平床身－平滑板；（d）前斜床身－平滑板；（e）平床身－斜滑板

（1）水平床身的工艺性好，便于导轨面的加工。水平床身配上水平放置的刀架可提高刀架的运动精度，一般可用于大型数控车床或小型精密数控车床的布局。但是水平床身由于下部空间小，故排屑困难。由于刀架水平放置使得滑板横向尺寸较长，从而加大了机床宽度方向的结构尺寸。

（2）水平床身配上倾斜放置的滑板，并配置倾斜式导轨防护罩。这种布局形式一方面具有水平床身工艺性好的特点；另一方面机床宽度方向的尺寸较水平配置滑板的要小，且排屑方便。

（3）斜床身导轨倾斜角有 30°、45°、60°、75° 和 90° 几种。倾斜角度小，排屑不便；倾斜角度大，导轨的导向性及受力情况差。导轨倾斜角度的大小还会影响机床的刚度、排屑，也影响到占地面积、宜人性、外形尺寸高度的比例，以及刀架质量作用于导轨面垂直分力的大小等。选用时，应结合机床的规格、精度等选择合适的倾斜角。一般来说，小型数控车床多采用 30°、45° 形式；中等规格数控车床多采用 60° 形式；大型数控车床多采用 75° 形式。

斜床身和平床身—斜滑板布局形式在数控车床中被广泛采用，因为具备以下优点。

① 容易实现机电一体化；

② 机床外形整齐、美观，占地面积小；

③ 从工件上切下的炽热切屑不至于堆积在导轨上影响导轨精度；

④ 容易排屑和安装自动排屑器；

⑤ 容易设置封闭式防护装置；

⑥ 宜人性好，便于操作；

⑦ 便于安装机械手，易实现单机自动化。

2. 刀架布局

回转刀架在机床上有两种布局形式：一种是用于加工盘类零件的回转刀架，其回转轴垂直于主轴；另一种是用于加工轴类和盘类零件的回转刀架，其回转轴平行于主轴。目前两坐标联动数控车床多采用 12 工位回转刀架，除此之外，也有采用 6 工位、8 工位和 10 工位回转刀架的，4 工位方刀架主要应用于经济型前置刀架数控车床。

随着机床精度的不同，数控车床的布局要考虑到切削力、切削热和切削振动的影响。要使这些因素对精度影响最小，机床在布局上就要考虑到各部件的刚度、抗振性和在受热时使热变形的影响在不敏感的方向。如卧式车床主轴箱热变形时，随着刀架的位置不同，对尺寸的影响不同，如图7-8所示。

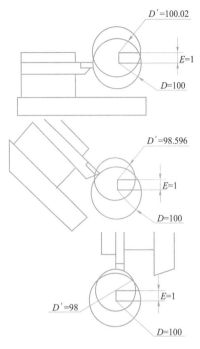

图7-8 主轴箱热变形对加工尺寸的影响

7.1.5 数控车床的特点与发展

数控车床与普通车床相比，有以下几个特点。

1. 高精度

数控车床控制系统的性能在不断提高，机械结构不断完善，机床精度日益提高。

2. 高效率

随着新刀具材料的应用和机床结构的完善，数控车床的加工效率、主轴转速、传动功率不断提高，使得新型数控车床的加工效率比普通车床高2~5倍。加工零件的形状越复杂，越能体现出数控车床高效率加工的特点。

3. 高柔性

数控车床具有高柔性，可适应70%以上的多品种、小批量零件的自动加工。

4. 高可靠性

随着数控系统性能的提高，数控机床的无故障时间迅速增加。

5. 工艺能力强

数控车床既能用于粗加工又能用于精加工，可以在一次装夹中完成其全部或大部分工序。

6. 模块化设计

数控车床的制造多采用模块化原则设计。

随着数控系统、机床结构和刀具材料的技术发展，数控车床将向高速化发展，进一步提高主轴转速、刀架快移以及转位换刀速度；工艺和工序将更加复合化和集中化；数控车床向多主轴、多刀架加工方向发展；数控车床向全自动化方向发展；加工精度向更高方向发展；数控车床也向简易型发展。

思考与练习

一、选择题

1. 数控车床与普通车床相比，在结构形式上最大不同之处在（　　）上。

A．主传动系统 B．进给系统
C．液压系统 D．冷却系统

2．数控车床的核心装置是（ ）。

A．机床本体 B．数控装置
C．输入输出装置 D．伺服装置

3．数控车床 X 方向对刀时，车削外圆后只能沿（ ）方向退刀并停掉主轴后，测量外径尺寸。

A．X B．Z C．Y D．X、Z 都可以

4．车削不可以加工（ ）。

A．螺纹 B．键槽 C．外圆柱面 D．端面

5．在数控机床上设置限位开关起的作用是（ ）。

A．线路开关 B．过载保护 C．欠压保护 D．位移控制

6．数控车床的刀架分为（ ）两大类。

A．排式刀架和刀库式自动换刀装置 B．直线式刀库和转塔式刀架
C．排式刀架和直线式刀库 D．排式刀架和转塔式刀架

7．数控车床的转塔刀架径向刀具多用于（ ）的加工。

A．外圆 B．端面 C．螺纹 D．以上均可

8．数控车床的转塔式刀架的结构必须具有良好的（ ），以承受切削力作用下的变形。

A．硬度 B．韧性 C．刚度 D．强度和刚度

9．数控车床的转塔刀架采用（ ）驱动，可进行重负荷切削。

A．液压马达 B．液压泵 C．气动马达 D．气泵

10．数控车床液压卡盘一般由以下元件组成，除（ ）外。

A．变量叶片泵 B．单向节流阀 C．换向阀 D．冷却泵

二、判断题

（ ）1．数控车床都具有 C 轴控制功能。
（ ）2．中、小型数控车床多采用倾斜床身或水平床身斜滑板结构。
（ ）3．数控车床使用的回转刀架是一种最简单的自动换刀装置。
（ ）4．数控车床能加工轮廓形状复杂或难于控制尺寸的回转体。
（ ）5．数控车床都配有自动换刀装置，用来提高生产效率和自动化程度。
（ ）6．全功能数控车床一般采用开环控制系统，具有高刚度、高精度、高效率等特点。
（ ）7．平床身斜滑板的数控机床工艺性较好，但排屑困难。
（ ）8．一台数控车床可有多个参考点。
（ ）9．斜床身的机床容易实现机电一体化，机床外形简洁、美观，占地面积小，容易出现封闭防护，排屑容易，便于安装自动排屑装置，便于操作，宜人性好等。
（ ）10．数控车床床身导轨在垂直平面内的直线度误差对工件母线的直线度影响很大。

三、填空题

1．数控车床常用于_____和_____的零件的加工。

2. 数控车床按主轴位置来分可分为_____和_____。

3. 数控车床由床身、_____、进给传动系统、_____组成。

4. _____是数控车床的重要部件，它安装有各种切削加工刀具，其结构直接影响机床的切削性能和工作效率。

5. 数控车床按系统性能分为_____、全功能型和车削中心。

6. 数控车床中，电动机主要有_____、_____和_____ 3 种类型。

7. 数控车床的机械结构与普通车床基本一致，而刀架和导轨的布局形式发生了根本变化。一般数控车床床身导轨与水平面的相对位置有_____、_____、_____和_____ 4 种布局。

8. _____是数控车床加工螺纹时必不可少的检测元件。

四、问答题

1. 数控车床与卧式车床相比在使用性能的结构方面有什么特点？

2. 数控车床的床身与导轨的布局为什么做成斜置的？

3. 简述经济型数控车床的特点。

4. 简述数控车床的组成。

7.2 车 削 中 心

车削中心是一种多工序加工机床，它是数控车床在扩大工艺范围方面的发展。不少回转体零件上常常还需要进行钻孔、铣削等工序，例如钻油孔、钻横向孔、铣键槽、铣扁方及铣油槽等。在这种情况下，所有工序最好能在一次装夹下完成。这对于降低成本、缩短加工周期、保证加工精度等都具有重要意义，特别是对重型机床，更能显示其优点，因为其加工的重型零件吊装不易。

7.2.1 车削中心的工艺范围

为了便于深入理解车削中心的结构原理，如图 7-9 所示，首先列出了车削中心能完成的除了一般车削以外的工序。图 7-9 (a) 所示为铣端面槽。加工时，机床主轴不转，装在刀架上的铣主轴带着铣刀旋转。端面槽有以下三种情况。

(1) 端面槽位于端面中央，则刀架带动铣刀做 X 向进给，通过工件中心。

(2) 端面槽不在端面中央，如图 7-9 (a) 中的小图所示，则铣刀 Y 向偏置。

(3) 端面不只一条槽，则需主轴带动工件分度。

图 7-9 (b) 所示为端面钻孔、攻螺纹，主轴或刀具旋转，刀架做 Z 向进给。图 7-9 (c) 所示为铣扁方，机床主轴不转，刀架内的铣主轴带动刀具旋转，可以做 Z 向进给，也可做 X 向进给；如需加工多边形，则主轴分度。图 7-9 (d) 所示为端面分度钻孔、攻螺纹、钻 (或攻螺纹) 刀具主轴装在刀架上偏置旋转并做 Z 向进给，每钻完一孔，主轴带工件分度。图 7-9 (e) ~图 7-9 (g) 所示为横向或在斜面上钻孔、铣槽、攻螺纹。除此之外，其还可铣螺旋槽等。

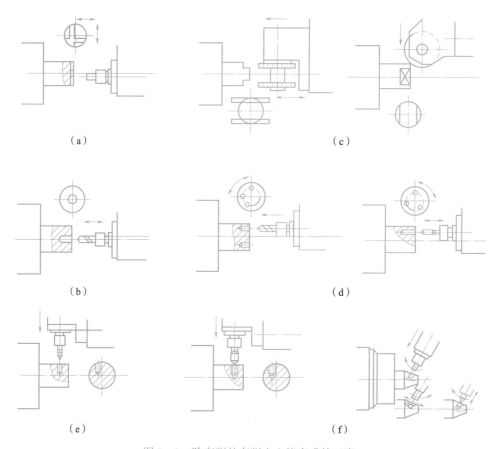

图 7 - 9　除车削外车削中心能完成的工序

(a) 铣端面槽；(b) 端面钻孔、攻螺纹；(c) 铣扁方；(d) 端面分度钻孔、攻螺纹；
(e) 在圆柱面上钻孔、铣槽、攻螺纹；(f) 在锥面上钻孔、铣槽、攻螺纹

7.2.2　车削中心的 *C* 轴

由以上对车削中心加工工艺的分析可见，车削中心在数控车床的基础上增加了两大功能。

1. 自驱动力刀具

在刀架上备有刀具主轴电动机，自动无级变速，通过传动机构驱动装在刀架上的刀具主轴。

2. 增加了主轴的 *C* 轴坐标功能

机床主轴旋转除做车削的主运动外，还做分度运动（即定向停车）和圆周进给运动，并在数控装置的伺服控制下，实现 *C* 轴与 *Z* 轴联动，或 *C* 轴与 *X* 轴联动，以进行圆柱面上或端面上任意部位的钻削、铣削、攻螺纹及平面或曲面铣加工，图 7 - 10 所示为 *C* 轴功能的示意图。车削中心在加工过程中，驱动 *C* 轴进给的伺服电动机与驱动车削运动的主电动机是互锁的，即当进行分度和 *C* 轴控制时，脱开主电动机，接合伺服电动机；当进行车削时，脱开伺服电动机，接合主电动机。

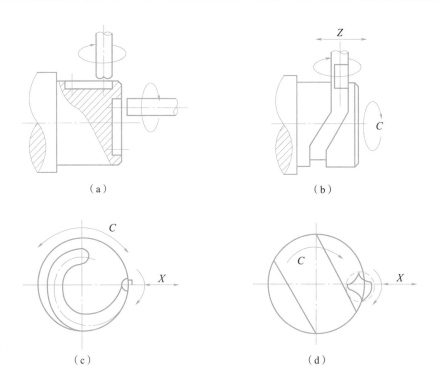

图 7 – 10　C 轴功能

（a）C 轴定向时，在圆柱面或端面上铣槽；（b）C 轴、Z 轴进给插补，在侧柱上铣螺旋槽；

（c）C 轴、X 轴进给插补，在端面上铣槽；（d）C 轴、X 轴进给插补，铣直线和平面

7.2.3　车削中心的主传动系统

车削中心的主传动系统包括车削主传动和 C 轴控制传动，下面介绍几种典型的传动系统。

1. 精密蜗轮副 C 轴结构

图 7 – 11 所示为车削柔性加工单元的主传动系统结构和 C 轴传动及主传动系统简图。C 轴的分度与伺服控制采用可啮合和脱开的精密蜗轮副结构，它由一个伺服电动机驱动蜗杆 1 及主轴上的蜗轮 3 组成。当机床处于铣削和钻削状态时，即主轴需要通过 C 轴分度或对圆周进给进行伺服控制时，蜗杆与蜗轮啮合，该蜗杆蜗轮副由一个可固定的精确调整滑块来调整，以消除啮合间隙。C 轴的分度精度由一个脉冲编码器来保证。

2. 经滑移齿轮控制的 C 轴传动

图 7 – 12 所示为车削中心的 C 轴传动系统图，由主轴箱和 C 轴控制箱两部分组成。当主轴在一般车削状态时，换位油缸 6 使滑移齿轮 5 与主轴齿轮 7 脱开，制动油缸 10 脱离制动，主轴电动机通过 V 带带动带轮 11 使主轴 8 旋转。当主轴需要 C 轴控制做分度或回转时，主轴电动机处于停止状态，齿轮 5 与齿轮 7 啮合，在制动油缸 10 未制动状态下，C 轴伺服电动机 15 根据指令脉冲值旋转，通过 C 轴变速器变速，经齿轮 5 和 7 使主轴分度，然后制动油缸 10 工作使主轴制动。当进行铣削时，除制动油缸制动主轴外，其他动作与上述同，此时主轴按指令做缓慢的连续旋转进给运动。

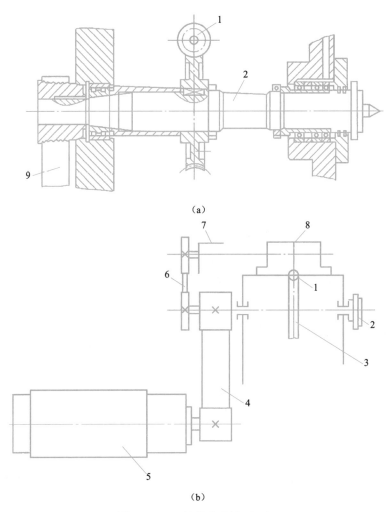

（a）

（b）

图 7-11 C 轴传动系统（一）

（a）主轴结构简图；（b）C 轴传动系统示意图
1—蜗杆；2—主轴；3—蜗轮；4，6—齿形带；
5—主轴电动机；7—脉冲编码器；8—C 轴伺服电动机；9—传动带

如图 7-13 所示的 C 轴传动也是通过安装在伺服电动机轴上的滑移齿轮带动主轴旋转的，可以实现主轴旋转进给和分度。当不用 C 轴传动时，伺服电动机上的滑移齿轮脱开，主轴由电动机带动，为了防止主传动与 C 轴传动之间产生干涉，在伺服电动机上滑移齿轮的啮合位置装有检测开关，利用开关的检测信号来识别主轴的工作状态，当 C 轴工作时，主轴电动机就不能启动。

主轴分度是采用安装在主轴上的三个 120°齿的分度齿轮来实现的。三个齿轮分别错开 1/3 个齿距，以实现主轴的最小分度值 1°。主轴定位靠一个带齿的连杆来实现，定位后通过油缸压紧。三个油缸分别配合三个连杆协调动作，用电气系统实现自动控制。

C 轴坐标除了以上介绍的用伺服电动机通过机械结构实现外，还可以用带 C 轴功能的主轴电动机直接进行分度和定位。

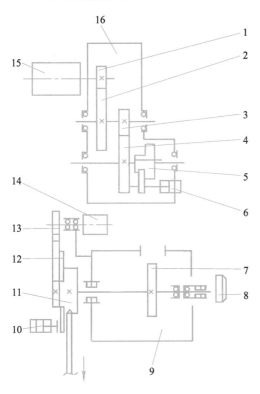

图 7 – 12   C 轴传动系统（二）

1，2，3，4—传动齿轮；5—滑移齿轮；6—换位油缸；
7—主轴齿轮；8—主轴；9—主轴箱；10—制动油缸；
11—带轮；12—主轴制动盘；13—齿形带轮；
14—脉冲编码器；15—C 轴伺服电动机；
16—C 轴控制箱

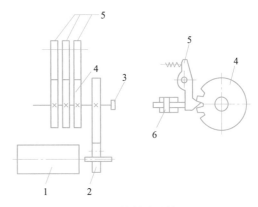

图 7 – 13   C 轴传动系统（三）

1—C 轴伺服电动机；2—滑移齿轮；3—主轴；
4—分度齿轮；5—插销连杆；6—压紧油缸

7.2.4   车削中心自驱动力刀具典型结构

车削中心自驱动力刀具主要由三部分组成：动力源、变速装置和刀具附件（钻孔附件和铣削附件等）。

1. 变速传动装置

图 7 – 14 所示为动力刀具的传动装置。传动箱 2 装在转塔刀架体（图中未画出）的上方。变速电动机 3 经锥齿轮副和同步齿形带，将动力传至位于转塔回转中心的空心轴 4。轴 4 的左端是中央锥齿轮 5，与下面所述的自驱刀具附件相联系。由图 7 – 14 可见，齿形带轮与轴采用了锥环摩擦连接。

2. 自驱动力刀具附件

自驱动力刀具附件有许多种，下面列举两例。

图 7 – 15 所示为高速钻孔附件。轴套的 A 部装入转塔刀架的刀具孔中。刀具主轴 3 的右端装有锥齿轮 1，与图 7 – 14 所示的中央锥齿轮 5 相啮合。主轴前端支承是三联角接触球轴承 4，后支承为滚针轴承 2。主轴头部有弹簧夹头 5。拧紧外面的套，即可靠锥面的收紧力夹持刀具。

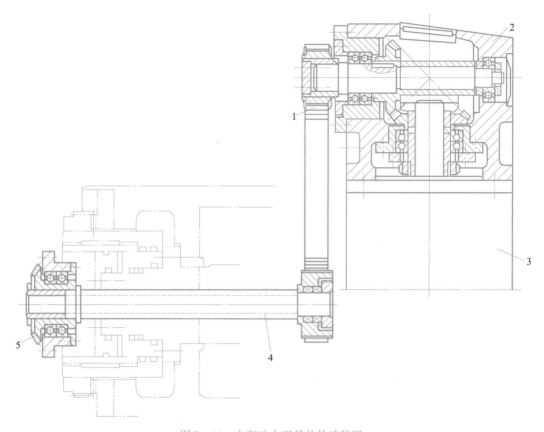

图 7 - 14　自驱动力刀具的传动装置

1—齿形带；2—传动箱；3—变速电动机；4—空心轴；5—中央锥齿轮

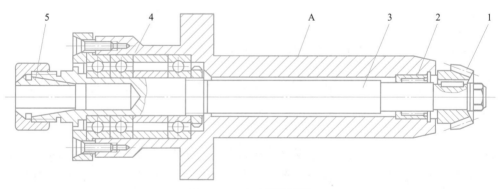

图 7 - 15　高速钻孔附件

1—锥齿轮；2—滚针轴承；3—刀具主轴；4—角接触球轴承；5—弹簧夹头

　　图 7 - 16 所示为铣削附件，分为两部分。图 7 - 16（a）所示为中间传动装置，仍由锥套的 A 部装入转塔刀架的刀具孔中，锥齿轮 1 与图 7 - 14 所示中的中央锥齿轮 5 啮合。轴 2 经锥齿轮 3、横轴 4 和圆柱齿轮 5，将运动传至图 7 - 16（b）所示的铣主轴 7 上的齿轮 6，铣主轴 7 上装铣刀。中间传动装置可连同铣主轴一起转方向。如铣主轴水平，则如图 7 - 9（c）所示的左图方式加工；如转成竖直，则如图 7 - 9（c）所示的右图方式加工；铣主轴若换成钻孔攻螺纹主轴，则可按图 7 - 9（e）、（f）所示等方式加工。

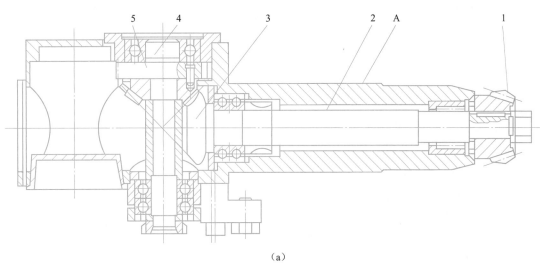

（a）

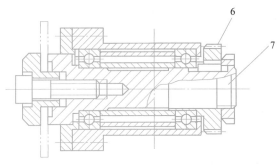

（b）

图7-16　铣削附件

1，3—锥齿轮；2—轴；4—横轴；5，6—圆柱齿轮；7—铣主轴；A—轴套

思考与练习

一、选择题

车削中心是以（　　）为主体，并配置有刀库、换刀装置、分度装置、铣削动力头和机械手等，以实现多工序复合加工的机床。在工件一次装夹后，它可完成回转类零件的车、铣、钻、铰、攻螺纹等多种加工工序。

A．全功能数控车床　　　　　　B．卧式加工中心

C．镗铣加工中心　　　　　　　D．经济型数控车床

二、判断题

（　　）车削中心必须配备动力刀架。

三、问答题

1. 车削中心能完成哪些加工工序？
2. 何为车削中心的 C 轴？它有哪些功能？

7.3 数控铣床概述

数控铣床（Numerical Control Milling Machine）适合于各种箱体类和板类零件的加工。它的机械结构除基础部件外，还包括主传动系统和进给传动系统，实现工件回转、定位的装置和附件，实现某些部件动作与辅助功能的系统和装置，如液压、气动、冷却等系统和排屑、防护等装置，特殊功能装置，如刀具破损监视、精度检测和监控装置，为完成自动化控制功能的各种反馈信号装置及元件。

铣床基础件又称为铣床大件，它是床身、底座、立柱、横梁、滑座和工作台等的总称。铣床的其他零部件，或固定在基础件上，或工作时在它的导轨上运动。

铣床通常的分类方法是按主轴的轴线方向来分，若垂直于水平面则称为数控立式铣床；若平行于水平面则称为数控卧式铣床。而数控立式铣床是数控铣床中数量最多的一种，应用范围最为广泛。小型数控铣床一般都采用工作台移动、升降及主轴转动方式，与普通立式升降台铣床机构相似。中型数控立式铣床一般采用纵向和横向工作台移动方式，且主轴沿垂直滑板上下运动；大型数控立式铣床，因要考虑到扩大行程、缩小占地面积及刚性等技术问题，往往采用龙门架移动式，其主轴可以在龙门架的横向和垂直溜板上运动，而龙门架则沿床身做纵向运动。

7.3.1 数控铣床的加工工艺范围

铣削加工是机械加工中最常用得加工方法之一，它主要包括平面铣削和轮廓铣削，也可以对零件进行钻、扩、铰、镗及螺纹加工等，如图 7 – 17 所示。

数控铣床主要加工对象有以下几种。

1. 平面类零件

平面类零件是指加工面平行或垂直于水平面，以及加工面与水平面的夹角为一定值的零件，这类加工面可展开为平面。数控铣床加工的绝对多数零件属于平面类零件，如图 7 – 18 所示。

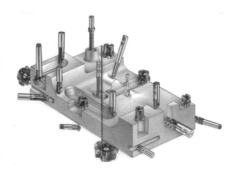

图 7 – 17　数控铣削的各类形式

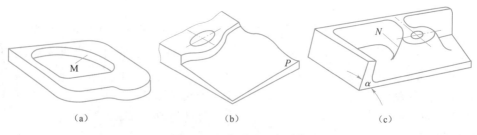

图 7 – 18　典型平面类零件

（a）带平面轮廓零件；（b）带斜平面零件；（c）带正圆台和斜筋零件

2．变斜角类零件

加工面与水平面的夹角呈连续变化的零件称为变斜角零件。图7-19所示为飞机上的一条变斜角橡条，该零件在第一肋至第2肋的斜角 α 从3°10′均匀变化为2°32′，从第2肋至第3肋再均匀变化为1°20′，从第3肋到第4肋又均匀变化为0。变斜角零件的变斜角加工面不能展开为平面，但在加工中，加工面与铣刀圆周接触的瞬间为一条直线。

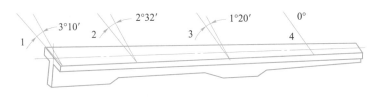

图7-19　飞机上变斜角橡条

3．曲面类零件

加工面为空间曲面的零件称为立体曲面类零件。如图7-20所示，这类零件的加工面不能展成平面，一般使用球头铣刀切削，加工面与铣刀始终为点接触。如模具、叶片、螺旋桨等。

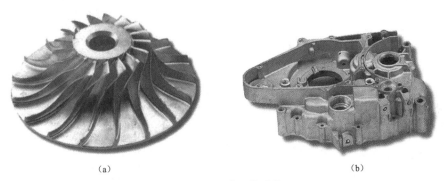

（a）　　　　　　　　　　　　　　　　（b）

图7-20　曲面类零件

7.3.2　数控铣床的分类

1．按主轴布置形式分类

按机床主轴的布置形式及机床的布局特点分类，可分为数控立式铣床、数控卧式铣床和数控龙门铣床等。

1）立式数控铣床

一般可进行三坐标联动加工，目前三坐标数控立式铣床占大多数。如图7-21所示，数控立式铣床主轴与机床工作台面垂直，工件装夹方便，加工时便于观察，但不便于排屑。一般采用固定式立柱结构，工作台不升降。主轴箱做上下运动，并通过立柱内的重锤平衡主轴箱的质量。为保证机床的刚性，主轴中心线距立柱导轨面的距离不能太大，因此，这种结构主要用于中小尺寸的数控铣床。

此外，还有的机床主轴可以绕 X、Y、Z 坐标轴中的一个或两个坐标轴做回转运动，称为四坐标或五坐标数控立式铣床。通常，机床控制的坐标轴越多，尤其是要求联动的坐标轴越多，机床的功能、加工范围及可选择的加工对象也越多。但随之而来的就是机床结构更加复杂，对数控系统的要求更高，编程难度更大，设备的价格也更高。

数控立式铣床也可以附加数控转盘，采用自动交换台，增加靠模装置来扩大它的功能、加工范围及加工对象，进一步提高生产效率。

2）卧式数控铣床

卧式数控铣床与通用卧式铣床相同，其主轴轴线平行于水平面。如图7-22所示，数控卧式铣床的主轴与机床工作台面平行，加工时不便于观察，但排屑顺畅。为了扩大加工范围和扩充功能，一般配有数控回转工作台或万能数控转盘来实现四坐标、五坐标加工，这样不但工件侧面上的连续轮廓可以加工出来，而且可以实现在一次安装过程中，通过转盘改变工位，进行"四面加工"。尤其是万能数控转盘可以把工件上各种不同的角度或空间角度的加工面摆成水平来加工，这样可以省去很多专用夹具或专用角度的成形铣刀。虽然卧式数控铣床在增加了数控转盘后很容易做到对工件进行"四面加工"，使其加工范围更加广泛。但从制造成本上考虑，单纯的数控卧式铣床现在已比较少，而多是在配备自动换刀装置（ATC）后成为卧式加工中心。

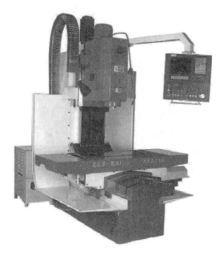

图7-21　立式数控铣床

图7-22　卧式数控铣床

3）数控龙门铣床

对于大尺寸的数控铣床，一般采用对称的双立柱结构，以保证机床的整体刚性和强度，这就是数控龙门铣床。如图7-23所示，数控龙门铣床有工作台移动和龙门架移动两种形式，主要用于大、中等尺寸，大、中等质量的各种基础大件、板件、盘类件、壳体件和模具等多品种零件的加工，工件一次装夹后可自动高效、高精度地连续完成铣、钻、镗和铰等多种工序的加工，适用于航空、重机、机车、造船、机床、印刷、轻纺和模具等制造行业。

2. 按数控系统的功能分类

按数控系统的功能分类，数控铣床可分为经济型数控铣床、全功能数控铣床和高速数控铣床等。

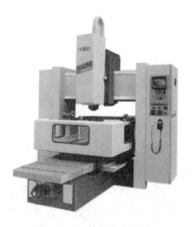

图7-23　数控龙门铣床

1）经济型数控铣床

经济型数控铣床一般采用经济型数控系统，如 SE. MENS802S 等采用开环控制，可以实现三坐标联动。这种数控铣床成本较低，功能简单，加工精度不高，适用于一般复杂零件的加工，一般有工作台升降式和床身式两种类型，如图 7 - 24（a）所示。

2）全功能数控铣床

全功能数控铣床采用半闭环控制或闭环控制，其数控系统功能丰富，一般可以实现四坐标以上的联动，加工适应性强，应用最广泛，如图 7 - 24（b）所示。

（a）　　　　　　　　　　　　　　　　　　　（b）

图 7 - 24　数控铣床

（a）经济型数控铣床；（b）全功能数控铣床

3）高速数控铣床

高速铣削是数控加工的一个发展方向，技术已经比较成熟，已逐渐得到广泛的应用。这种数控铣床采用全新的机床结构、功能部件和功能强大的数控系统，并配以加工性能优越的刀具系统，加工时主轴转速一般在 8 000 ~ 40 000 r/min，切削进给速度可达 10 ~ 30 m/min，可以对大面积的曲面进行高效率、高质量的加工。但目前这种机床价格昂贵，使用成本比较高，如图 7 - 25 所示。

图 7 - 25　高速数控铣床

7.3.3　数控铣床的使用要求

数控铣床是一种全自动化的铣床，但是如装卸工件和刀具、清理切屑、观察加工情况和调整等辅助工作，还需由操作者来完成。因此，在考虑数控铣床总体布局时，除了遵循铣床布局的一般原则外，还应该考虑在使用方面的特定要求。

（1）便于同时操作与观察数控铣床的操作按钮和开关都放在数控装置上。对于小型的数控铣床，将数控装置放在铣床的近旁，一边在数控装置上进行操作，一边观察铣床的工作情况，是比较方便的。但是对于尺寸较大的铣床，这样的布置方案，因工作区与数控装置之间距离较远，操作与观察会有顾此失彼的问题。因此，要设置调挂按钮站，可由操作者移至需要和方便的位置，对铣床进行操作和观察。对于重型数控铣床这一点尤为重要。在重型数控铣床上，总是设有接近铣床工作区域（刀具切削加工区），并且可以随工作区变动而移动的操作台，吊挂按钮站或数控装置应放置在操作台上，以便同时进行操作和观察。

（2）数控铣床的刀具和工件的装卸及夹紧和松开，均由操作者来完成，要求易于接近装卸区域，而且装夹机构要省力、简便。

（3）数控铣床的效率高，切屑多，排屑是个很重要的问题，铣床的结构布局要便于排屑。近年来，由于大规模集成电路、微处理机和微型计算机技术的发展，使数控装置和强电控制电路日趋小型化，不少数控装置将控制计算机、按键、开关、显示器等集中装在吊挂按钮站上，其他的电器部分则集中或分散与主机的机械部分装成一体，而且还采用气—液传动装置，省去液压油泵站，这样就实现了机、电、液一体化结构，从而既减少了铣床的占地面积，又便于操作管理。

数控铣床一般都采用大流量与高压力的冷却和排屑措施；铣床的运动部件也采用自动润滑装置，为了防止切屑与切削液飞溅，避免润滑油外泄，将铣床做成全封闭结构，只在工作区处留有可以自动开闭的门窗，用于观察和装卸工件。

7.3.4 运动分配与部件的布局

数控铣床的运动数目，尤其是进给运动数目的多少，直接与表面成形运动和铣床的加工功能有关。运动的分配与部件的布局是铣床总布局的中心问题。以数控镗铣床为例，一般都有四个进给运动的部件，要根据加工的需要来配置这四个进给运动部件。如果需要对工件的顶面进行加工，则铣床主轴应布局成立式的，如图7-26（a）所示。在三个直线进给坐标

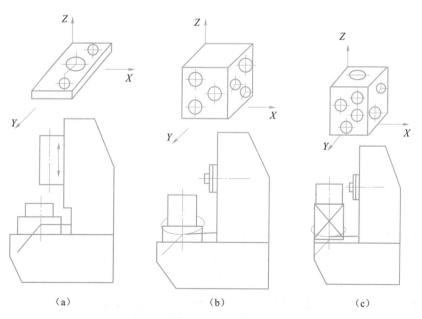

（a）　　　　　　　　　（b）　　　　　　　　　（c）

图7-26　根据加工需要配置进给运动部件

（a）立式主轴；（b）卧式主轴加分度工作台；（c）卧式主轴加数控转台

之外，再在工作台上加一个既可立式也可卧式安装的数控转台或分度工作台为附件。如果需要多个侧面进行加工，则主轴应布局成卧式的，同样是在三个直线进给坐标之外再加一个数控转台，以便在一次装夹时集中完成多面的铣、镗、钻、铰、攻螺纹等多工序加工，如图7-26（b）和图7-26（c）所示。

在数控铣床上用面铣刀加工空间曲面型工件，是一种最复杂的加工情况，除主运动之外，一般需要有三个直线进给坐标 X、Y、Z，以及两个回转进给坐标，以保证刀具轴线向量处与被加工表面的法线重合，这就是所谓的五轴联动的数控铣床。由于进给运动的数目较多，而且加工工件的形状、大小、质量和工艺要求差异也很大，因此这类数控铣床的布局形式更是多种多样，很难有某种固定的布局模式。在布局时可以遵循的原则是：获得较好的加工精度、表面粗糙度和较高的生产率；转动坐标的摆动中心到刀具端面的距离不要过大，这样可使坐标轴摆动引起的刀具切削点直角坐标的改变量小，最好能布局成摆动时只改变刀具轴线向量的方位，而不改变切削点的坐标位置；工件的尺寸与质量较大时，摆角进给运动由装有刀具的部件来完成，其目的是使摆动坐标部件的结构尺寸较小、质量较轻；两个摆角坐标的合成矢量应能在半个空间范围的任意方位变动；同样，布局方案应保证铣床各部件或总体上有较好的结构刚度、抗振性；由于摆动坐标带着工件或刀具摆动的结果，将使加工工件的尺寸范围有所减少，这一点也是在总布局时需要考虑的问题。

思考与练习

一、选择题

1. 立式数控铣床的主轴轴线（　　）于水平面，是数控铣床中最常见的一种布局形式，应用范围最广泛，其中以三轴联动铣床居多。

A. 平行　　　　　　　B. 垂直　　　　　　　C. 倾斜　　　　　　　D. 不确定

2. 下列叙述中，除（　　）外，均不适于在数控铣床上进行加工。

A. 轮廓形状特别复杂或难于控制尺寸的回转体零件

B. 箱体零件

C. 精度要求高的回转体零件

D. 一般螺纹杆类零件

3. 数控铣床的旋转轴之一 B 轴是绕（　　）直线轴旋转的轴。

A. X 轴　　　　　　B. Y 轴　　　　　　C. Z 轴　　　　　　D. W 轴

4. 在数控铣床上加工封闭轮廓时，一般沿着（　　）进刀。

A. 法向　　　　　　　B. 切向　　　　　　　C. 任意方向　　　　　D. 斜线方向

5. 在数控铣床上镗孔，若孔壁出现振纹，主要原因是（　　）。

A. 工作台移距不准确　　　　　　　　　　B. 镗刀刀尖圆弧半径较小

C. 切削过程中刀具磨损   D. 镗杆刚性差或者工作台进给爬行

6. 加工箱体类零件平面时，应选择的数控机床是（   ）。

A. 数控车床   B. 数控铣床

C. 数控钻床   D. 数控镗床

7. 数控铣床能够（   ）。

A. 车削工件   B. 刨削工件

C. 磨削工件   D. 铣、钻工件

8. 下列较适合在数控铣床上加工的内容是（   ）。

A. 形状复杂、尺寸繁多、划线与检测困难的部位

B. 毛坯上的加工余量不太充分或不太稳定的部位

C. 需长时间占机人工调整的粗加工内容

D. 简单的粗加工表面

二、判断题

（   ）1. 运动的分配与部件的布局是数控铣床总布局的中心问题。

（   ）2. 立卧两用式数控铣床的主轴轴线方向可以变换。

（   ）3. 数控铣床采用 T 形床身布局的最显著优点是精度高。

（   ）4. 最常见的二轴半坐标控制的数控铣床，实际上就是一台三轴联动的数控铣床。

（   ）5. 四坐标数控铣床是在三坐标数控铣床上增加一个数控回转工作台。

（   ）6. 数控铣床加工时保持工件切削点的线速度不变的功能称为恒线速度控制。

（   ）7. 数控铣床的控制轴数与联动轴数相同。

（   ）8. 数控铣床属于直线控制系统。

三、填空题

1. 加工中心和数控铣床在功能上最主要的区别是前者能进行自动_____。

2. _____是数控铣床的核心。它由_____和_____等组成，接收到的数控程序，经过编译、运算和逻辑处理后，输出相应信号到输出接口上。

3. 对于数控铣床来说，刀柄的类型主要有_____锥度的通用刀柄和_____的 HSK 真空刀柄。

4. 数控铣床坐标系采用_____坐标系，符合_____。其直角坐标 X、Y、Z 三者之间的关系及其正方向用_____判定，围绕 X、Y、Z 各轴的回转方向及其正方向 $+A$、$+B$、$+C$ 分别用_____判定。

5. 粗铣平面时，因加工表面质量不均，选择铣刀时直径要_____一些。精铣时，铣刀直径要_____，最好能包容加工面宽度。

6. 在数控铣床上加工整圆时，为避免工件表面产生刀痕，刀具从起始点沿圆弧表面的_____方向进入，进行圆弧铣削加工；整圆加工完毕退刀时，顺着圆弧表面的_____方向退出。

四、问答题

1. 判断数控铣床布局方案优劣的评价指标有哪些？数控铣床 T 形床身布局的优点是什么？

2. 数控铣床按机床主轴的布置形式可分为哪几类？各适用于哪些加工场合？

3. 简述数控铣床的功能特点。

4. 数控铣床的定义是什么？它应具有哪些功能？

5. 数控铣床的分类方法有哪几种？

7.4　加工中心概述

加工中心机床（Machine Center）又称多工序自动换刀数控机床。它主要是指具有自动换刀及自动改变工件加工位置功能的数控机床，能对需要做镗孔、铰孔、攻螺纹、铣削等作业的工件进行多工序的自动加工。有些加工中心机床总是以回转体零件为加工对象，如车削中心。但大多数加工中心机床是以非回转体零件为加工对象，其中较为常见的、具有代表性的是自动换刀卧式数控镗铣床。

加工中心机床适用于加工精密、复杂的零件，周期性重复投产的零件，多工位、多工序集中的零件，具有适当批量的零件等。其主要加工的对象为：箱体类零件，复杂曲面，异形件，盘、套、板类零件，如图 7-27 所示。

图 7-27　加工中心加工的零件

7.4.1　加工中心的特点

1958 年，世界上第一台加工中心是在美国由卡尼·特雷克（Kearney&Trecker）公司制造出来的。加工中心的结构，无论是基础大件、主传动系统、进给传动系统、刀具系统、辅助功能等部件结构，还是整体布局、外部造型等都已发生了很大变化，已形成数控机床的独特机械结构。加工中心与普通数控机床的区别主要在于它能在一台机床上完成由多台机床才能完成的工作。加工中心是典型的集高新技术于一体的机械加工设备，它的发展代表了一个国家设计、制造的水平，因此在国内外企业界都受到高度重视。如今，加工中心已成为现代机床发展的主流方向，其广泛应用于机械制造中。与普通数控机床相比，它具有以下几个突出特点。

1. 工序集中

加工中心具有自动刀具交换装置 ATC（Automatic Tool Changer），备有刀库并能自动更换刀具，对工件进行多工序加工，使得工件在一次装夹后，数控系统能控制机床按不同工序，自动选择和更换刀具，自动改变机床主轴转速、进给量和刀具相对工件的运动轨迹，以及其他辅助功能，现代加工中心能更大程度地使工件在一次装夹后实现多表面、多特征、多工位的连续、高效、高精度加工，即工序集中，这是加工中心最突出的特点。

2. 对加工对象的适应性强

加工中心生产的柔性不仅体现在对特殊要求的快速反应上，而且可以快速实现批量生产，提高市场竞争能力。

3. 加工精度高

加工中心同其他数控机床一样具有加工精度高的特点，而且加工中心由于加工工序集中，避免了长工艺流程，减少了人为干扰，故加工精度更高、加工质量更加稳定。

4. 加工生产率高

零件加工所需要的时间包括机动时间与辅助时间两部分。加工中心带有刀库和自动换刀装置，在一台机床上能集中完成多种工序，因而可减少工件装夹、测量和机床的调整时间，减少工件半成品的周转、搬运和存放时间，使机床的切削利用率（切削时间和开动时间之比）高于普通机床3~4倍，达80%以上。

5. 操作者的劳动强度降低

加工中心对零件的加工是按事先编好的程序自动完成的，操作者除了操作键盘、装卸零件、进行关键工序的中间测量以及观察机床的运行之外，不需要进行繁重的重复性手工操作，劳动强度和紧张程度均可大大降低，劳动条件也得到了很大的改善。

6. 经济效益高

使用加工中心加工零件时，分摊在每个零件上的设备费用是较昂贵的，但在单件、小批量生产的情况下，可以节省许多其他方面的费用，因此能获得良好的经济效益。例如，在加工之前节省了划线工时，在零件安装到机床上之后可以减少调整、加工和检验时间，减少了直接生产费用。另外，由于加工中心加工零件不需手工制作模型、凸轮、钻模板及其他工夹具，故省去了许多工艺装备，减少了硬件投资。还由于加工中心的加工稳定，故减少了废品率，使生产成本进一步下降。

7. 有利于生产管理的现代化

用加工中心加工零件，能够准确地计算零件的加工工时，并有效地简化了检验以及工夹具、半成品的管理工作。这些特点有利于使生产管理现代化。当前有许多大型CAD/CAM集成软件已经开发了生产管理模块，实现了计算机辅助生产管理。加工中心的工序集中加工方式固然有其独特的优点，但也带来了不少问题，列举如下。

（1）粗加工后直接进入精加工阶段，零件的温升来不及回复，冷却后尺寸变动，影响零件精度。

（2）零件由毛坯直接加工为成品，一次装夹中金属切除量大，几何形状变化大，没有释放应力的过程，加工完了一段时间后内应力释放，使零件变形。

（3）切削不断屑，切屑的堆积、缠绕等会影响加工的顺利进行及零件表面质量，甚至使刀具损坏、零件报废。

（4）装夹零件的夹具必须满足既能承受粗加工中大的切削力，又能在精加工中准确定位的要求，而且零件夹紧变形要小。

（5）由于ATC的应用，使零件尺寸受到一定的限制，钻孔深度、刀具长度、刀具直径及刀具质量也要加以考虑。

7.4.2　加工中心的分类

加工中心机床有较多的种类,一般按以下几种方式分类。

(1) 按加工范围分类,常见的有车削加工中心、钻削加工中心、镗铣加工中心、磨削加工中心和电火花加工中心等。一般镗铣类加工中心简称加工中心,其余种类加工中心要有前面的定语。

(2) 按数控系统分类,有二坐标加工中心、三坐标加工中心和多坐标加工中心;有半闭环加工中心和全闭环加工中心。

(3) 按精度分类可分为普通加工中心和精密加工中心。

(4) 按机床结构分类,有立式加工中心、卧式加工中心、五面加工中心、龙门式加工中心和虚轴加工中心。

1. 立式加工中心

立式加工中心是指主轴为垂直状态的加工中心,如图7 - 28 (a) 和图7 - 28 (b) 所示。其结构形式多为固定立柱,工作台为长方形,无分度回转功能,适合加工盘、套、板类零件,它一般具有三个直线运动坐标轴,并可在工作台上安装一个沿水平轴旋转的回转台,用以加工螺旋线类零件。

立式加工中心装夹方便,便于操作,易于观察加工情况,调试程序容易,应用广泛。但受立柱高度及换刀装置的限制,不能加工太高的零件,在加工型腔或下凹的型面时,切屑不易排出,严重时会损坏刀具,破坏已加工表面,影响加工的顺利进行。立式加工中心结构简单,占地面积小,价格低,配备各种附件后,可进行大部分工件的加工。

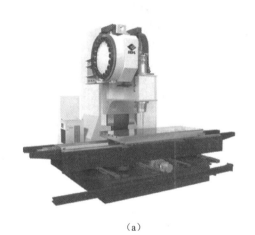

(a)

(b)

图7 -28　立式加工中心

2. 卧式加工中心

卧式加工中心指主轴为水平状态的加工中心,如图7 - 29所示。卧式加工中心通常都带有自动分度的回转工作台,它一般具有3 ~ 5 个运动坐标,常见的是三个直线运动坐标加一个回转运动坐标,零件在一次装夹后,能完成除安装面和顶面以外的其余四个表面的加工,最适合加工箱体类零件。与立式加工中心相比较,卧式加工中心加工时排屑容易,对加工有利,但结构复杂,占地面积大,质量大,价格较高。

图 7 - 29　卧式加工中心

3. 龙门式加工中心

龙门式加工中心的形状与数控龙门铣床相似，如图 7 - 30 所示。龙门式加工中心主轴多为垂直设置，除自动换刀装置以外，还带有可更换的主轴头附件，数控装置的功能也较齐全，能够一机多用，尤其适用于加工大型工件和形状复杂的工件，如航天工业及大型汽轮机上某些零件的加工。

图 7 - 30　龙门式加工中心

4. 五轴加工中心

五轴加工中心具有立式加工中心和卧式加工中心的功能，如图 7 - 31 所示。工件一次安装后，五轴加工中心能完成除安装面以外的其余五个面的加工，这种加工方式可以使工件的形状误差降到最低，省去二次装夹工件，从而提高生产效率、降低加工成本。

常见的五轴加工中心有两种形式：一种是主轴可以旋转 90°，对零件进行立式和卧式加工；另一种是主轴不改变方向，由工作台带着零件旋转 90°，而主轴不改变方向来完成对工件五个表面的加工。但是，无论哪种形式的五面加工中心都存在结构复杂、造价高的缺点。这类加工中心由于加工方式转换时，受机械结构的限制，使可加工空间受到一定限制，故其加工范围比同规格的加工中心要小，而机床的占地面积大。正是由于五轴加工中心的制造技术复杂、成本高，所以它的使用和生产在数量上远不如其他类型的加工中心。

图 7 – 31　五轴加工中心

5．虚轴加工中心

如图 7 – 32 所示，虚轴加工中心改变了以往传统机床的结构，通过连杆的运动，实现主轴多自由度的运动，完成对零件复杂曲面的加工。

7.4.3　加工中心的构成

加工中心有各种类型，虽然外形结构各异，但总体上是由以下几大部分组成的。

1．基础部件

图 7 – 32　虚轴加工中心

由床身、立柱和工作台等大件组成，它们是加工中心结构中的基础部件。这些大件有铸铁件，也有焊接的钢结构件，它们要承受加工中心的静载荷以及在加工时的切削负载，因此必须具备更高的静、动刚度，其也是加工中心中质量和体积最大的部件。

2．主轴部件

由主轴箱、主轴电动机、主轴和主轴轴承等零件组成。主轴的启动、停止等动作和转速均由数控系统控制，并通过装在主轴上的刀具进行切削。主轴部件是切削加工的功率输出部件，是加工中心的关键部件，其结构的好坏，对加工中心的性能有很大的影响。

3．数控系统

由 CNC 装置、可编程序控制器、伺服驱动装置以及电动机等部分组成，是加工中心执行顺序控制动作和控制加工过程的中心。

4．自动换刀装置（ATC）

加工中心与一般数控机床的显著区别是具有对零件进行多工序加工的能力，有一套自动换刀装置。VMC850C 加工中心的结构如图 7 – 33 所示。

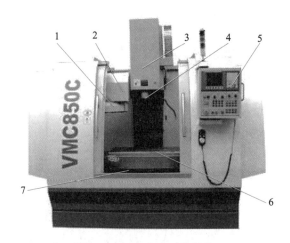

图 7-33　加工中心的结构

1—刀库；2—换刀装置；3—主轴箱；4—主轴；5—数控系统；6—工作台；7—床身

7.4.4　加工中心的发展

飞机、涡轮机、水轮机和各类模具中具有高附加价值的复杂形状零部件都采用多道工序和多台机床进行加工。这样不仅加工周期长，还由于多次装夹而难以达到高精度。不过，加工中心出现之后，在一次装夹中可以对坯料的五个面进行平面、曲面、钻孔和铰孔等多种加工，从而缩短了加工周期和提高了加工精度。随着科学技术的发展，为了进一步扩展加工中心的加工能力和加工效率，推动了加工中心向多轴控制和超高速加工方向发展，令机加工又向前跨进了一大步。

1. 多轴控制

通常所说的多轴控制是指四轴以上的控制，其中具有代表性的是五轴控制加工中心。这种加工中心可以加工用三轴控制机床无法加工的复杂形状工件。如果用它来加工三轴控制机床能加工的工件，则可以提高加工精度和效率。

对刀具和零件的相对位置来说，现在的多轴控制加工中心可以设置六根轴，即沿直线做前后、左右或上下移动的 X、Y、Z 的三坐标轴，还有控制工作台倾斜角度的 B 轴和控制主轴回转角度的 C 轴。使用回转刀具时，则由 Z 轴控制回转的主轴做上下或前后移动，就成为五轴控制。只有使用非回转刀具时可做六轴控制。

通常为了提高加工效率而使用回转刀具，因受到回转刀具的限制，存在不可能加工的部位和形状。现在不仅可以使用回转刀具，还可以使用非回转刀具及控制其回转角度，所以对任何形状都能加工，一般用非回转刀具的加工有刨削和在 XY 平面上做平滑加工等方式。现在已经开发了一种可使用改进后的刀具并形成一体化的六轴控制复合式新型加工中心。由于切削速度与进给速度相等而且具有加工效率高的特点，所以用五轴控制对一次装夹的坯料也可以做多种加工。也正是由于切削速度与刀具进给速度相当，所以必须使用高刚性结构的加工中心。精加工的切入量很小，只有几个 μm，还要求机床具有很高的定位精度。六轴控制的特点如下。

（1）对平面和曲面做平滑加工。由于是用线接触加工，所以在加工表面不残留进给痕迹。

（2）在平面和曲面上加工异形断面的槽，即可以加工与刀具前进方向成直角的槽，可以是非对称的任何形状。用回转刀具则无法加工这种异形断面槽。

（3）加工两曲面交界处的特征线。这是在固定刀具与沿交线的面相接触的条件下移动刀具进行刨削。用回转刀具也无法加工这种特征线。

（4）隅角加工。由于回转刀具是圆形的，所以无法形成隅角处的直角。用六轴控制可加工隅角。

（5）凹坑加工。可对由平面和曲面构成凹坑的棱线进行清晰地加工。这是特征线加工的扩展。

2. 超高速加工

大约 10 年前，当主轴转速达到每分钟 10 万转的超高速 CNC 铣床面世后，推动了用高速铣削方法加工模具和其他产品中复杂形状零部件的技术研究。接着又有硬度为 60HRC 的烧结立方氮化硼球头立铣刀问世，这种高硬度刀具不仅可以进行每分钟超过 1 000 m 的超高速切削加工，还具有较长的使用寿命。

此后，由于用高速铣削加工模具和其他产品复杂形状零部件获得成功，故此项技术得到人们的关注。与此同时，高速切削加工中心、刀具、辅助工具和 CAD/CAM 也开发出来并推向市场，从此以后高速加工技术得到了广泛的应用，并成为一种趋势。

1）超高速型主轴

超高速型主轴的 $d_m \cdot n$ 值超过 200 万，其中 d_m 是轴承范围节圆直径（单位为 mm），n 是每分钟最高转速（单位为 r/min）。为此专门开发了陶瓷滚珠的向心推力轴承，通过适合于使用的陶瓷滚珠的小直径化来降低离心力和减少发热，以及采用座圈下润滑方式来实现高速回转。

此外还开发了与球轴承不同的非接触式油及空气静压轴承、空气静压轴承和磁轴承等新型轴承。其中空气静压轴承在超高速 CNC 铣床中获得了成功，并进入了实用阶段。装有这种轴承的超高速机床的特点是主轴跳动极小，只有 0.005 μm，特别适用于小直径立铣刀或刀具进行高速、高精度切削。它的另一个特点是易于掌握，操作者只要经过短期培训即可操作，解决了费时的培训问题。增加了自动调换刀具装置之后，机床便构成了一台完整的加工中心。最初达到实用化的高速加工中心的主轴转速为每分钟 8 万转。

在实验中发现，当主轴转速超过每分钟 10 万转时，离心力使主轴直径膨胀，为此必须使主轴与刀具有良好的连接。现在已经开发出来最适宜的方式，在超高速切削实验中，主轴都采用内装式弹簧夹头装置及由短锥面将两面夹紧的方式。另外，加工中心在做高速切削加工时，既要求达到高效率，还要求达到高精度，所以必须使用具有较长使用寿命的刀具，且基本措施是减少加工中刀具刃尖的跳动，也就是要减少在高速切削条件下主轴的跳动，所以还要考虑开发动态离散特性很好的主轴。

2）超高切削刀具

在研究超高速切削时，从动态平衡特性和切刃刚性出发开发了负前角超高速型立铣刀，今后则还将解决以下各种问题。

（1）要使刀头刃尖的跳动极小。对立铣刀等刀具的使用寿命产生很大影响的因素之一就是刀头刃尖的跳动，为此必须使这种跳动极小。此外，刀头刃尖的跳动还与加工面的表面精度有关，如果跳动稍大就不可能获得表面粗糙度良好的加工面。特别是进行高速、高精度加工的立铣刀，在 $L/D = 3$ 的条件下，理想的刀头刃尖跳动值应少于 5 μm。

（2）刀具的高刚性、高效率设计。在适合使用立铣刀等高速回转加工的场合，在设计上应确保刀具的刃长达到最短、多刃和最大断面积，那就可以充分发挥这种刀具的高精度、高效率切削加工的特性。

（3）将刀具设计成适合于做 CNC 切削加工。在设计刀具时应考虑只需要使用很少种类的刀具就可以做多种复合加工，即使一把刀具具有多种功能。例如用一把刀具可完成钻孔和切削内螺纹等功能，这样便可提高工作效率。

（4）将刀具设计成便于供给冷却液的形状。主要是针对钻头而言，通常在钻孔时，难以向孔中供给冷却液。现在在钻头中心开设一通孔，从此孔中供给冷却液，这样便可以将冷却液直接送到刀具切削部分，因而延长了钻头的使用寿命，在向外排出冷却液时还可以帮助排出切屑。目前为了适应环境保护的要求而使用冷却空气和雾状冷却剂，要求新设计的刀具形状也有助于供给这两种冷却媒体。

（5）将刀具设计成适合于高速回转的可调换刀头形式。这种可调换刀头刀具的本体通常用铝合金等轻型材料制造，这样在高速回转时可以降低离心力。预计这种刀具今后将在达到最高转速条件下使用。

（6）选择适用的刀具材料。应选择高温硬度很好和工作状态很稳定的刀具材料，例如具有高密度涂层的硬质合金涂膜和金属陶瓷涂膜。

（7）充分发挥立方氮化硼的作用。立方氮化硼材料具有良好的切削性能，所以应确立用立方氮化硼烧结体刀具的高效率、高精度的加工技术。

（8）开发小直径立方氮化硼刀具。为了发挥立方氮化硼的良好特性，所以开发小直径立方氮化硼烧结体刀具，如直角形立铣刀、球头立铣刀和铰刀等。

3）适合于超高速的刀具夹持器

随着高速、高精度切削技术的不断进步，刀具夹持器也将发生较大的变化。在目前不断向超高速回转方向发展的条件下，将要研究和开发加工中心主轴与刀具夹持器的新型连接方法。在转速超过每分钟 3 万转的高速加工中心中，采用主轴内藏式刀具夹持器效果理想。

快速调换刀具技术应按照使用目的来选择相适应的方式。从目前状况来看，插入式弹簧夹头具有较高的刚性，且跳动也很小，是一个可取的选择。

思考与练习

一、选择题

1. APC 代表的是（　　　）。

A. 自动换刀系统　　　　　　　　　　B. 自适应控制系统

C. 自动排屑系统　　　　　　　　　　D. 自动托盘交换系统

2. 在加工中心上加工箱体类零件时，工序安排的原则之一是（　　　）。

A. 当既有面又有孔时，应先铣面，再加工孔

B. 在孔系加工时应先加工小孔，再加工大孔

C. 在孔系加工时，一般应对其中的一个孔粗、精加工完成后，再对剩余的孔按照从小到大的顺序进行粗、精加工

D. 对跨距较小的同轴孔，应尽可能采用调头加工的方法

3. 加工中心与普通数控机床的区别在于（　　　）。

A. 有刀库与自动换刀装置　　　　　　B. 转速高

C. 机床刚性好　　　　　　　　　　　D. 进给速度高

4. 下列对数控机床两轴加工解释正确的是（　　　）。

A. 数控机床坐标系只有两个坐标轴

B. 数控机床坐标系有两个可以单独移动的坐标轴

C. 数控机床坐标系的两个轴可以联动，而主轴固定

D. 数控机床坐标系的任意两个轴都可以实现联动

5. 飞机大梁直纹曲面的加工属于（　　　）。

A. 二轴半联动加工　　　　　　　　　B. 三轴联动加工

C. 四轴联动加工　　　　　　　　　　D. 五轴联动加工

6. 加工中心的基础部件由（　　　）组成。

A. 主轴部件、CNC 系统和床身

B. 主轴部件、CNC 系统和工作台

C. CNC 系统、床身和换刀系统

D. 床身、立柱和工作台

7. Z 轴方向尺寸相对较小的零件，最适合用（　　　）加工。

A. 立式加工中心　　　　　　　　　　B. 卧式加工中心

C. 卧式数控铣床　　　　　　　　　　D. 车削加工

8. 加工中心执行顺序控制动作和控制加工过程的中心是（　　　）。

A. 基础部件　　　　　　　　　　　　B. 主轴部件

C. 数控系统　　　　　　　　　　　　D. ATC

9. 加工中心的自动换刀装置由驱动机构、（　　　）组成。

A. 刀库和机械手　　　　　　　　　　B. 刀库和控制系统

C. 机械手和控制系统　　　　　　　　D. 控制系统

10. 按主轴的种类分类，加工中心可分为单轴、双轴、（　　　）加工中心。

A. 不可换主轴箱　　　　　　　　　　B. 三轴、五面

C. 复合、四轴　　　　　　　　　　　D. 三轴、可换主轴箱

11. 转塔头加工中心的主轴数一般为（　　　）个。

A. 3～5　　　　　B. 24　　　　　C. 28　　　　　D. 6～12

12. 加工中心按照主轴在加工时的空间位置分类，可分为立式、卧式、（　　　）加工中心。

A. 不可换主轴箱　　　　　　　　　　B. 三轴、五面

C. 复合、四轴　　　　　　　　　　　D. 万能

13. 加工中心进给系统的典型元件有（　　　）。

A. 工作台、编码器、滚珠丝杠螺母副和伺服电动机

B. 导轨副、滚珠丝杠螺母副、联轴节和伺服电动机

C. 工作台、联轴节、滚珠丝杠螺母副和伺服电动机

D. 工作台、分度台、导轨副和滚珠丝杠螺母副

14. 加工中心按 ATC 形式分类有（　　　　）。

A. 卧式加工中心、立式加工中心和龙门式加工中心

B. 镗铣加工中心、钻削加工中心、车削加工中心和复合加工中心

C. 半闭环控制加工中心和全闭环加工中心

D. 带刀库、机械手的加工中心，无机械手加工中心，转塔刀库式加工中心

15. 加工中心按数字数控伺服机构的种类分类有（　　　　）。

A. 卧式加工中心、立式加工中心和龙门式加工中心

B. 镗铣加工中心、钻削加工中心、车削加工中心和复合加工中心

C. 半闭环控制加工中心和全闭环加工中心

D. 带刀库、机械手的加工中心，无机械手加工中心，转塔刀库式加工中心

16. 加工中心按机床形态分类有（　　　　）。

A. 卧式加工中心、立式加工中心和龙门式加工中心

B. 镗铣加工中心、钻削加工中心、车削加工中心和复合加工中心

C. 半闭环控制加工中心和全闭环加工中心

D. 带刀库、机械手的加工中心，无机械手加工中心，转塔刀库式加工中心

17. 加工中心按工艺用途分类有（　　　　）。

A. 卧式加工中心、立式加工中心和龙门式加工中心

B. 镗铣加工中心、钻削加工中心、车削加工中心和复合加工中心

C. 半闭环控制加工中心和全闭环加工中心

D. 带刀库、机械手的加工中心，无机械手加工中心，转塔刀库式加工中心

二、判断题

（　　）1. 加工中心可以进行多工序的自动加工。

（　　）2. 五面加工中心具有立式和卧式加工中心的功能，通过回转工作台的旋转和主轴头的旋转，能在工件一次装夹后，完成除安装面以外的所有五个面的加工。

（　　）3. 加工曲面时，三坐标同时联动的加工方法称为三维加工。

（　　）4. 能够自动换刀的数控机床称为加工中心。

（　　）5. 加工中心和数控车床因能自动换刀，故其加工程序只能编入几把刀具；而数控铣床因不能自动换刀，故其加工程序只能编入一把刀具。

（　　）6. 加工中心是一个装有刀库和自动换刀装置的数控机床。

（　　）7. 立式加工中心与卧式加工中心相比，加工范围较宽。

（　　）8. 曲面加工程序编写时，步长越小越好。

（　　）9. 加工中心按照功能特征分类，可分为复合、卧式和三轴加工中心。

（　　）10. 立式加工中心的主轴轴心线为水平状态。

（　　）11. 卧式加工中心的主轴轴心线为水平状态。

（　　）12. 加工中心按 ATC 形式分类有带刀库或机械手的加工中心、无机械手的加工中心和转塔刀库式加工中心。

三、填空题

1. 加工中心分类为_____、_____、龙门式、五面加工中心等。

2. 加工中心与数控铣床、数控镗床等机床的主要区别是它设置有_____，并能_____。

3. 加工中心是一种带_____和_____的数控机床。

4. 加工中心伺服机构的控制方式通常有两种，一种是半闭环方式，另一种是_____。

5. 加工中心使用_____方式对其导轨、滚珠丝杠及主轴等部件进行润滑。

6. 加工中心的基础部件由床身、_____和工作台等大件组成。

7. 加工中心按工艺用途分有镗铣加工中心、车削加工中心、_____和复合加工中心。

四、问答题

1. 加工中心的定义是什么？它应具有哪些功能？

2. 加工中心的分类方法有哪几种？

3. 加工中心的基本组成有哪几部分？

4. 加工中心的发展趋势是什么？

7.5 数控电火花成形加工机床

电火花加工又称放电加工（Electrical Discharge Machining，EDM），是一种利用电、热能量进行加工的方法，该技术的研究开始于 20 世纪 40 年代。在加工时靠工具和工件间局部火花放电瞬时产生的高温把金属材料蚀除。因在放电过程中可以看到火花，故称为电火花加工，国外也称为电蚀加工。常见的电火花加工工艺有成形加工和线切割加工。电火花成形加工使用的设备就是电火花成形加工机床。

7.5.1 电火花加工概述

1. 电火花成形加工的原理

电火花成形加工是利用两电极之间脉冲放电时产生的电蚀现象对工件材料进行加工的方法。如图 7-34 所示，工具和工件分别作为两个电极浸入绝缘介质（如煤油等）中，通以脉冲电源，并使工具电极逐渐向工件电极靠拢。当两电极间达到一定距离时，极间电压将在相对最接近点处使绝缘介质发生雪崩式的电离击穿。两极间的绝缘状态在很短时间内（$10^{-7} \sim 10^{-5}$ s）发展为低阻值的放电通道，放电电流急剧上升，极间电压也相应降至放电维持电压（见图 7-35）。因放电通道的截面积很小，使得通道中的脉冲电流密度高达 $105 \sim 106$ A/cm^2。通道中，正负带电粒子在极间电场作用下高速运动，发生剧烈碰撞，并产生大量热量，使通道的温度很高（达 10 000℃以上），同时工具电极及工件表面分别受电子流和离子流的高速轰击，也产生大量热量，使放电点周围的金属迅速熔化和气化，并产生爆炸力，将熔化的金属屑抛离工件表面，这就是放电腐蚀。

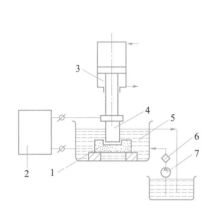

图 7 – 34　电火花加工原理示意图

1—工件；2—脉冲电源；3—自动进给调节装置；

4—工具；5—工作液；6—过滤器；7—工作液泵

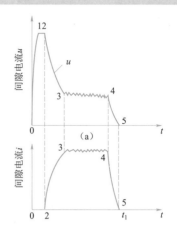

图 7 – 35　极间放电电压和电流波形

0～1—电压上升沿；1～2—击穿延时；

2～3—电压下降、电流上升沿；

3～4—火花维持电压和维持电流；4～5—电压、电流下降

被抛离的金属屑由工作液带走，于是在工件的表面就形成一个微小的带凸边的凹坑，如图 7 – 36 和图 7 – 37 所示。由此，完成了一次脉冲放电。在间隔期间，介质恢复绝缘，等待下一个脉冲到来，称为消电离。如此不断地进行放电腐蚀，工具电极持续向工件进给，只要维持一定的放电间隙，就会在工件表面上腐蚀出无数微小的圆形凹坑，从而把工具电极的轮廓形状复印在工件上。

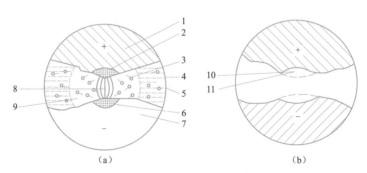

图 7 – 36　放电间隙状况示意图

1—正极；2—从正极上抛出金属的区域；3—熔化的金属微粒；4—工作液；5—在工作液中凝固的金属微粒；

6—在负极上抛出金属的区域；7—负极；8—放电通道；9—气泡；10—翻边凸起；11—凹坑

在放电过程中，工具和工件都受到电腐蚀，但两极的蚀除速度不同，这种两极蚀除速度不同的现象称为"极性效应"。产生极性效应的基本原因是撞击正、负电极表面的负电子和正离子的能量大小不同，因而熔化、气化、抛出的金属数量也不同。

一般来说，用短脉冲（例如脉宽小于 30 μm）加工时，在放电过程中，负电子的质量和惯性较小，容易获得加速度和速度，很快奔向正极，其

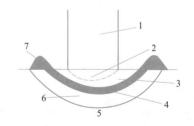

图 7 – 37　放电腐蚀痕剖面

1—放电通道；2—气化区；3—熔化区；

4—熔化层；5—无变化区；6—热影响区；7—凸起

电能、动能便转换成热能蚀除掉正极的金属；而正离子由于质量和惯性较大，所以启动、加速也较慢，有一大部分还未来得及到达负极表面时脉冲就已结束，所以正极的蚀除量大于负极的蚀除量。此时，工件应接正极，称为"正极性加工"。反之，当用较长脉冲（例如脉宽大于300 μs）加工时，负极的蚀除量大于正极的蚀除量，此时工件应接负极，称为"负极性加工"。这是因为随着脉冲宽度即放电时间的加长，质量和惯性都较大的正离子也逐渐被加速，陆续地撞击在负极表面上。由于正离子的质量大于负电子，所以对负极的撞击破坏作用要比负电子的作用大且显著。显然，正极性加工用于精加工，负极性加工用于粗加工。

2. 电火花成形加工的特点

1）加工特点

（1）两电极不接触，无明显切削力，故不会产生由此而引起的残余应力或变形。

（2）可以加工任何难切削的硬、脆、韧、软和高熔点的导电材料。

（3）直接利用电能加工，便于实现自动化。

（4）脉冲参数可以调节，可在一台机床上连续进行粗加工、半精加工和精加工。

2）加工质量

（1）加工精度：穿孔加工尺寸精度可达0.05 ~ 0.01 mm，型腔加工可达0.1 mm。

（2）表面质量：粗加工时的表面粗糙度 Ra 值在 3.2 μm 左右，精加工时 Ra 值可达 1.6 ~ 0.8 μm。

3. 电火花成形加工的应用

自从电火花加工技术发明以来，它在金属加工领域已成为不可缺少的加工工艺之一。而首先获得大量使用的就是模具制造行业，最初是冲裁模的加工，后来在成型模具的加工方面也得到了广泛的使用，例如锻模70%的工作量可由电火花加工来完成。电火花成形加工在模具制造中的应用，主要有以下几个方面。

（1）加工各种模具零件的型孔。如冲裁模、复合模、连续模等各种冲模的凹模；凹凸模、固定板、卸料板等零件的型孔；拉丝模、拉深模等具有复杂型孔的零件等。

（2）加工复杂形状的型腔。如锻模、塑料模、压铸模、橡皮模等各种模具的型腔加工。

（3）加工小孔。对各种圆形、异形孔的加工（可达0.1 mm），如线切割的穿丝孔、喷丝板型孔等。

（4）强化金属表面。如对凸模和凹模进行电火花强化处理后，可提高耐用度。

（5）其他加工。如刻文字、花纹、电火花攻螺纹等。

7.5.2　数控电火花成形加工机床的构成

电火花成形加工机床的主要结构形式有很多，主要有立柱式（C形结构）、龙门式、滑枕式和台式等。电火花成形加工机床的主要组成部分和作用，以最常见的立柱式（C形结构）电火花成形加工机床为例，介绍如下。

1. 电火花成形加工机床的组成

主要由主机（机床主体）、脉冲电源、数控系统、工作液循环系统及各种机床附件等组成，如图7-38所示。

机床附件的品种很多，常用的附件有可调节的工具电极夹头、平动头、油杯、永磁吸盘及光栅磁尺等。其主要作用是装夹工具电极、压装工件及辅助主机实现各种加工功能。

2. 机床主体

机床主体（即主机）是电火花成形加工机床的重要组成部分，它主要由床身、立柱、工作台及主轴头等部件组成，如图7-39所示。

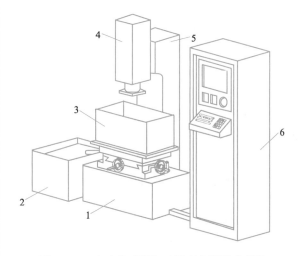

图7-38　电火花成形加工机床主要组成部分
1—床身；2—工作液箱；3—工作液槽；
4—主轴头；5—立柱；6—电源箱

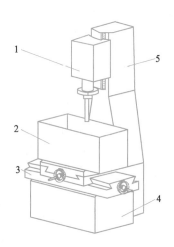

图7-39　电火花成形加工机床的机床主体
1—主轴头；2—工作油槽；3—工作台；
4—床身；5—立柱

1）床身与立柱

床身与立柱是电火花成形加工机床的骨架，是一个基础结构，由它来确保电极与工作台、工件之间的相互位置。它们精度的高低对加工有直接影响。床身与立柱的结构应该合理，有较高的刚度，能承受主轴负重和运动部件突然加速运动的惯性力，还应能减小温度变化引起的变形，经过时效处理消除内应力，使其日久不会变形。

床身是机床的基础构件，一定要牢固、可靠，好比盖房的地基。机床越大，其床身也应越大。床身主要起支承立柱、工作台等部件的作用。一般床身均为铸铁件，设计结构要合理，经铸造、机械加工而制成。

立柱是安装在床身上的构件，主要作用是悬挂安装主轴头，带动主轴头做上下运动，以弥补主轴头垂直行程的不足，便于调节主轴与工件间的相对高度。另外，还应保证主轴与工件的垂直度。因此，要求立柱的刚性和加工精度要好。

2）工作台

工作台是整个电火花成形加工机床的基础面，必须十分平整，要有足够的精度和刚性。其主要作用是支承和装夹工件。在实际加工中，通过转动纵、横向丝杠来改变电极与工件的相对位置。工作台上还装有工作液箱，用以容纳工作液，使电极和被加工件浸泡在工件液里，起到冷却、排渣与排气作用。工作台是操作者在装夹找正时经常移动的部件，通过两个手轮来移动上下拖板，改变纵横向位置，达到电极与被加工件间所表示的相对位置。工作台的种类分为普通工作台（见图7-40）和精密工作台，目前国内已应用精密滚珠丝杠、滚动直线导轨和高性能伺服电动机等结构，来满足精密零件的加工。数控电火花成形加工机床的工作台两侧面不再安装手轮，因为数控工作台的行程都是用键盘来设定的，故操作简便，行程准确可靠。

3）主轴头

主轴头是电火花成形加工机床的关键部件，它一方面在下部对工具电极进行紧固、安装和按照所需要求进行校正；另一方面还能自动调整工具电极的进给速度，使之随着工件蚀除而不断进行补偿进给，保持一定的放电间隙，从而进行持续的火花放电加工。因此，对主轴头还有以下技术要求：

（1）进给分辨率高，一般应在 1 μm 左右；灵敏度高，无爬行现象。

（2）有足够的进给和回升速度，回升速度应大于 300 mm/min，以便迅速消除短路状态。

（3）有一定的轴向和侧向刚度。

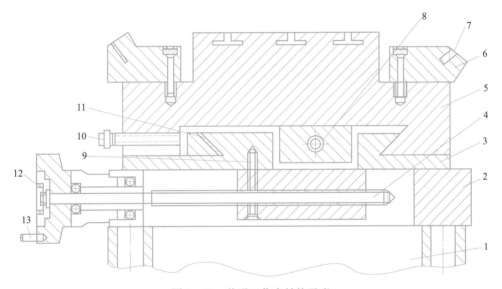

图 7-40　普通工作台结构示意

1—床身；2—下拖板；3—上拖板；4—纵向移动丝杠；5—工作台；6—工作液箱座；7—工作液箱底边；
8—横向移动丝杠；9—锁紧楔块；10—紧固螺钉；11—镶条；12—端面离合器；13—手柄

（4）主轴运动的直线性和防扭性要好。

（5）有一定的承载电极工具的能力。

（6）有主轴行程指示和限位装置。

（7）制造工艺性好，结构简单，传动链短，维修方便。

一般主轴头主要由伺服进给机构、导向和防扭机构及辅助机构等部分组成。图 7-41 所示为电火花加工机床的伺服进给控制关系框图。主轴伺服进给机构一般采用步进电动机、直流力矩电动机及直流伺服电动机和交流伺服电动机，大型机床则采用力矩更大的交流伺服电动机。

3．脉冲电源

电火花成形加工机床的脉冲电源是电火花加工机床的重要部分之一，作用是把普通 220 V 或 380 V、50 Hz 交流电转换成一定频率范围，具有一定输出功率的单向脉冲电源，提供放电过程所需的能量来蚀除金属，满足工件加工要求。脉冲电源的技术性能好坏，直接影响

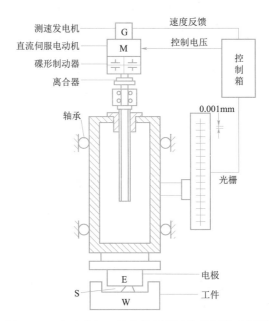

图 7-41 电火花加工机床的伺服进给控制关系框图

E—工具电极；W—工件；S—火花放电间隙；M—宽调速直流电动机；G—测速发电机

电火花成形加工的各项工艺指标，如加工质量精度、加工速度、电极损耗等。脉冲电源的种类较多，按脉冲产生形式分为两大类，即非独立式脉冲电源和独立式脉冲电源。数控化的脉冲电源与数控系统密切相关。

4. 数控系统

电火花成形加工机床的数控装置，既可以是专用的，也可以是在通用机床的数控装置上增加电火花加工所需的专用功能。因为控制要求很高，要对位置、轨迹、脉冲参数和辅助动作进行编程或实时控制，所以一般都采用计算机数控（CNC）方式。其不可缺少的主要功能有：多轴（X、Y、Z 和 C）控制，可在空间任意方向上进行加工，便于在一次安装中完成除安装面外的五个面上的所有型腔，从而保证各型腔之间的相对位置精度。多轴联动摇动（平动）加工的功能扩大了电极对工件在空间的运动方式，有可能在多种运动轨迹、回退方式方面针对工艺要求做合理的选择；自动定位，除常见的电极碰端面定位、对孔或圆柱自动找中心外，还可利用球测头和基准球（安置在机床工作台上的一个带底座的高精度球体）来保证多型腔、多工件、多电极加工时的定位精度。

5. 工作液循环系统

电火花成形加工机床的工作液主要为煤油、变压器油和专用油，后者是为放电加工专门研制的链烷烃系，以碳化氢为主要成分的矿物油为主体，其黏度低，闪点高，冷却性好，化学稳定性好，但分馏工艺要求高、价格较贵。

工作液在放电过程中起的作用是：压缩放电通道，使能量高度集中；加速放电间隙的冷却和消除电离，并加剧放电的液体动力过程。

6. 平动头

平动头是成形电火花成形加工机床最重要的附件，也是实现单电极（去除"型腔"）电火花加工所必备的工艺装备。

平动头的作用是给电极一个平面圆周平衡运动，使电极上的每一个点都绕着其原始位置进行平面圆周平移运动，平动头运动轨迹如图 7 – 42 所示。数控平动头的结构示意图如图 7 – 43 所示，由数控装置和平动头两部分组成。当数控装置的工作脉冲送到 X、Y 两个方向的步进电动机时，丝杠和螺母就相对移动，也就是使中间溜板和下溜板按给定轨迹进行平动。平动时，相对运动由上、下两组圆柱滚珠导轨支承，可保证较高的精度和刚度。

数控平动头是针对目前多数机械平动头存在的精度和刚度差的现状研制的，通常可克服加工后模腔产生的"波纹"、只有单一的平面圆周运动及精修时操作不便等缺点。它可按需要走不同平面轨迹，大大减少了电加工后模腔表面的"波纹"，且各方向修光均匀，型面的表面粗糙度均匀一致，避免了机械平动头精修时易出现的单边修光现象。数控平动头的精度可达 0.01 mm，并且实现了微量自动进给和程序控制及自动化加工。

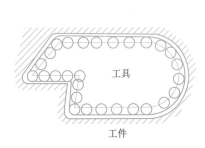

图 7 – 42　平动头运动轨迹

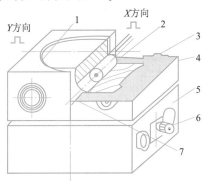

图 7 – 43　数控平动头的结构示意图

1—上溜板；2—步进电动机；3—圆柱滚珠导轨；4—中间溜板；
5—下溜板；6—刻度端盖；7—丝杠、螺母

思考与练习

一、选择题

1. 电火花加工的局限性：（　　）。

A. 电火花加工属不接触加工

B. 易于实现加工过程自动化

C. 加工过程中没有宏观切削力

D. 只能用于加工金属等导电材料

2. D6125 表示是一种（　　）。

A. 数控铣床　　　　　　　　　　　　B. 数控车床

C. 电火花成形加工机床　　　　　　　　D. 数控线切割机床

3. 石墨电极适用于做电火花成形加工的（　　）电极。

A. 粗加工　　　　　　　　　　　　　　B. 精加工

C. 粗加工和精加工　　　　　　　　　　D. 都不适用

4. 下列各项中对电火花加工精度影响最小的是（　　）。

A. 放电间隙　　　　　　　　　　　　　B. 加工斜度

C. 工具电极损耗　　　　　　　　　　　D. 工具电极直径

5. （　　）加工方法是电火花加工。

A. 电解加工　　　　　　　　　　　　　B. 成形加工

C. 超声加工　　　　　　　　　　　　　D. 电弧加工

6. 以下不是电火花成形加工的主要能量形式的是（　　）。

A. 电能　　　　　　B. 热能　　　　　　C. 机械能　　　　　　D. 以上都不是

7. 平动头是一个使装在其上的电极能产生（　　）机械补偿动作的工艺附件。

A. 向内　　　　　　B. 向外　　　　　　C. 向上　　　　　　D. 向下

8. （　　）是加到电极和工件上放电间隙两端的电压脉冲的持续时间。

A. 放电间隙　　　　　　　　　　　　　B. 脉冲周期

C. 脉冲间隔　　　　　　　　　　　　　D. 脉冲宽度

9. 电火花成形加工的符号是（　　）。

A. EDM　　　　　　B. WEDM　　　　　　C. ECDM　　　　　　D. ECAM

10. D7132 代表电火花成形机床工作台的宽度是（　　）。

A. 32 mm　　　　　B. 320 mm　　　　　C. 3 200 mm　　　　D. 32 000 mm

二、判断题

（　　）1. 电加工成形机床上安装的平动头可以加工有清角要求的型腔。

（　　）2. 电火花成形粗加工时通常选用机油等黏度大的工作液。

（　　）3. 电解加工是利用电化学反应过程中的阴极沉积来进行加工。

（　　）4. 当电火花加工的加工面积过大时，则随着加工面积的增大而电极损耗急剧增加。

（　　）5. 特种加工中加工的难易与工件硬度无关。

（　　）6. 电火花加工在实际中可以加工通孔和盲孔。

（　　）7. 冲油的排屑效果不如抽油好。

三、填空题

1. 电火花加工中排屑的方法有＿＿＿＿＿＿＿或＿＿＿＿＿＿＿、＿＿＿＿＿＿＿。

2. 电火花放电间隙内每一个脉冲放电时的放电状态分为开路、＿＿＿＿＿＿＿、短路、＿＿＿＿＿＿＿、＿＿＿＿＿＿＿。

3. 电火花机床上常用的是＿＿＿＿＿＿＿脉冲电源。

4. 在电火花加工过程中，工件表面层分为＿＿＿＿＿＿＿和＿＿＿＿＿＿＿。

5. 三轴两联动数控电火花机床上的电极在 Z 轴上做＿＿＿＿＿＿＿运动。

6. ＿＿＿＿＿＿＿是放电时工具电极和工件之间的距离。

7. 电火花加工中常用的电极结构形式是＿＿＿＿＿＿＿、＿＿＿＿＿＿＿和＿＿＿＿＿＿＿。

四、问答题

1. 简述数控电火花加工的原理。

2. 什么是电火花加工过程中的极性效应？

7.6 数控电火花线切割加工机床

数控电火花线切割加工是在电火花加工基础上于 20 世纪 50 年代末发展起来的一种新的工艺形式，是用线状电极（钼丝或铜丝）靠火花放电对工件进行切割，故称为数控电火花线切割，简称数控线切割，已获得广泛的应用，目前国内外的线切割机床已占电火花加工机床的 60% 以上。

7.6.1 电火花线切割加工机床的工作原理

线切割加工和电火花成形加工的基本原理是一样的，不同的是在线切割加工中是用连续移动的细金属导线（铜丝或钼丝）作为工具电极来代替电火花成形加工中的成形电极，利用线电极与工件之间产生的脉冲火花放电来腐蚀工件，工作台带着工件进行 X、Y 平面的两坐标移动，从而切割出各种平面图形。工件的形状是由数控系统控制工作台（工件）相对于电极丝的运动轨迹决定的，因此不需要制造专用的电极就可以加工形状复杂的零件。

图 7-44 所示为电火花线切割工艺及装置原理图。工件接脉冲电源 3 的正极，电极丝 4 接负极。加工过程中，在工件与电极丝之间产生很强的脉冲电场，使其间的介质被电离击穿，产生脉冲放电。电极丝由储丝筒 7 带动进行正反向交替（或单向）移动，在电极丝和工件之间浇注工作液介质，在机床数控系统的控制下，工作台在水平面两个坐标方向按预定的控制程序实现切割进给，从而切割出需要的工件。

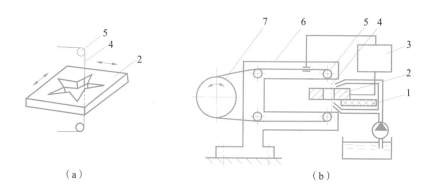

（a）　　　　　　　　　　　（b）

图 7-44　电火花线切割工艺及装置原理图

（a）工件及其运动方向；（b）电火花线切割加工装置原理图

1—绝缘底板；2—工件；3—脉冲电源；4—电极丝；5—导向轮；6—支架；7—储丝筒

电火花线切割加工主要用于冲模、挤压模、塑料模、电火花成形用的电极加工等。由于电火花线切割加工机床的加工速度和精度的迅速提高，目前已达到可与坐标磨床相竞争的程度。例如，中小型冲模，其材料为模具钢，过去用分开模和曲线磨削的方法加工，现在改用电火花线切割整体加工的方法。

7.6.2 电火花线切割加工的特点

我国数控线切割机床的拥有量占世界首位，技术水平与世界先进水平差距也逐渐缩短。尤其是近年来，计算机技术的应用和线电极电火花加工技术结合，实现了各种复杂形状的模具和零件加工的自动化，其控制精度可达 1 μm，实际加工精度可达 ±0.01 mm，表面粗糙度 Ra 可达 1.25~2.5 μm。数控线切割机床是精密金属加工、模具制造的必备设备。

电火花线切割加工过程的工艺和机理，与电火花穿孔成形加工相比，既有共性，又有特性。

1. 电火花线切割加工与电火花成形加工的共同点

（1）线切割加工的电压、电流波形与电火花加工相似。单个脉冲也有多种形式的放电状态，如开路、正常火花放电、短路等。

（2）线切割加工的加工机理、生产率、表面粗糙度等工艺规律，材料的可加工性等也都与电火花加工的基本相似，可以加工硬质合金等一切导电材料。

2. 线切割加工相比于电火花成形加工的不同特点

（1）由于电极工具是直径较小的细丝，故脉冲宽度、平均电流等不能太大，加工工艺参数的范围较小，属中、精正极性电火花加工，工件接电源正极。

（2）采用水或水基工作液，不会引燃起火，容易实现安全无人运转。

（3）不用成形的工具电极，节省了成形工具电极的设计和制造费用，缩短了生产准备时间，加工周期短，这对新产品的试制是很有意义的。

（4）由于电极丝比较细，故可以加工微细异形孔、窄缝和复杂形状的工件。由于切缝很窄，且只对工件材料进行"套料"加工，实际金属去除量很少，材料的利用率很高，这对加工、节约贵重金属有重要意义。

（5）由于采用移动的长电极丝进行加工，使单位长度电极丝的损耗较少，从而对加工精度的影响比较小，特别是在低速走丝线切割加工时，电极丝为一次性使用，电极丝损耗对加工精度的影响更小。

鉴于上述特点，数控线切割加工为新产品试制、精密零件及模具加工开辟了一条新的途径，主要应用于以下几个方面。

（1）适用于各种形状的冲裁模加工。

（2）加工电火花成形加工用的电极。

（3）试制新产品及进行微细加工和异形槽加工等。

7.6.3 电火花线切割机床的分类和型号

1. 分类

根据电极丝的运行速度不同，电火花线切割机床通常分为两大类：一类是高速走丝电火花线切割机床（WEDM—HS），这类机床的电极丝进行高速往复运动，一般走丝速度为 8~12 m/s，这是我国生产和使用的主要机种；另一类是低速走丝电火花线切割机床（WEDM—LS），这类机床的电极丝进行低速单向运动，一般走丝速度为 3~12 m/s，这是我国与国外正在发展、生产和使用的主要机种。

2. 型号

电火花线切割机床常用机型有 CKX—I 型、SCX—I 型、SK—2535 型、SK—3256 型、HX—A 型和 DK77 系列机型。DK7725 系列机型依据 JB/T7445.2—94 标准命名，其型号的组成及代表意义如图 7 - 45 所示。

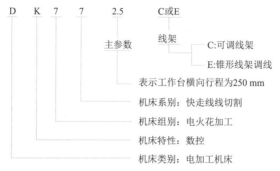

图 7 - 45　DK7725 型号的组成及含义

7.6.4　线切割机床的组成

图 7 - 46 所示为苏州沙迪克三光机电有限公司生产的 DK7725 型数控线切割机床的外形图。电火花线切割机床主要由机床主机、控制系统、脉冲电源、机床电气装置和工作液循环系统构成。精密慢走丝线切割机床一般还有工作液冷却系统。

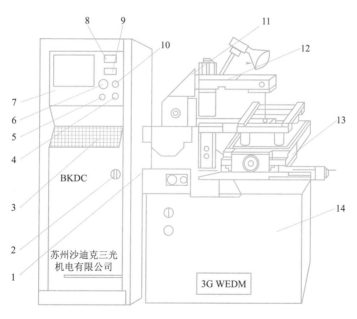

图 7 - 46　DK7725 型数控线切割机床

1—软盘驱动器；2—电源总开关；3—键盘；4—开机按钮；5—关机按钮；6—急停按钮；7—彩色显示器；8—电压表；9—电流表；10—机床电器按钮；11—运丝机构；12—丝架；13—坐标工作台；14—床身外形

1. 机床主机

机床主机由床身、坐标工作台、走丝机构、丝架、工作液箱、附件和夹具等几部分组成。

1）床身

床身一般为铸件，是坐标工作台、走丝机构及丝架的支承和固定基础。通常采用箱式结构，要求有足够的强度和刚度。床身内部安置电源和工作液箱，若考虑电源的发热和工作液泵的振动对机床加工过程的影响，有的机床将电源和工作液箱设计为单独部件，置于床身外另行安放。

2）坐标工作台

DK7725 型数控线切割机床工作台结构如图 7 – 47 所示。工作台分上、下拖板（上拖板代工作台面），均可独立前、后运动，下拖板 21 移动表示横向运动（Y 坐标），上拖板 3 移动表示纵向运动（X 坐标），如同时运动可形成任意复杂图形。工作台移动由步进电动机 16 带动无间隙精密双齿轮 14 通过丝杠 7 和滚动导轨实现 X、Y 方向的伺服进给运动，当电极丝和工件间维持一定间隙时，即产生火花放电。工作台的定位精度和灵敏度是影响加工曲线轮廓精度的重要因素。为了保证工作台移动精度，本机床采用复合螺母自动消除丝杠与螺母间隙，使其失动量小于 0.004 mm。工作台移动的灵敏度由中间放有高精度滚柱的 V 形平台导轨获得。

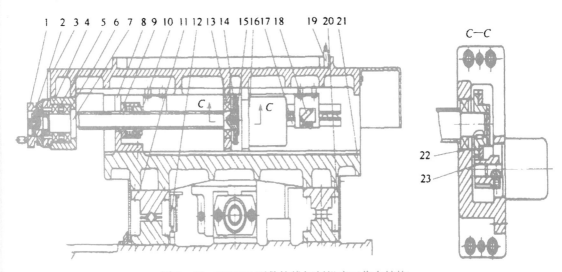

图 7 – 47　DK7725 型数控线切割机床工作台结构

1—手轮；2—刻度盘；3—上拖板；4—轴承座；5—内外隔板；6—轴承；7—丝杠；8—螺母座；9—调整螺母；10—限位开关挡块；11—V 形导轨；12—限位开关；13—轴承；14—精密双齿轮；15—端盖；16—步进电动机；17—上 V 形导轨；18—限位开关；19—接线柱；20—平导轨；21—下拖板；22—电动机座；23—小齿轮

3）走丝机构

DK7725 型数控线切割机床的储丝走丝部件如图 7 – 48 所示，它由储丝筒组合件、上下拖板、齿轮副、丝杠副、换向装置和绝缘件等部分组成。储丝筒 7 由电动机 2 通过联轴器 4 带动以 1 400 r/min 的转速正、反向转动。储丝筒另一端通过 3 对齿轮减速后带动丝杠 11。储丝筒、电动机、齿轮都安装在两个支架上。支架及丝杠则安装在拖板 12 上，调整螺母 9 装在底座 10 上，拖板与底座采用装有滚珠的 V 形滚动导轨 1 连接，拖板在底座上来回移动。螺母具有消除间隙的副螺母及弹簧，齿轮及丝杠螺距的搭配为滚筒每旋转一圈拖板移动 0.275 mm。所以，该储丝筒适用于 ϕ0.25 mm 以下的钼丝。

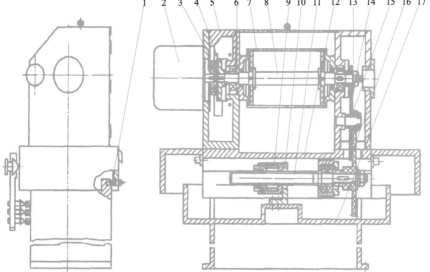

图 7 – 48　DK7725 型数控线切割机床的储丝走丝部件

1—V 形导轨；2—电动机；3—电动机架；4—联轴器；5—左轴承座；6—轴承；

7—储丝筒；8—轴；9—调整螺母；10—底座；11—丝杠；12—拖板；13—齿轮 ($z = 34$)；

14—大齿轮 ($z = 102$)；15—小齿轮 ($z = 34$)；16—齿轮 ($z = 34$)；17—上底座

4）线架

DK7725 型数控线切割机床的线架、导轮部件如图 7 – 49 所示。上线架 3 与立柱连接，下线架 6 固定不动，上线架可以转动立柱上方的手轮使其在 200 mm 范围内自由调节，下线架有两个导轮，上、下线架的两个导轮为蓝宝石导轮。导轮座用金属材料制作，内装精密型

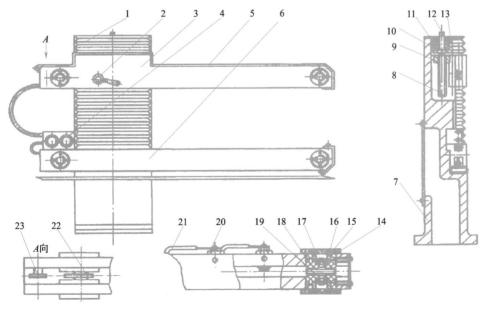

图 7 – 49　DK7725 型数控线切割机床的线架、导轮部分

1—防护罩；2—锁紧手柄；3—上线架；4—冷却液调节阀；5—护板；6—下线架；7—立柱；8—丝杠；9—螺母；

10—轴承；11—法兰盖；12—螺帽；13—轴承座；14—圆螺母；15—压紧螺母；16—小圆螺母；17—轴承；

18—导轮座；19—前导轮；20—接线柱；21—高频进线；22—后导轮；23—过渡轮

轴承用于支承导轮，在线架上两个前导轮座的装配过程中，调整铝丝在 X 向的垂直度。Y 向垂直度的调整只需平移下线架上的两个前导轮座即可。钼丝与工作台面的调整是否合适，可采用铝丝垂直度量具（随机附件测量杯）用透光法检查。

线架与走丝机构组成了电极丝的运动系统。线架的主要功用是在电极丝按给定线速度运动时，对电极丝起支撑作用，并使电极丝工作部分与工作台平面保持一定的几何角度。

5）锥度切割

为了切割有落料角的冲模和某些有锥度（斜度）的内、外表面，线切割机床一般具有锥度切割功能。常见的有如图 7–50 所示的三种方法。如图 7–50（a）所示的方法要求锥度不宜过大，否则导轮易损坏；如图 7–50（b）所示的方法要求加工锥度也不宜过大；如图 7–50（c）所示的方法不影响导轮磨损，最大切割锥度通常可达 $1.5°$。

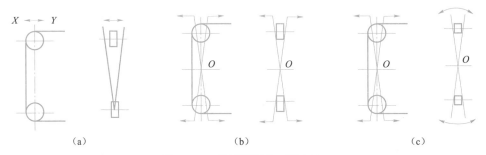

图 7–50　锥度切割的三种方法

（a）上（下）丝臂平动法；（b）上（下）丝臂绕—中心移动；（c）上（下）丝臂沿导轮径向平动和轴向摆动

2. 控制系统

控制系统的主要作用：

（1）按加工要求自动控制电极丝相对于工件的运动轨迹。

（2）自动控制伺服进给速度，来实现对工件形状和尺寸的加工，即实现伺服进给速度的自动控制，以维持正常的放电间隙和稳定切割加工。

线切割机床从控制方式来说，已从早期的机械仿形、光电跟踪及电子管、晶体管中小规模集成电路等数控系统发展到微型计算机编程控制一体化的先进系统。

3. 脉冲电源

脉冲电源是数控电火花线切割加工机床最重要的组成部分，是决定线切割加工工艺指标的关键部件，即数控电火花线切割加工机床的切割速度、加工面的表面粗糙度、加工尺寸精度、加工表面的形状和线电极的损耗，主要决定于脉冲电源的性能。

电火花线切割脉冲电源，一般是由主振级（脉冲信号发生器）、前置级（放大）、功放级和供给各级的直流电源所组成的，如图 7–51 所示。

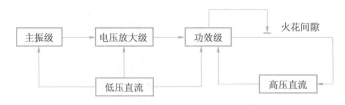

图 7–51　电火花线切割脉冲电源原理

4．工作液系统

在电火花线切割加工过程中，需要稳定地供给有一定绝缘性能的工作介质——工作液，以冷却电极丝和工件，排除电蚀产物等，这样才能保证火花放电持续进行。一般线切割机床的工作液系统包括工作液箱、工作液泵、流量控制阀、进液管、回液管及过滤器等，如图 7 – 52 所示。

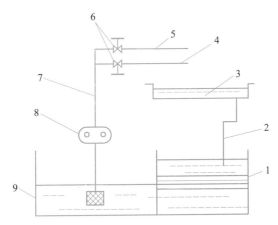

图 7 – 52　线切割机床的工作液系统

1—过滤器；2—回液管；3—工作台；4—下丝臂进液管；5—上丝臂进液管；
6—流量控制阀；7—进液管；8—工作液泵；9—工作液箱

工作液的质量及清洁程度在某种意义上对线切割工作起着很大的作用。如图 7 – 53 所示，用过的工作液经管道流到漏斗 5，再经磁钢 2、泡沫塑料 3、纱布袋 1 流入水池中。这时基本上已将电蚀物过滤掉，再流经两块隔墙 4、铜网布 6 和磁钢 2，工作液得到过滤复原。此种过滤装置不需特殊设备，方法简单，可靠实用，设备费用低。

常用的工作液有去离子水、煤油和乳化液等。

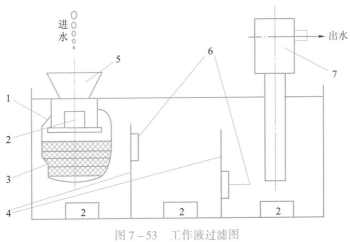

图 7 – 53　工作液过滤图

1—纱布袋；2—磁钢；3—泡沫塑料；4—隔墙；5—漏斗；6—铜网布；7—工作液泵

思考与练习

一、选择题

1. 快走丝线切割加工广泛使用（   ）作为电极丝。

A. 钨丝   B. 紫铜丝   C. 钼丝   D. 黄铜丝

2. 用线切割机床不能加工的形状或材料为（   ）。

A. 盲孔   B. 圆孔   C. 上下异形件   D. 淬火钢

3. 若线切割机床的单边放电间隙为 0.02 mm，钼丝直径为 0.18 mm，则加工圆孔时的补偿量为（   ）。

A. 0.10 mm   B. 0.11 mm   C. 0.20 mm   D. 0.21 mm

二、判断题

（   ）1. 线切割加工时的加工速度随着脉冲间隔的增大而增大。

（   ）2. 快走丝线切割机床工作台上的传动丝杠和螺母之间必须消除间隙。

（   ）3. 经过线切割加工的表面都会形成黑白交错的条纹。

（   ）4. 在用校正器校正垂直度时，电极丝停止走丝，不能放电。

（   ）5. 线切割加工零件时的补偿量为单边放电间隙与电极丝半径之和。

三、填空题

1. 根据电极丝的运行速度，电火花线切割机床通常分为＿＿＿＿＿＿电火花线切割和＿＿＿＿＿＿电火花线切割两大类。

2. 线切割加工的主要工艺指标是＿＿＿＿＿＿、＿＿＿＿＿＿和＿＿＿＿＿＿。

3. 快走丝线切割机床刚开始加工阶段断丝的原因是＿＿＿＿＿＿、钼丝抖动厉害、＿＿＿＿＿＿。

4. 快走丝线切割机床加工最后阶段断丝的原因是＿＿＿＿＿＿、＿＿＿＿＿＿。

四、问答题

1. 简述数控电火花线切割加工原理。

2. 数控电火花线切割加工机床有哪几种类型？各种类型有什么特点？

3. 数控电火花线切割加工机床是如何实现多维加工控制的？

4. 数控线切割机床的工作液有什么作用？

7.7　数控激光切割机床

用激光作为工具（刀具）对工件进行切割加工的机床，称为激光切割机床。

7.7.1 激光加工的原理与特点

1. 激光加工的原理

激光是一种分子、原子或离子的量子现象，是一种受激辐射发出的加强光，它在相干性、单色性、方向性方面与其他任何光源发出的光相比均遥遥领先。进入激光谐振腔的光都是以固定波长，向固定方向发射的，若将其聚焦，在聚焦焦点平面上可获得 $10^7 \sim 10^{11}\,\text{W/cm}^2$ 的功率密度，以及 $10\,000\,℃$ 以上的高温。因此，能在千分之几秒甚至更短的时间内使物质熔化和气化或改变物质的性能，从而达到加工或使材料局部改性的目的。

图 7-54 所示为采用固体激光器的加工原理示意图。当激光工作物质受到光泵（即激励脉冲氙灯）的激发后，吸收特定波长的光，在一定条件下可形成工作物质中亚稳态粒子大于低能级粒子数的状态，这种现象称为粒子数反转。此时一旦有少量激发粒子产生受激辐射跃迁，会造成光放大，通过谐振腔中的全反射镜和部分反射镜的反馈作用产生振荡，由谐振腔一端输出激光。通过透镜将激光束聚焦到工件的加工表面上，即可对工件进行加工。

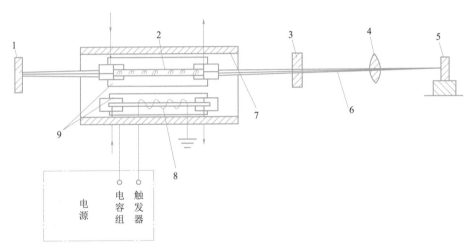

图 7-54 固体激光器加工原理示意图

1—全反射镜；2—工作物质；3—部分反射镜；4—透镜；5—工件；6—激光束；7—聚光器；8—光泵；9—玻璃管

无论是激光切割、打孔，还是焊接、热处理等，各种加工方法基本上是类同的，都是利用激光光束产生的瞬时高温对工件材料进行蚀除、焊接或改变材料的物理、化学性能的加工方法，只是随加工工种的不同，对所要求的温度和加工延续时间有所差异而已。例如，打孔、切割都是蚀除材料的加工，即在高温条件下把熔化和气化材料排除，因此要求能量密度高、加工延续时间短；焊接、热处理等则是一种非蚀除式的加工，故要求能量密度较低、加工延续时间稍长。材料加热温度的高低，主要取决于激光辐射的功率密度及作用时间，调节这两项参数，便可实现不同的加工。如图 7-55 表示不同的激光加工工艺要求的激光输出功率密度、作用时间及相应的能量。

2. 激光加工的特点

（1）加工的功率密度高，因此可以加工任何能熔化而不易产生化学分解的固体材料。如高熔点材料、高温合金、钛合金等各种金属材料以及陶瓷、石英、金刚石、橡胶等非金属材料。

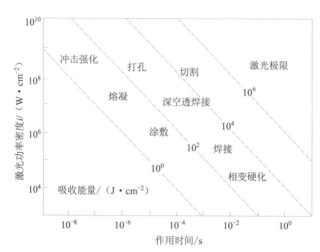

图 7 - 55 各种激光加工的功率密度、作用时间及相应的能量

（2）加工不需要刀具，属于非接触加工，加工变形小，无工具接触摩擦损耗等问题。

（3）激光束能聚焦成 1 μm 的光斑，加工孔径和窄缝可以小至几微米，其深度与直径、缝宽比可以达 5 ~ 10 以上，适于微细加工。

（4）加工速度快、生产率高，且热影响区小，热变形也小。

（5）激光束传递方便，易于控制，便于与机器人、自动检测、计算机数字控制等先进技术相结合，实现自动化加工。

（6）采用数控多轴联动，可加工异形曲线、曲面、刻线及雕花等工艺。

7.7.2 数控激光加工机床的组成

激光加工数控机床的种类较多，结构形式各不相同，但无论是哪一种激光加工工艺方式，其所有设备都主要由激光器系统、激光电源系统、光学系统和机械系统等四大部分组成。如将激光用于切割，为了保证切割质量和提高生产率，一般都设有气体喷射装置。设备组成框图如图 7 - 56 所示。

1. 激光器

激光器是激光加工设备的核心部件，它的任务是把电能转换成光能，产生所需要的激光光束。目前，广泛采用的是红宝石、钕玻璃、YAG 固体激光器和二氧化碳气体激光器。

1）固体激光器

固体激光器的典型结构如图 7 - 57 所示，它主要由工作物质、谐振腔、光泵和聚光器等组成。

（1）工作物质。红宝石晶体的激光输出能量可达 5 J 以上。

（2）谐振腔，也称光学共振腔。它的作用是使受激的光沿输出轴来回多次反射，互相激发，以加强和改善激光输出。谐振腔的两个相互平行的反射镜，可以单独设置，也可以直接在工作物质的两端面镀上反射膜（见图 7 - 57）。其中之一的反射率为 100%；另一个则是部分反射，以便使激光在一端输出。

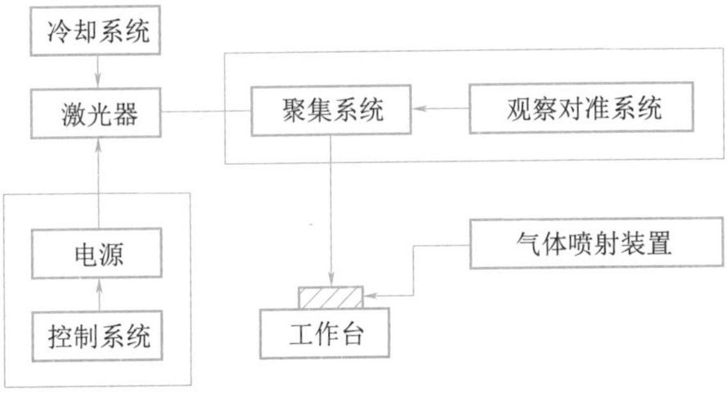

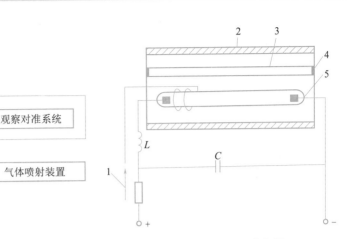

图 7-56 数控激光加工机床组成框图

图 7-57 红宝石激光器

1—触发线路；2—聚光器；

3—红宝石棒；4—反射膜；5—脉冲灯

（3）光泵。光泵可以是连续的，也可以是脉冲的。在光泵的照射下，工作物质中的一些离子由低能级激发到高能级并形成粒子束反转，形成受激辐射的激励光源（在外加光子的激发下实现受激辐射跃进，发出激光）。固体激光器一般都用氙灯或氪灯作为光泵。

（4）聚光器。聚光器的作用是把光泵发出的光能聚集到工作物质上，使它获得充分的光照。常用的聚光器有圆柱形、椭圆柱形、双圆柱形或双椭圆柱形几种。为了提高光的反射率，聚光腔内壁需要抛光至 $Ra < 0.03\ \mu m$，并蒸镀一层铝膜、银膜或金膜。

2）气体激光器

气体激光器的种类较多，常用的有氦—氖激光器、二氧化碳激光器、一氧化碳激光器、氢离子激光器、氮激光器、水蒸气激光器以及氰化氢激光器等。二氧化碳激光器是激光加工中输出功率最高的一种激光器，图 7-58 所示为常用的二氧化碳激光器的结构、原理示意图。

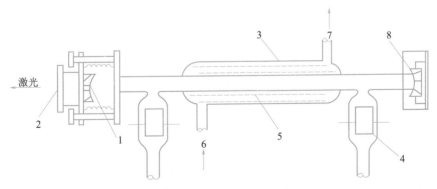

图 7-58 二氧化碳激光器

1—放射镜；2—KCL晶片；3—水冷套管；4—电极；5—放电管；6，7—冷却水进出口；8—全反射镜

气体激光器与固体激光器相比较，气体激光器输出的激光单色性好，频率稳定；大多能连续工作，激光谱线波长丰富，从紫外线到远红外线有数千条；且气体激光器的结构简单，

成本低廉。因此，它的应用范围比固体激光器广。但由于气体激光器的瞬时输出功率不高，故在激光打孔等方面不及固体激光器。

2．激光电源

激光电源的作用是根据加工工艺的要求，为激光器提供所需的能量。它包括电压控制、时间控制及触发器等。由于各类激光器的工作特点不同，因而它们对供电电源的要求也不同。如固体激光器电源有连续的和脉冲的；气体激光器电源有直流、射频、微波、电容器放电以及这些方法的综合使用等，故电源种类较多。

图 7-59 所示为常用固体激光器脉冲电源的示意图。它包括调压、升压、整流、充电、放电回路及触发器等主要部分，另外根据需要增设一些辅助电路。

电源给激光器所提供的能量，取决于电容器的储能大小。当氙灯选定后，应参考有关经验公式来估算所需电容器的容量大小。

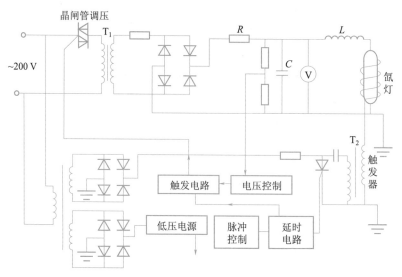

图 7-59　固体激光器电源示意图

3．光学系统

光学系统的作用是把激光束精确地聚焦及瞄准加工表面，并能观察工件的定位和加工后的情况。它能够调节焦点位置和观察显示的系统，有些观察系统还采用了投影屏放大的方式。图 7-60 所示为固体激光打孔机的光学系统原理图。

4．机械系统

图 7-61 所示为济南铸造锻压机械研究所生产的 LC 系列数控激光切割机床的外形。该切割机的机械系统主要包括床身、工作台、激光头和控制系统。工件放在中心工作台的板料滑道上，由气动夹钳固定，工作台进行 X 轴向运动，切割头在横梁上进行 Y 轴向运动，切割嘴相对板材的距离随板材的起伏上、下（Z 轴）移动。加工时，从激光器发出的激光经反射光道由切割嘴射出，聚焦在板材内部。由数控柜控制进行曲线轮廓切割和点位穿孔加工。采用这种加工工艺的工件一般都较薄，所需的切削力很小，故进给速度一般都接近快速进给速度。

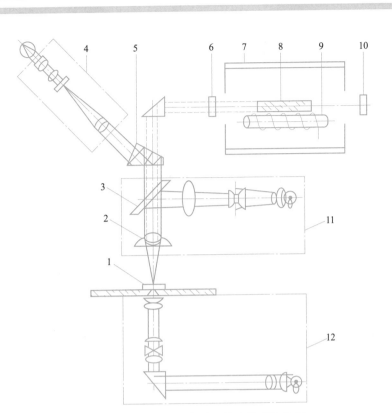

图 7 – 60 固体激光打孔机的光学系统原理

1—工件；2—聚焦透镜；3—反光镜；4—瞄准观察望远镜；5—棱镜；6—部分反射镜；7—聚光器；8—工作物质；
9—脉冲氙灯；10—全反光镜；11—反射及暗视场照明系统；12—透射照明系统

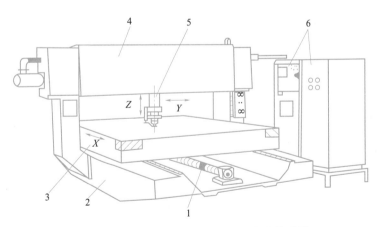

图 7 – 61 LC 系列数控激光切割机床的外形图

1—纵向滚珠丝杠；2—床身；3—工作台；4—横梁；5—切割头；6—数控电气箱和激光发生器

数控系统主要进行加工轨迹插补控制、补偿控制及作为辅助功能的开关、激光切割嘴的提升和落下等控制，还有显示、自诊断等功能。有些数控切割机床还带有数字化仪，具有数字化仿形编程功能，使复杂零件的程序编制十分方便。

数控激光切割机床的工作台上插有板材支承杆，使工作台不被激光束损坏，并能使切割下的废渣料落入下面的废料槽中，再由不锈钢拖链自动排出废渣料。

切割头下面带有压力传感器，压力传感器通过探脚将切割嘴距板材的距离信号传回数控系统，数控系统根据板材的上、下起伏，控制 Z 轴伺服电动机使切割头上、下浮动，保持切割嘴与板材距离恒定，保证激光束的聚焦点落在板材内部。

思考与练习

一、选择题

切割玻璃、石英、宝石等硬而脆的材料，最适宜的加工方法是（　　）。

A. 电火花线切割 　　　　　　　　　B. 超声加工

C. 激光加工 　　　　　　　　　　　D. 电子束加工

二、问答题

激光加工机床的工作原理是什么？

 本章小结

本章主要介绍了常用数控机床，如数控车床、数控铣床、加工中心以及电加工机床的基本组成、特点、分类与应用等，为学习数控机床的操作实训奠定了基础。目前，数控机床在机械制造业中的应用越来越广泛。数控车床用于形状复杂、精度高的回转体类零件的加工；数控铣床和加工中心用于板类、壳体和箱体类零件的加工；电加工机床主要用于各类模具零件的加工。通过介绍几种典型的数控加工机床，让学习者巩固和总结前面所学内容。

参 考 文 献

［1］ 上海市职业技术教育课程改革与教材建设委员会. 数控机床原理及应用［M］. 北京：机械工业出版社，2010.

［2］ 陈子银. 模具数控加工技术［M］. 北京：人民邮电出版社，2006.

［3］ 王志平. 数控机床及应用［M］. 北京：高等教育出版社，2006.

［4］ 陈吉红，杨克冲. 数控机床实验指南［M］. 武汉. 华中科技大学出版社，2012.

［5］ 徐杜，蒋永平，张宪民. 柔性制造系统原理与实践［M］. 北京：机械工业出版社，2011.

［6］ 张辽远. 现代加工技术［M］. 北京：机械工业出版社，2014.

［7］ 林宋，田建君. 现代数控机床［M］. 北京：化学工业出版社，2010.

［8］ 朱晓春. 先进制造技术［M］. 北京：机械工业出版社，2011.

［9］ 王隆抬. 先进制造技术［M］. 北京：机械工业出版社，2013.

［10］ 宋放之. 数控工艺培训教程（数控车部分）［M］. 北京：清华大学出版社，2012.

［11］ 杨伟群. 数控工艺培训教程（数控铣部分）［M］. 北京：清华大学出版社，2012.

［12］ 刘战术，窦凯. 数控机床及其维护［M］. 北京：人民邮电出版社，2012.